iOS 8 应用开发实战

205 个快速上手的开发技巧

朱克刚 著

清华大学出版社
北京

本书版权登记号：图字：01-2015-0839

内 容 简 介

本书使用最新的 iOS 8+Xcode 6 进行 App 开发，并涵盖 CloudKit、HealthKit、Extension、iBeacon 等重要技术。全书共 22 章，内容包括熟悉开发环境、开发第一个 App、掌握用户界面，以及表格、动态行为、拍照与音乐、手势、传感器、绘图、文件管理、结构化数据访问、云端存储、多线程、后台运行、Internet、媒体获取、通信、CloudKit、HealthKit、Extension 等。本书从最核心并且极为关键的问题下手，以大量案例为导向，有效降低学习门槛与花费的时间，让广大 App 开发者能够快速上手。

本书适合作为 iOS 初学者、iOS 程序员、iPhone 开发人员、iPad 开发人员的参考书，也可以作为相关培训学校和大专院校相关专业的教学用书。

本书封面贴有清华大学出版社防伪标签，无标签者不得销售
版权所有，侵权必究。侵权举报电话：010-62782989　13701121933

图书在版编目（CIP）数据

iOS 8 应用开发实战：205 个快速上手的开发技巧/朱克刚著. – 北京：清华大学出版社，2015
ISBN 978-7-302-40324-1

Ⅰ.①i… Ⅱ.①朱… Ⅲ.①移动终端－应用程序－程序设计 Ⅳ.①TN929.53

中国版本图书馆 CIP 数据核字（2015）第 104901 号

责任编辑：夏非彼
封面设计：王　翔
责任校对：闫秀华
责任印制：李红英

出版发行：清华大学出版社
　　网　　址：http://www.tup.com.cn，http://www.wqbook.com
　　地　　址：北京清华大学学研大厦 A 座　　邮　　编：100084
　　社 总 机：010-62770175　　邮　　购：010-62786544
　　投稿与读者服务：010-62776969，c-service@tup.tsinghua.edu.cn
　　质 量 反 馈：010-62772015，zhiliang@tup.tsinghua.edu.cn
印 装 者：清华大学印刷厂
经　　销：全国新华书店
开　　本：190mm×260mm　　印　张：27.25　　字　数：698 千字
版　　次：2015 年 7 月第 1 版　　印　次：2015 年 7 月第 1 次印刷
印　　数：1～3500
定　　价：69.00 元

产品编号：063030-01

推荐序

移动应用的程序设计就像它的手机配件一样，其发展是日新月异。

对于广大有需求的开发者而言，重点不是找到一本书教授用户如何编写手机程序，而是找到一本书，让用户可以紧跟最新的手机平台发展，让用户可以把手机最新的功能发挥得淋漓尽致，让用户可以和其他的竞争者拉开距离。

本书满足了用户寻找最新技术的强烈需求，所有 iOS 8（iPhone 6）上最新的功能 CloudKit、HealthKit、Extension，还有最新、最红的 iBeacon 应用，全部在本书的涵盖范围内。

本书以大量案例为导向，在被一堆理论淹没之前，马上打造属于自己的应用。从实践中学习，从而快速解决眼前的问题，这正是本书的精华。

在追逐技术的过程中，用户往往需要从一堆英文资料中学习跟得上潮流的技能。虽然吃力，但是也有太多无奈。在这种传统学习的趋势之下，竟然还有这样一本中文参考资料，而其分量不亚于英文信息，更是让我在受用之余，还多了一份小小的感动。

如果读者已经泡好一杯咖啡准备向长夜挑战，请记得你的手边要带上这本书。

游鸿志

宏碁智能手机事业部处长

序

每年 6 月 Apple Worldwide Developers Conference（WWDC，苹果全球开发者大会）过后，就是跟时间赛跑的开始。除了要快速了解 Apple 到底在新版的 iOS 中加入了哪些新东西外，还要了解他们删除了哪些旧东西，并且还要忍受手机装了 Beta 版后偶尔死机的状况，这是很忙碌的一段时间。

iOS 8 进行了非常大的改版，增加了许多亮点功能，大部分的亮点功能都已经写在本书中（例如 Size Classes Tool、CloudKit、HealthKit、Extension 等），少部分因为出版时间的压力，只能暂时舍弃（例如 Handoff），我认为写在书中的亮点功能都是非常重要的，极有机会引领一波新的科技浪潮与应用，所以如果在这本书中不放进去，恐怕有违读者的期待，也让本书黯然失色。

感谢上一本 iOS 7 读者的捧场，让该书创造了畅销排行榜第二名的佳绩，当然这样的成果也让本书在改版到 iOS 8 时颇有压力。这里特别感谢几位朋友的帮忙，帮助确认书中的程序代码在 iOS 8 中是有效的，他们是江承翰、柯明伦与梁国基。

代码下载

本书配套源代码的下载地址：http://pan.baidu.com/s/1c0tXlWc，若下载有问题，请发送电子邮件至 booksaga@126.com，邮件标题为"求代码，iOS 8 应用开发实战"。

最后，祝福各位读者，所有事情都能顺心愉快。

朱克刚

2015.03

目 录

第1章 绪 论 1
    1-1 移动设备里的小确幸 1
    1-2 注册与下载开发工具 2
    1-3 使用的语言 4
    1-4 Framework 概述 7
    1-5 设计 App 8
    1-6 本书在讲述什么 9
    1-7 如何使用本书 10

第2章 开发环境 11
    2-1 下载集成开发环境 13
    2-2 在 Mac 计算机上制作开发专用证书 14
    2-3 将 App 发布到手机上测试 18
    2-4 在 Mac 计算机上创建发布专用证书 20
    2-5 在 iTunes Connect 中创建 App 的上架信息 21
    2-6 上传 App 进行审核 26
    2-7 模拟器的基本功能 29
    2-8 如何增加函数库 31

第3章 Storyboard 32
    3-1 我的第一个 App——Hello World 37
    3-2 让两个按钮调用同一个事件处理方法 42
    3-3 一个 App 多个画面 44
    3-4 画面切换 45
    3-5 使用导航控件 47
    3-6 使用 Tab Bar 切换画面 48
    3-7 传递参数到下一个画面 52
    3-8 取消画面切换 54
    3-9 不使用 Segue 的画面切换 55
    3-10 在运行阶段加载 XIB 文件 56
    3-11 使用 Auto Layout 布局 58
    3-12 开发同时适合 iPhone 与 iPad 的 App 60
    3-13 Image 在 Size Classes 上的应用 63
    3-14 判断设备类型以及取得位置信息 65

第 4 章　用户界面 67

- 4-1　弹出警告信息框 69
- 4-2　利用警告信息框输入账号和密码 70
- 4-3　使用 Picker View 选择数据 72
- 4-4　使用 Date Picker 设置时间 76
- 4-5　使用 Date Picker 设置倒数时间 78
- 4-6　使用 Image View 显示图片 79
- 4-7　使用 Image View 连续播放图片 82
- 4-8　在运行阶段动态产生可视化组件 83
- 4-9　使用 Slider 85
- 4-10　使用 Switch 87
- 4-11　让图片加上滚动条 88
- 4-12　使用滚动条分页浏览 91
- 4-13　关闭虚拟键盘 93
- 4-14　使用 Web View 加载外部网页 94
- 4-15　使用 Web View 显示 HTML 字符串 96
- 4-16　使用分页控制器 96
- 4-17　使用 Search Bar 搜索数据 99
- 4-18　加入 iAd 广告 102
- 4-19　利用动画方式呈现按钮移动 104
- 4-20　旋转图片 105
- 4-21　将直角改成圆角 106
- 4-22　加上阴影 108

第 5 章　表　格 110

- 5-1　使用表格组件 113
- 5-2　显示单元格指示器 116
- 5-3　在表格上创建两个区块 118
- 5-4　在表格上删除一条数据 120
- 5-5　在表格上新增一条数据 121
- 5-6　得知用户单击哪一个单元格 123
- 5-7　改变单元格顺序 124
- 5-8　如何自定义单元格样式 126
- 5-9　使用表格控件 129
- 5-10　导航控件与表格 132
- 5-11　使用 Collection 组件 133
- 5-12　表格下拉更新 137

第 6 章　动态行为 139

- 6-1　吸附 139
- 6-2　碰撞 142
- 6-3　引力 143
- 6-4　推力 144

目 录

6-5 扑向 146

第 7 章 拍照与音乐 148
7-1 让手机震动 149
7-2 检测设备上是否配备相机与闪光灯 150
7-3 打开相机拍照并保存文件 151
7-4 从相册中挑选一张照片 153
7-5 一次取得相册中的所有照片 156
7-6 播放 App 内置的音乐 157
7-7 显示目前音乐播放进度 158
7-8 播放已经存在的音乐 160
7-9 取得目前播放中的歌曲信息 162

第 8 章 手 势 166
8-1 使用 Tap 手势 167
8-2 使用 Pinch 手势 168
8-3 使用 Rotation 手势 169
8-4 使用 Swipe 手势 169
8-5 使用 Pan 手势 170
8-6 使用 Long Press 手势 171

第 9 章 传感器 173
9-1 读取加速器数据 175
9-2 读取陀螺仪数据 177
9-3 读取磁力仪数据 178
9-4 读取 Device Motion 数据 179
9-5 检测设备摇晃 182
9-6 使用加速器来控制赛车的方向盘 183
9-7 使用距离传感器 186

第 10 章 绘 图 189
10-1 取得绘图区域 190
10-2 在绘图区域上画线 191
10-3 在绘图区域绘制多边形 193
10-4 在绘图区域绘制矩形 195
10-5 在绘图区域绘制弧线 196
10-6 在绘图区域绘制椭圆形 197
10-7 在绘图区域绘制曲线 199
10-8 在绘图区域显示图片 200

第 11 章 文件管理 202
11-1 创建目录与文件 203
11-2 复制、移动与删除 204
11-3 检查目录或文件是否存在 205

11-4	区分目录与文件	206
11-5	列出目录下的所有文件	207
11-6	设置文件不要备份属性	208
11-7	文字类型的文件 I/O	209
11-8	数组类型的文件 I/O	210
11-9	将图片存入文件	211
11-10	delegate 的用法	212

第 12 章 结构化数据访问 214

12-1	访问 PLIST 文件	216
12-2	创建 SQLite 数据库	218
12-3	连接 SQLite 数据库	219
12-4	查询数据库中的数据	222
12-5	修改数据库中的数据	223
12-6	数据库访问图片	225
12-7	设计与规划 Core Data	226
12-8	访问 Core Data 数据	230
12-9	查询 Core Data 时附带查询条件	232
12-10	使用 Core Data 预存的 Fetch Requests	233
12-11	在 Core Data 预存的 Fetch Requests 中增加变量	234
12-12	删除 Core Data 中的数据	235
12-13	访问 Core Data 中的一对多关系	236
12-14	Core Data 访问图片	238

第 13 章 云端存储 240

13-1	使用 iCloud 读写文件	241
13-2	使用 iCloud 读写 Key-Value 数据	243
13-3	让两个 App 共享 iCloud 下的数据	244
13-4	注册 Dropbox App 及下载 SDK	244
13-5	在项目中安装与设置 Dropbox SDK	247
13-6	上传文件至 Dropbox	249
13-7	从 Dropbox 下载文件	251
13-8	取得 Dropbox 上的文件列表与文件信息	254

第 14 章 多线程 257

14-1	利用传统方式打开多线程	259
14-2	使用 NSOperationQueue	261
14-3	使用 NSOperation 类	262
14-4	使用 Main 派遣队列	264
14-5	使用 Concurrent 派遣队列	265
14-6	使用 Serial 派遣队列	266
14-7	定时器	267

第 15 章　后台运行 269

- 15-1　后台播放音乐 272
- 15-2　后台更新地理坐标 273
- 15-3　额外争取 10 分钟的后台运行时间 273
- 15-4　多线程的后台运行 275
- 15-5　后台获取 277

第 16 章　Internet 279

- 16-1　异步方式下载网页 280
- 16-2　同步方式下载网页或图片 281
- 16-3　解析 XML 282
- 16-4　解析 JSON 284
- 16-5　以 GET 方式发送数据 286
- 16-6　以 POST 方式发送数据 286
- 16-7　与社区网站连接 287
- 16-8　信息推送 288
- 16-9　本地信息推送 291
- 16-10　与推送信息互动 292

第 17 章　媒体获取 297

- 17-1　获取静态图片并预览 298
- 17-2　前后镜头切换 302
- 17-3　调整相机参数 303
- 17-4　录制影片 304
- 17-5　录制声音 308

第 18 章　通　信 312

- 18-1　蓝牙 4.0 Peripheral 313
- 18-2　蓝牙 4.0 Central 316
- 18-3　iBeacon 320
- 18-4　将手机模拟成 iBeacon 322
- 18-5　设计 Socket Library 324
- 18-6　设计 Socket Library（Server） 329
- 18-7　设计 Socket Library（Client） 334
- 18-8　Socket 范例程序 336

第 19 章　CloudKit 339

- 19-1　判断是否登录 iCloud 并取得登录者信息 340
- 19-2　创建表并读写数据 342
- 19-3　访问图片或二进制数据 345
- 19-4　修改与删除数据 348
- 19-5　关联性设置 350
- 19-6　订阅与删除异动通知 353

第 20 章　HealthKit 356
- 20-1　读取生日性别与血型 357
- 20-2　写入与读取心跳数据 360
- 20-3　写入与读取睡眠数据 364
- 20-4　查询条件设置 366
- 20-5　列出最大值、最小值或平均值等统计数据 367

第 21 章　Extension 369
- 21-1　Today——今天 371
- 21-2　Action——动作 374
- 21-3　Share——共享 378
- 21-4　PhotoEditing——照片编辑 380
- 21-5　Document Provider——文件管理 383
- 21-6　Keyboard——键盘 387

第 22 章　其　他 391
- 22-1　从 View 中调用 AppDelegate 方法 391
- 22-2　取得电池状态 392
- 22-3　打开机背的 LED 393
- 22-4　拨打电话 394
- 22-5　E-mail 395
- 22-6　App 间的数据共享 395
- 22-7　将日期时间格式化输出 397
- 22-8　使用日历类 399
- 22-9　将程序设置放在系统设置区中 400
- 22-10　让系统设置区支持多语言 402
- 22-11　让 App 支持多国/地区语言 405
- 22-12　将屏幕关闭功能取消 409
- 22-13　隐藏画面最上方的状态栏 410
- 22-14　Undo 与 Redo 功能 410
- 22-15　让照片套用滤镜特效 411
- 22-16　随机数 412
- 22-17　编写 delegate 413
- 22-18　method 延迟调用 415

附录 A　数据库概述 416

附录 B　谓词语法格式 423

附录 C　字符串格式表示 425

第1章 绪 论

1-1 移动设备里的小确幸

"小确幸"——生活中微小而确实的幸福。仔细想想，虽然生活中有许多事物很小，却可能在某个瞬间让你觉得好幸福。为了留住或分享这份幸福，文字、相机等工具被应用着，甚至为了体验更多的小确幸，有许多工具正不断地被创造出来。

以手持移动设备为例，2007年1月苹果公司的iPhone首次呈现于世人面前，影响了许多人对手机的看法，2010年1月发表的iPad也带动了新一波移动设备的崛起。无论是iPhone、iPad或其他品牌的移动设备，我们都可以看到，在这样小小的移动设备上装满了许多与用户或是外界互动的组件，像是触控屏幕、GPS、麦克风、相机、喇叭、陀螺仪、网络、电话通信等，拥有它的用户，几乎可以走到哪就工作到哪，走到哪乐趣就跟随到哪，在生活中时时刻刻创造或捕捉幸福。以拍照为例，虽然手机拍出来的照片跟专业相机的要求不太一样，但是因为方便性与功能多样性，再加上经过手机将生活中瞬间感受到的幸福与人分享的渠道变得便利了，使得手机应用更多。于是拍张照片，弹指间这张照片就分享出去，似乎已成为现代人生活中留存乃至于传达小确幸的重要工具，甚至改变了人们记录生命的方式。此外，突然间想听某首歌，再也不用去买整张专辑，按个按钮，iTunes的音乐库就能协助你让想听的歌在耳边萦绕。这种走到哪里乐趣就跟到哪里的小确幸，因为iPhone和iPad的问世，让许多人觉得幸福并不遥远，传达幸福也变得容易许多。

可是小确幸的关键真的只是这冰冷的四方形设备吗？答案肯定是"不"。事实上，真正赋予iPhone或iPad生命，协助它带给人们这么多乐趣的关键，除了上述许多不同功能的硬件设备外，还有一个不容忽视，甚至可以说是最重要的关键，那就是它背后庞大的应用软件，这些应用软件有个专有名词，称为App，也就是说，若小确幸是个产出，iPad或iPhone是生产小确幸的工厂，那么App就是工厂里除了人与工厂标准之外，一起搭配生产小确幸的重要生产要素。没有这个重要生产要素的投入，iPad或iPhone对用户而言，就只是一个不具个人特色、无法创造幸福的工具而已。目前在苹果公司的App Store上供用户下载的App已经达到 90 万个，涵盖范围包括商业、娱乐、教育、书籍、生活、旅游、游戏等。当然，最热门的还是游戏类，毕竟人们在舟车劳顿之余想要玩玩游戏的人要多一些。正因为这些 App 的投入，iPad 或 iPhone 才能创造专属于个人的小幸福。

然而，数量这么多的 App 是哪来的呢？全部是苹果公司提供的吗？当然不是，苹果公司只写了极少部分而已，绝大多数的 App 来自于专业的软件开发公司或是对写程序有兴趣的业余开发者。他们看到人们想创造、体验或传达小确幸的欲望，写出了可以为用户生产小确幸的工具，即各种各样的 App，同时也为自己或公司创造属于自己的小确幸——赚了金钱或是赢得名声。在 App Store 上供人下载的 App 有些是免费的，有些则是付费的，但即使需要付费，价格也不高，最便宜的 0.99 美金，贵一点的 2.99 美金、4.99 美金、14.99 美金或是更高，但一般来说大多在 9.99 美金以内，所以，如果 App 开发者的小确幸是在创造利润，那么根据苹果公司的合约，开发出一个不错的 App 并且标价 0.99 美金，一旦全世界有一万人下载，这个程序就卖了将近一万美金，其中苹果公司获得三成，而开发者可以赚得 7000 美金。

整体来看，App Store 改变了软件设计这一行的生态系统。在过去，想要卖一个程序，可能需要先成立一家公司，然后写一个很大也很复杂的系统，加上大量的广告营销，才可能卖得不错，但是现在，程序员只要专注在某个特定的功能，加上一些创意，就可以在 App Store 上架，无论是职业的或业余的程序员，实现小确幸的道路变得不再遥不可及。例如某个信息相关专业的学生，开发了一个特殊的图像处理算法，现在他可以使用 iPhone 上的相机功能配合这个算法，编写一个拍照的 App 放在 App Store 中，选择以 0.99 美金的价格来贩卖，创造自己的幸福，也为他人带来小确幸。更重要的是，这位学生需要学会很多东西吗？其实不多，调用 iPhone 上的相机拍照，然后将拍好的照片利用他发明的算法进行图像处理，最后保存即可。如果他喜欢，还可以调用网络共享的功能将处理完的照片共享到社区网站。2012 年 4 月 Facebook 花了 10 亿美金买下 Instagram 这个图像处理并结合社区网站的 App，此举让许多人大跌眼镜，其实这个就是每个人都想要追逐的 App 梦，都想要拥有的小确幸或是大确幸，不是吗？

1-2 注册与下载开发工具

在 iPhone、iPod 或是 iPad 上运行的操作系统称为 iOS，想要成为 iOS 的 App 开发者，必须先有一台可以运行 Mac 操作系统的计算机，然后在 Mac 的 App Store 上搜索 Xcode 软件。iOS 的开发工具称之为 Xcode，除了可以在 Mac App Store 上下载外，在 Apple 的开发者网站 http://developer.apple.com 也可以找到（抢先版的 Xcode 需要成为付费开发者才能下载）。由于 Xcode 只能在 Mac 操作系统上运行，因此添购一台 Mac 计算机是必要的投资，虽然有些非 Mac 计算机上也可以运行 Mac 操作系统，但可能会有性能上、稳定性上以及硬件支持上的问题，建议还是选择一台标准的 Mac 计算机。内存至少要安装 4GB 以上。如果不想花大钱投资，可以考虑购买 Mac Mini，通过外接屏幕、键盘与鼠标后即可开始享受 Mac 操作系统并开始编写 App 了。

有了 Mac 计算机之后，接下来必须在开发者网站注册一个开发者账号，这个账号可以是原本已经有的 Apple ID 或是注册一个新的，注册是免费的，所以不用担心 Apple 会跟你要钱。免费开发者可以开发 App，但是不能在真正的设备（例如 iPhone）上测试或运行，只能通过模拟器来测试，而且有些功能在模拟器上也无法使用，例如 iCloud，当然免费开发者也不能将自己开发的 App 上架到 App Store 让全世界的人下载。相比较免费开发者而言，你可以付费成为付费开发者。付费开发者共有两种方案可以选择：普通开发者或是企业。另外还有一种教育方案，提供给大专院校师生，使其可以在实体机器上测试 App，当然教育方案是免费的。每种方案提供了不同的功能，下面这张表列出了各个方案之间的差异。

项目	普通开发者	企业	大专院校
提供 iOS Pre-release SDK	✓	✓	N/A
在 iPhone 等实体设备中运行	✓	✓	✓
程序代码技术支持	✓	✓	N/A
Ad Hoc 发布	✓	✓	N/A
In-House 发布	N/A	✓	N/A
个性化 B2B 发布	✓	N/A	N/A
App Store 发布	✓	N/A	N/A
价格	99（美元/年）	299（美元/年）	免费
备注	信用卡付费	需要提供 D-U-N-S 编号	只提供给合格且具有学位授予资格的高等教育机构

从上表来看，App 的发布模式总共有 4 种：Ad Hoc、In-House、个性化 B2B 与 App Store，这些发布模式所代表的意思如下。

- Ad Hoc 发布：可以将开发好的 App 安装在 100 台实体设备上运行或是测试。
- In-House 发布：可以将开发好的 App 安装在企业内 500 个员工的实体设备上，此方案适合企业内部使用。
- 个性化 B2B 发布：为了某些目的开发给特定公司专用而非一般大众使用的 App。
- App Store 发布：这个就是大家最常见的，将 App 放到 App Store 上让全世界的人下载。如果开发者已设置售价，那么每位下载者就必须先付费才能下载。

在以上这 4 种 App 发布方式中，最常看到的还是 App Store 发布，只要每年付出 99 美金成为付费开发者，就可以让全世界的人下载自己编写的 App。除此之外，普通开发者方案在付费时可以选择"个人"或是"公司"，不同之处在于个人的话，之后只有一个 Apple ID 账号能够进行开发，如果是公司则不限。公司需要向 Apple 出示 D-U-N-S 编号（邓白氏环球编码），证明申请者是个合法公司或是企业。

如果申请一切顺利，可以很快地在当初留下的 E-mail 中收到苹果公司寄来的邮件，按照邮件内容去启动付费开发者账号即可完成注册申请的过程。完成注册过程后，接下来就要在 Mac 计算机上创建开发者证书，目的是要让编写好的 App 可以在手机上测试或是放到 App Store 上让人下载。相关的步骤在本书的第 3 章会详细讲解，这里不再赘述。

1-3 使用的语言

编写 iOS App 的程序语言为 Objective-C 或是 Swift（这本书将不会讨论 Swift），如果有面向对象程序语言的基础（例如 C++或是 Java），那么学习 Objective-C 将是一件很容易的事。Objective-C 是 C 语言家族中的一员，因此大部分 C 的语法、数据类型或数据结构在 Objective-C 中都是一样的。市场上针对 Objective-C 的书很多，建议读者可以买一本放在手边参考，这里仅针对 Objective-C 的一些特性与编写 App 时经常用到的部分加以说明。

1. 加载头文件

C 或是 C++加载头文件（.h）时使用的语法是#include，但是在 Objective-C 中建议使用#import，这样的转变是为了不要重复加载相同的头文件。在过去编写.h 文件时最开头总是要加#ifndef、#define 等来确保.h 文件不会被重复加载，现在使用#import 语法后相同的头文件只会被加载一次。

```
#import <UIKit/UIKit.h>
```

2. 声明类

类声明由@interface 开始，以@end 结束。例如，假设 MyClass 为类名称，后面跟着的冒号之后为 MyClass 所继承的类，左右大括号框住的区域为成员变量声明的地方，括号外的部分为 method（方法）声明的位置。

```
@interface MyClass : NSObject
{
    // 声明成员变量的地方
    int count;
    NSString *name;
}
// 声明 method 的地方
-(void)initWithVariable:(int)pScore productName:(NSString *)pName;
+(void)classWithString:pString;

@end
```

上面两个 method 最前方的加号与减号稍后解释，如果要实现这两个 method 的话（放在.m

文件中），其语法如下：

```
-(void)initWithVariable:(int)pScore productName:(NSString *)pName
{
    // 程序写在这里
}

+(void)classWithString:(id)pString
{
    // 程序写在这里
}
```

3. 调用 method

Objective-C method 的声明语法比较特殊，跟其他语言有很大的不同，以下面这个 method 为例：

```
-(void)initWithVariable:(int)pScore productName:(NSString *)pName;
```

第一个字母为减号或是加号，减号开头的 method 为 instance method，代表需要先产生类的实体后才能调用（也就是 new 一个 instance）；加号开头的 method 为 class method，不需要先产生类的实体就可以直接调用。"void"代表此 method 没有返回值，因此 method 结束前不需要 return value。Objective-C method 的名称也很特殊，上述 method 的名称为"initWithVariable:productName:"而不是 initWithVariables，名称中的冒号代表后面接有参数，所以 initWithVariable 后面接了参数，productName 后面也接了参数。

除了 method 的名称比较特殊之外，调用 method 的方式也很特别，调用时使用中括号，如下所示：

```
[self initWithVariable:10 productName:@"Apple"];
```

在 self 处放置的是类的 instance 变量，如果是 class method 的话，这个位置就放类名称，空一格后再接 method 名称。特别需要说明的是，self 在这里是 Objective-C 的保留字，指的是自己这个类，类似于 C++中的 this 保留字。使用 self 的意思是假设在 MyClass 这个类中的另一个 method 要调用 initWithVariable:productName:时，就会需要使用到 self 了。

类的 instance 变量声明方式一般来说就是两个步骤：配置内存与初始化。配置内存使用的是 alloc，初始化使用的是 init，因此在很多地方都可以看到如下的程序代码：

```
MyClass *class = [[MyClass alloc] init];
```

除了这种写法之外，新的写法如下：

```
MyClass *class = [MyClass new];
```

4. block 代码块

block 代码块是将程序代码用一段特殊语法封装起来。block 虽然不是 function，但是看起来很像 function，因此对不熟悉的读者而言，可暂时把它当成 function 来看，会比较容易理解。在正式说明 block 之前，先看一个简单的 Objective-C function（或方法），这个 function 的目的就是在调用时传入一个字符串，然后将此字符串输出。

```
-(void)print:(NSString *)s
{
   NSLog(@"%@", s);
}

- (void)viewDidLoad
{
   [self print:@"hello"];
}
```

把 print 函数转换成 block，注意因为 block 不是 function，正确来说它算是"一行"程序代码，因此在开头的地方不需要加"减号"，并且在结尾的地方要加上分号作为结束符。block 代码块既可以写在真正的 function 外面，也可以写在 function 里面，甚至可以写在某一行程序代码中间。

```
void(^print1)(NSString *) = ^(NSString *s) {
   NSLog(@"%@", s);
};

- (void)viewDidLoad
{
   print1(@"hello");
}
```

除了开始定义 block 代码块名称与参数地方的写法比较奇特之外，其余部分其实跟 function 并没有什么差别。以上述 print1 这个 block 为例，开始的 void 表示该 block 没有返回值，(^print1) 则为这个 block 命名，名称为 print1。(NSString *) 表示 print1 有一个参数，其类型为 NSString *。等号右边 ^(NSString *s) 是因为等号左边有 (NSString *)，因此要再说明一次参数的类型与参数名称，之后以左右大括号框住程序代码块，最后记得以分号结尾。

如果是没有参数传递的 block 写法，原本在等号右边应该写成 ^(void)，但也可以省略成仅输入"^"符号即可。

```
void(^showSomething)(void) = ^{
   // 程序代码写在此
};
```

声明在 block 外面的变量，对 block 而言相当于全局变量（global variable），虽然 block 内部可以直接使用，但是仅仅只能读取，不能修改，如果尝试修改会得到一个编译错误。因此，如果一定要在 block 内部修改声明在外面的变量，则需要在该变量声明语法前加上 __block 修饰符（"__"为连续两个下划线）。

```
- (void)viewDidLoad
{
    __block int n = 10;
    void(^showSomething)(void) = ^{
        n = 20;
    };
    
    NSLog(@"%d", n);      // 输出10
    showSomething();
    NSLog(@"%d", n);      // 输出20
}
```

5. 字典对象

除了数组之外，Objective-C 中的字典对象也是一种常用的数据类型。字典对象是键值与对象成对数据的集合。在字典对象中的键值是唯一的，键值可以为任何对象类型，但是一般来说以字符串类型居多。键值所对应的对象也可以为任何的对象类型，但不可以为 nil。之所以称为字典对象，意思就是像在查字典一样，输入一个单字（即"键值"），就可以得到这个单字的解释。字典对象有可更改（NSDictionary）与不可更改（NSMutableDictionary）两种。下面的范例程序代码表示创建了一个可更改的字典对象，键值为 abcd，对应的对象为 1234。然后使用一个循环列举这个字典对象。

```
NSMutableDictionary *dic = [NSMutableDictionary new];
[dic setObject:@"1" forKey:@"a"];
[dic setObject:@"2" forKey:@"b"];
[dic setObject:@"3" forKey:@"c"];
[dic setObject:@"4" forKey:@"d"];

for (NSMutableDictionary *key in dic) {
    NSLog(@"%@: %@", key, [dic objectForKey:key]);
}
```

1-4 Framework 概述

在编写 iOS 的 App 时，并不是所有想要的功能都需要一行一行地编写全部的程序代码，有很多的功能其实只需要通过 API（Application Programming Interface）调用别人已经写好的程序代码就可以了。iOS SDK 已经内置很多不同功能的 API，如果将这些 API 中相似或处理同一类型问题的 API 包装起来就成为一个"framework"。其实，framework 换个角度来看很像大家熟知的 library（函数库），只是其中包含了许多的 class 与 method 可以让程序调用。例如 CoreLocation.framework 这个 framework，它提供了与定位、地理坐标、地图有关的 API，如果 App 想要通过 GPS 定位，只要在 Xcode 中加载这个 framework 后再调用相关的方法就可以了。

在 Xcode 中建立的项目，预先会加载 Foundation、Core Graphics 与 UIKit 这 3 个最基本的 framework。Foundation framework 提供了最常用的类或是数据类型，例如数组的创建与使用、字符串处理、时间日期处理或是读取项目中的资源（例如图片）等。另外一个 UIKit framework，很明显是跟用户接口（User Interface）有关，所设计的每个 App 都必须架构在 UIKit 这个 framework 之上。UIKit 提供了以触控为基础的类，例如各种各样的图形化组件（例如按钮、文本框、标签）、信息的处理、优化多任务程序等。最后一个 Core Graphics 是让 App 具备绘图的能力。

Xcode 并不会在项目创建时就加载所有的 framework，而是需要用到时，再额外将需要的 framework 加进项目中，这部分需要手动处理。如果忘了加入，在编译阶段会出现连接不到函数库的错误信息。除了 iOS 内置的许多 framework 外，市场上也有很多第三方机构所写的 framework 可以使用，其中不乏质量很好并且是 open source 的作品。

1-5 设计 App

为了让数据的处理与画面的显示分开，Cocoa Touch（这个名词代表了 iOS SDK 提供编写 iOS App 需要的 framework）使用了 Model-View-Controller（MVC）的架构。MVC 架构让我们在同一份数据下可以用不同的方式来呈现这些数据，也就是让画面的设计更具弹性，不用跟数据绑在一起。MVC 架构如下图所示。

1. Model

Model 定义了数据的存储与处理方式，例如游戏中的某个角色行为或是联系人中的数据等。Model 中的数据仅仅只有数据而已，并不牵涉到这些数据最后如何呈现，因为这是 View 要做的事情。当数据有所更改或是需要显示的时候，Model 会通知 Controller，Controller 收到通知后会将数据发送给 View 显示。

2. View

View 提供了用户可以"看得到"与"能操作"的可视化组件，例如按钮、标签、图片框或是地图等。这些可视化组件都需要处理自己的画面呈现方式以及接收或响应用户动作，例如用户在按钮上单击，或是滑动地图等。

3. Controller

Controller 扮演了 View 与 Model 之间的桥梁。当 View 接收到某一个用户动作，例如用户在按钮上单击，View 就会将这个信息传给 Controller。Controller 接收到并做适当的处理后，如果有数据需要更新，就会通知 Model 更新数据，更新完后再通知 View 重载新数据。如果只是改变 View 的状态，例如改变颜色或是从这个画面切换到另一个画面，在不牵涉到数据更改的情况下，Controlle 可以直接更新 View 而不需要通过 Model。

1-6 本书在讲述什么

　　Divide and Conquer，这句话中文不好翻译，意思是如果不知道如何解决一个复杂的大问题，那就先将它切割成许多比较简单的小问题，然后逐一解决这些小问题。当小问题都可以解决了，原先的大问题自然就跟着解决了。这本书的特色在于不用很大的例子来贯穿整本书，因为觉得读者想要处理的问题实在很难利用一两个大的范例来涵盖，因此，希望读者自己先试着将想要处理的问题分割成一些小问题，然后在这本书中找到对应的章节，跟着这些章节内容一步一步地去做，最后这些被事先分割的小问题就会解决。当每个小问题都解决后，原本想要处理的大问题往往也就跟着迎刃而解了。

　　在这本书中，每个章节所要处理的问题都是基本的问题，也称为核心问题，并不把它视为"范例"。原因在于，范例有时太大，有时只是程序代码块，更重要的是范例会给人一种距离感，因为几乎所有的范例都是作者自己所想出来的"情境"，而这些"情境"不见得符合读者的需要。因此，本书特别把重要的问题都尽量拆解成核心问题，并且以一次完成一个核心问题的概念出发，带领各位读者探索与编写一个个完整的 App。基于此前提，刻意避免使用过多暂时无关的程序代码，因为不想让那些程序代码干扰了用户的学习进度。除此之外，每个章节所处理的核心问题都是完整的程序代码，是真正可以运行的 App，从项目创建到测试运行，逐一地列出每个步骤，只要跟着这些步骤就可以学会这个章节所触及的问题本质，读完每个章节都可以完成一个实际可运行的 App 是一件特别有成就感的事。当然，这本书所列出的核心问题数量绝对无法满足读者的各种需求，但是至少希望初学者在面对 iOS App 设计的强大吸引力下，不至于有不知如何上手的遗憾。通过本书的带领，相信读者遇到一些比较常见的问题，都能够在本书找到答案。至于其他的问题，也许就留待下一本书吧！

1-7 如何使用本书

　　首先不建议读者从本书的第一页读到最后一页，鼓励读者在开发环境安装完之后，先学会第 3.1 节：编写第一个程序——Hello World，接着便可根据自身的需求从本书的任何一个章节中寻找答案。当然，也可以依照顺序阅读，因为每节的顺序都经过精心安排，具有由浅入深且前后连贯的特性。每节都是独立的单元，当用户熟悉了一些基本的设计原理后，可以根据自身的需求任意挑选适当的章节阅读，当然有些章节确实有明显的先后顺序，所以必须先具备某个基础知识后才能继续往下理解，针对此种状况，会在每节最开始的"预备知识"栏列出应该先阅读的章节。

　　另外，为了方便读者快速了解每节所触及的核心问题难易度，将以星号标识出难易度，一颗星代表简单，两颗星代表中等，三颗星代表较难。最后，本书中的每一段程序代码都在出版前经过当时最新版的 Xcode 与 iOS 的实际测试，尽力确保每一行程序代码在运行上都不会出现问题。

第2章 开发环境

Xcode 是开发 App 的工具，提供了一个完善的集成开发环境，画面简单、直观、不复杂，程序员不需要花费太多的时间去搞懂 Xcode 要如何操作。画面分为几个部分：最左边是文件管理；中间部分为程序代码编辑器或是设计 App 画面的地方；右侧上半部分为一些特定功能的面板，例如可以用来设置可视化组件的属性值；右侧下半部为组件库，程序员利用拖拉的方式可将所要的组件拖放到画面上，如下图所示。

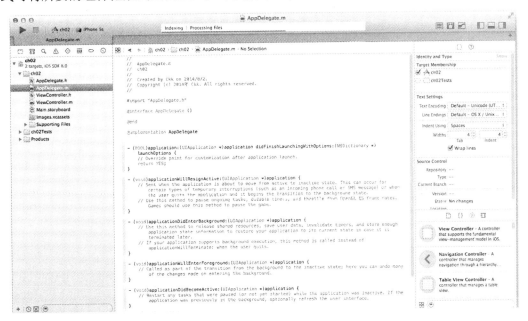

当使用 Xcode 来开发 App 时，有一个大一点的屏幕来操作 Xcode 是比较适合的，然而对于屏幕分辨率较小的笔记本电脑而言，Xcode 也提供了一些选项，让开发人员可以自定义 Xcode 的画面。在 Xcode 的右上角有几个按钮可以打开或隐藏 Xcode 画面的某些部分（例如左侧的文件导航面板，或是右侧的属性窗口），隐藏后就可以让其他区域多显示一些信息。

若要测试利用 Xcode 写好的 App 是否能顺利运行,可以使用 Xcode 内置的模拟器或是直接在实体设备上运行查看结果。在 Xcode 左上角选择 App 的发布对象是模拟器或是真正的实体设备后单击 ▶ 按钮就可以测试了。当然,某些功能无法在模拟器中运行,例如打电话、拍照或是播放音乐等。

不论使用模拟器或是真正的设备来测试 App,在 Xcode 中都可以设置断点来进行程序代码的调试与单步追踪,而 Xcode 也会在最下方打开调试窗口显示相关的信息,例如查看目前的变量值。

要想在真正的设备上而非模拟器上测试 App 是有一些前期工作要做的,并不是手机连接计算机后就可以将 App 发布到手机上运行。首先必须要成为付费开发者,然后还要在打算开发 App 的计算机上创建开发者证书,之后再在 Xcode 中加入要参与测试或运行的实体设备序号。这些都设置好了,才能在 Xcode 中将 App 发布到实体设备上去测试与运行,这个过程有一点复杂,但是相关的步骤在本章中会详细介绍,读者只要跟着一步步做就可以了。

最后如果你的 App 想要发布到 App Store 上让全世界的人可以免费或是付费下载,同样是在 Xcode 中进行相关的前期工作,发布前的测试是前期工作中的一环,这可以让苹果公司加快审核速度,也可避免因为明显的错误而被退回。一切就绪后,在 Xcode 中上传写好的 App,之后就静待苹果公司的佳音了。下图显示的是 Xcode 中的 Organizer-Archives 窗口画面,发布前的测试与上传都在这里进行。

第 2 章 开发环境

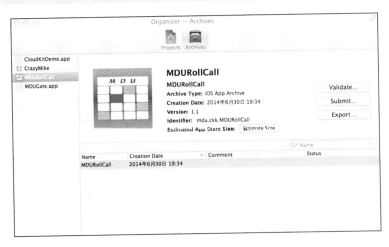

　　App Store 的上架过程其实有点复杂，对初学者而言具有相当大的挑战性，总共有 3 大工作需要完成：（1）iTunes Connect 网站的相关信息设置；（2）iOS Provisioning Portal 的发布证书建立；（3）在 Xcode 上签署项目的发布证书。一切就绪后才可以上传开发好的 App 给苹果公司审核。在本章中会详细说明上架流程。

　　iOS 的 App 上架需要经过差不多 10 个工作日的人工审核时间，审核结果后会发送 E-mail 通知开发者通过审核或是拒绝上架。有时拒绝的原因并没有强有力的说辞，尤其当开发的 App 在规范遵守上处于灰色地带的时候，能够通过就有点拼运气的成分，这也是让很多人不服气的地方。但从正面的角度来看，也由于有审核机制，因此在 App Store 上的软件不容易出现恶意软件入侵或损害你的权益。对于刚刚提到的规范，苹果公司针对 App 的设计是有一些规范存在的，明显违反这些规范时会被拒绝上架，因此建议在设计 App 前先参考一下 App Store Review Guidelines 网页，免得白费功夫。网址如下：

`https://developer.apple.com/appstore/resources/approval/guidelines.html`

2-1　下载集成开发环境

> 预备知识：无　　> Framework：无

　　Xcode 是苹果公司所开发的专门用来设计 Mac OS 应用程序以及 iOS App 的集成开发环境（Integrated Development Environment）。由于 Xcode 只能在 Mac 操作系统上运行，因此想要使用 Xcode 编写 iOS App，就必须先有一台能运行 Mac 操作系统的计算机，然后从 Mac 上的 Apple Store 或者苹果公司的开发者网站（http://developer.apple.com）下载 Xcode 就可以了。

 步骤与说明

步骤 01　在 Mac OS 内运行 Apple Store 后搜索 Xcode。

13

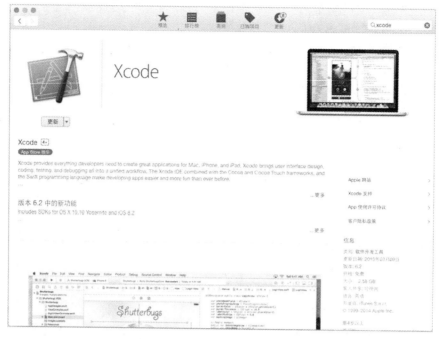

步骤 02　下载并且安装后运行。

难易度 ★★★　2-2　在 Mac 计算机上制作开发专用证书

预备知识：无　　Framework：无

　　付费开发者想要在实体设备上测试与运行自行开发的 App，首先必须在开发环境所使用的 Mac 计算机上制作开发用证书。在制作证书就的过程中，会产生一组密钥，建议将其备份起来，这样如果操作系统重装后要恢复证书比较容易。当然如果真的不幸丢失了，也不用过于担心，只要按照本节的步骤再运行一次就可以了。

步骤与说明

步骤 01 在 Mac 操作系统中打开钥匙串访问程序。

步骤 02 在下拉菜单中单击钥匙串访问→证书辅助程序→从证书授权要求证书。然后在"用户电子邮件地址"中添加当初注册开发者时填写的电子邮件,并勾选"存储到磁盘"后继续下一步。

步骤 03 接下来会询问存储的文件名以及位置,不用修改,采用默认值就好,文件会保存在桌面上。

步骤 04 登录开发者网站 http://developer.apple.com,找到 iOS Developer Program 中的 Certificates、Identifiers & Profiles(之后简称为 Certificate Portal),进去后再选择 Certificates,下载 WWDR 证书(Worldwide Developer Relations Certificate Authority)。

步骤 05 下载后的证书会存储在桌面上,文件名为 AppleWWDRCA.cer,双击鼠标将它导入到钥匙串中。

步骤 06 再回到 Certificate Portal 网页,在 Certificates 这个项目下需要再新增一个开发用证

书。创建证书需要的文件已经存储在桌面上，文件名为 CertificateSigningRequest.certSigningRequest。

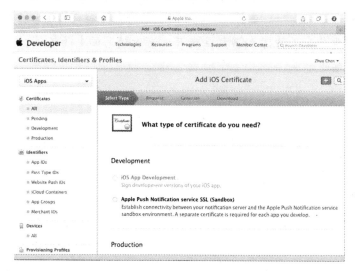

步骤 07　证书创建完成后，单击 Download 按钮，将 iOS 开发用证书保存到桌面，文件名为 ios_development.cer。

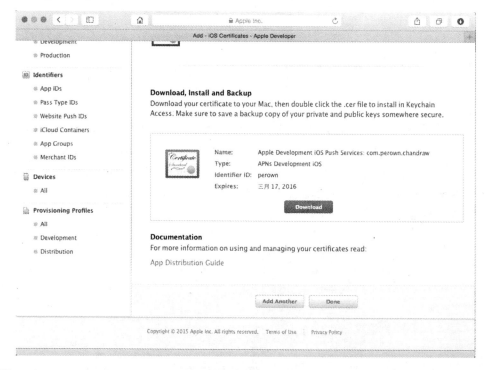

步骤 08　在 ios_development.cer 文件上双击，将此文件导入到钥匙串中。导入后可以在钥匙串访问的"证书"分类中看到"iPhone Developer:"的证书，并且在"密钥"分类中可以找到一对密钥。

第 2 章 开发环境

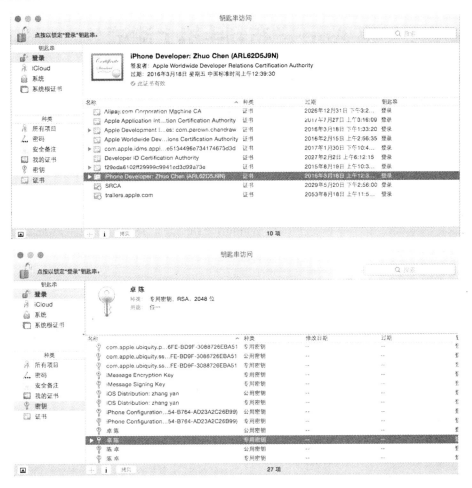

步骤 09 重复步骤 6~8，把生产用证书也创建好，之后 App 上架时会用到。

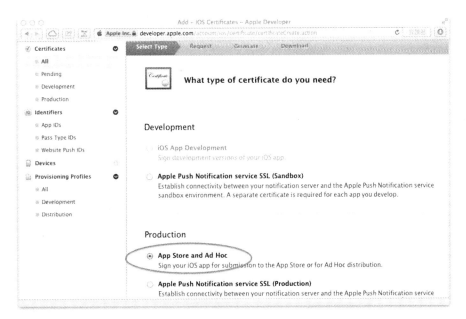

2-3 将 App 发布到手机上测试

难易度 ★☆☆

> 预备知识：2-2 在 Mac 计算机上制作开发专用证书　　Framework：无

要将写好的 App 放到 iPhone 或是 iPad 上测试与运行，并不是将实体设备连接计算机就可以了。除了要先付费成为付费开发者（或是教育版开发者）并且在 Mac 计算机上创建开发用证书外，最后还要将运行 App 的 iPhone 或是 iPad 设备在 Xcode 中注册才行。

步骤与说明

步骤 01 将 iPhone 或 iPad 通过 USB 传输线与计算机连接。

步骤 02 打开 Xcode，在下拉菜单中选择 Window→Devices，然后在左边单击要连接的设备，并将 Identifier 复制下来。

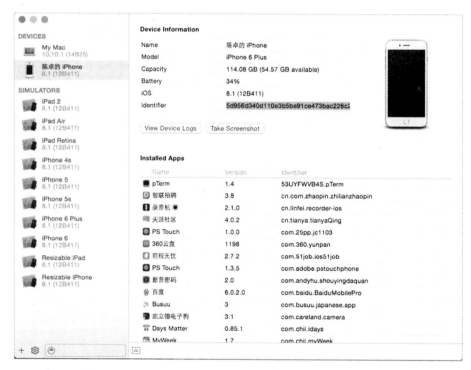

步骤 03 登录开发者网页，然后单击 Certificates，Identifiers & Profiles 链接，在左侧的 DEVICES 中将移动设备的 Identifier 添加进去。

第 2 章 开发环境

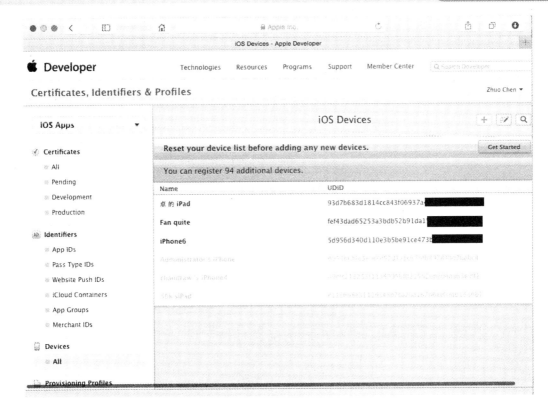

步骤 04 在左侧的 Provisioning Profiles 中单击 Development，然后找到"iOS Team Provisioning Profile: *"这个项目，单击编辑按钮，将已经注册完成的开发专用移动设备加到这个 Provisioning Profile 中，下载完成后双击进行安装。

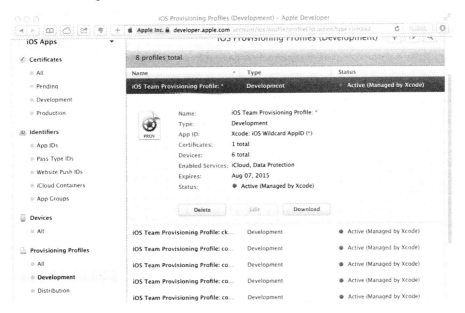

步骤 05 在 Xcode 中，将 App 的发布目的地由模拟器改为真正的设备即可。

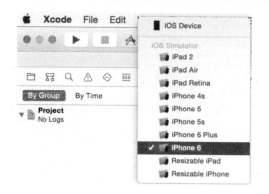

在 App IDs 中，有一个名称为 Xcode: iOS Wildcard AppID，并且 ID 为 "*" 的项目是由 Xcode 帮助产生的，对应为 "iOS Team Provisioning Profile: *"。这个 App IDs 的功能很有限，各位读者可单击这个 App IDs，将会发现很多选项都是 disable 而且也无法修改。有些功能必须注册一个新的 App IDs，并且不带有通配符 "*" 才行。

2-4 在 Mac 计算机上创建发布专用证书

> 预备知识：无   > Framework：无

跟开发 App 时需要有开发证书一样，想要将编写的 App 到 App Store 中上架，就必须要创建发布专用的证书。

步骤与说明

步骤 01 登录开发者网站，网址为 http://developer.apple.com。

步骤 02 登录后进入 Certificate Portal，在这里要创建一个发布专用的 Provisioning，即在左边选择 Provisioning Profiles 后新增一个 App Store 类型的 Distribution Profile。

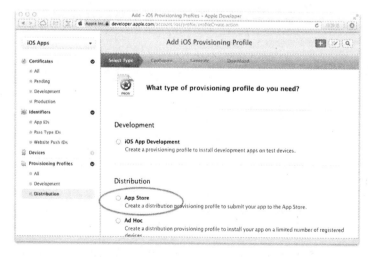

步骤 03 填写相关的资料。

第 2 章 开发环境

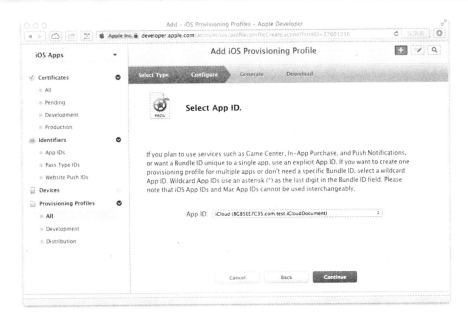

步骤 04　创建完后稍微等一下，重新加载这一页后可以看到创建的 Profile 状态变为 Active。

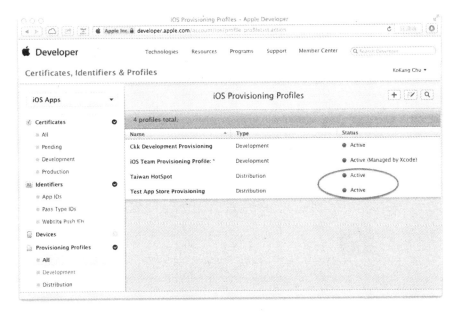

步骤 05　将发布专用的 Provisioning 下载下来并双击运行它，这样这个 Provisioning 就会安装到 Xcode 中。

难易度 ★★☆　2-5　在 iTunes Connect 中创建 App 的上架信息

预备知识：无　　Framework：无

　　如果想要将 App 放到 App Store 上让全世界的人免费下载或是付费下载，都必须先通过苹果公司的审核。因此，在上传 App 给苹果公司审核之前，必须先在 iTunes Connect 网站注册准

21

备上架的 App，过程中会需要输入许多相关的数据，例如 App 的说明、图片或是定价等。一切都完成之后，再由 Xcode 上传对应的 App 交付苹果公司审核，审核通过后就可以在 App Store 中上架了。

步骤与说明

步骤 01 以付费开发者身份登录 iTunes Connect，网址为 http://itunesconnect.apple.com。

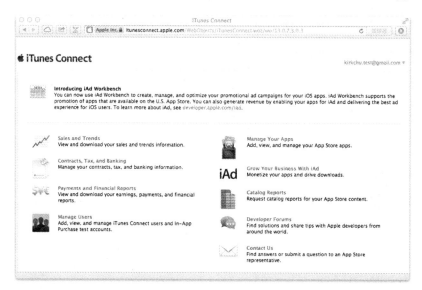

步骤 02 单击 Manage Your Apps 后，再次单击左上角的 Add New App 按钮。

步骤 03 输入 App 的相关数据，例如默认的语言、App 的名称、SKU 号码（自定义的 App 编号）以及 Bundle ID（Provisioning Portal 中已经注册的 App ID）。这里需要特别注

意的是，如果选择的 App ID 是带星号通配符的，就会多一个 Bundle ID Suffix 需要填入数据，最下方的 Your Bundle ID 必须与 Xcode 中要上传的 App 项目设置的 Bundle ID 一致才行。

步骤 04　接下来选择打算在 App Store 上出现的时间与售卖的价格。

步骤 05　继续填入版本号码、著作权所有人、App 分类、软件分级以及产品说明等相关数据。请注意这边会上传一个 1024×1024 的 App Icon 以及 App 在运行状态时的画面截图（至少一张），所以必须事先准备好。1024×1024 的 App Icon 图片必须与 Xcode 项目中设置的图片 Icon 一致。

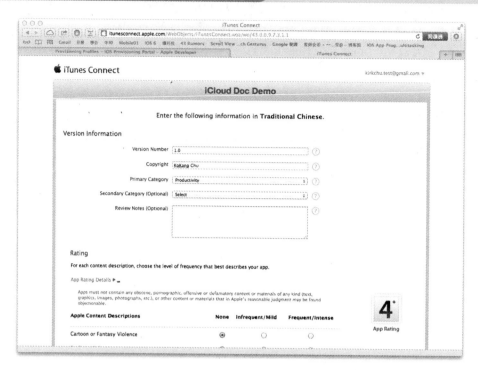

步骤 06 完成后看到的画面如下所示。

步骤 07 单击最下方的 View Details 按钮，然后单击右上角的 Ready to Upload Binary 按钮。

步骤 08 接下来会询问 App 是否使用密码，如果没有就选择 No。

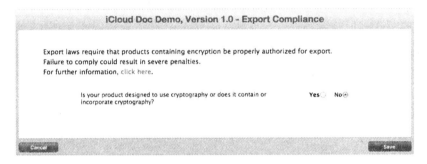

步骤 09 最后一切设置妥当后，单击 Continue 按钮。

步骤 10 现在可以看到准备上架的 App 状态已经由 Prepare for Upload 变成 Waiting For Upload，准备上传写好的 App。

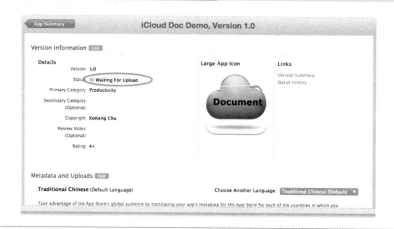

2-6　上传 App 进行审核

预备知识：2-5 在 iTunes Connect 中创建 App 的上架信息　　Framework：无

当 iTunes Connect 网站创建好上架 App 信息后，接下来就必须在 Xcode 所开发的项目中签署专门发布用的 Distribution Provisioning。Distribution Provisioning 是在 iOS Provisioning Portal 网站上先创建相关的信息后再下载回来给 Xcode 签署 App 使用的。这些流程都没问题后才可以上传 App 给苹果公司审核，审核时间约为 10 个工作日，之后苹果公司会以 E-mail 通知开发者是否允许 App 上架或是拒绝上架。

步骤与说明

步骤 01　务必根据预备知识在 iTunes Connect 网站创建 App 的上架信息。

步骤 02　登录开发者网站，然后进入 iOS Provisioning Portal 网页。在 App ID 的部分，如果前面 iTunes Connect 上所建立的预上架 App 的 Bundle ID 选择的是带通配符的 App ID 的话，在 Provisioning Portal 中就必须建立一个完整的 Bundle ID。

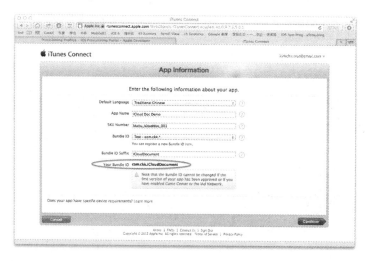

步骤 03　在 iOS Provisioning Portal 中创建一个专门发布用的 Distribution Provisioning。创建时

Distribution Method 选择 App Store；Profile Name 可随意命名；App ID 一定要选择跟 iTunes Connect 上一样的 Bundle ID（例如 com.ckk.iCloud-Document），注意这边选择的 App ID 不可以带星号。

步骤 04 将建立好的 distribution provisioning 下载并且双击运行，这样这个 Provisioning 文件就会导入 Xcode。

步骤 05 检查 Xcode 项目中的 Bundle Identifier，它必须与 iTunes Connect 上创建的 Bundle ID 以及 Distribution Provisioning 指定的 App ID 一致。如果不一致，可以调整 Xcode 项目中的 Bundle Identifier 或是删除 iTunes Connect 上的数据后重建。下图中的 Bundle Identifier 就与 iTunes Connect 上的不一致，需要一致才行。

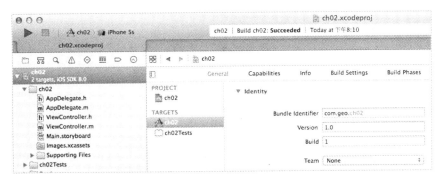

步骤 06 检查项目中的 App Icons 是否已经加入图片，使用 Xcode 创建项目的时候会自动在项目中加上 Images.xassets 文件，这个文件可以很容易地处理 App 需要的各种 Icon。如果是旧版本的项目中没有 Images.xassets 文件，只要在 Xcode 中选择新增文件，然后选择 Asset Catalog，再在 TARGETS 的 General 页面中的 App Icons and Launch Images 项目内单击 App Icons Source 右边的箭头并使用这个 Asset Catalog 文件即可。

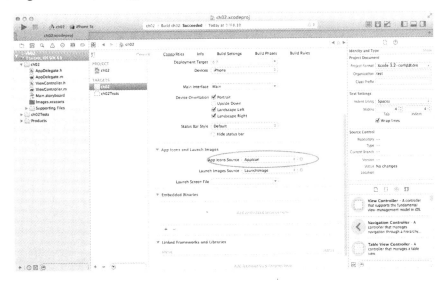

步骤 07 在 Xcode 项目的 TARGETS 的 Build Settings 地方，将 Release 的 Code Signing 选项改为创建的 Distribution Provisioning。

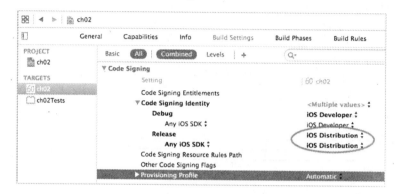

步骤 08 一切准备就绪，现在可以打包项目了。首先要将项目发布目标改为 iOS Device 而不是模拟器，然后从下拉菜单中单击 Product →Archive。

步骤 09 单击 Validate 按钮，让 Xcode 先检查一下有没有哪些地方还有问题，即让 App 在送审之前先自行检查一下。

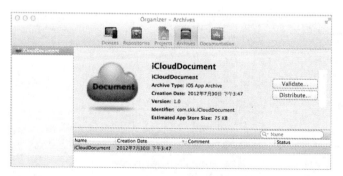

步骤 10 如果检查都没有问题了，就可以单击 Distribute 按钮上传 App 了。上传成功后登录 iTunes Connect 网站，可以看到 App 状态由 Prepare For Upload 变成 Waiting For Review。此时就耐心等待 1~2 周的审核时间。

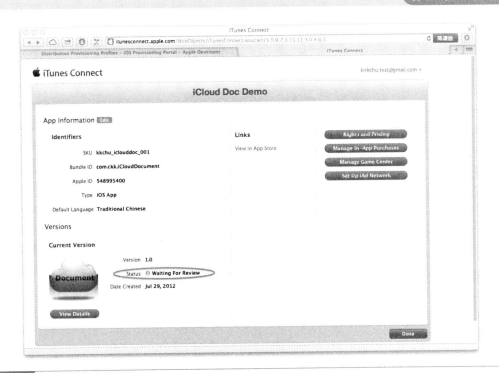

2-7 模拟器的基本功能

> 预备知识：无　　> Framework：无

模拟器的基本功能在开发 iOS 程序的过程中，并不一定非要使用实体机器来测试所开发的 App，有些 App 可以使用 Xcode 内置的模拟器来测试与运行，运行效果与实体机器并没有太大的差异。

iOS 的模拟器用来模拟 iPhone 与 iPad 的硬件环境。

1. 安装程序到模拟器上

当用户在 Xcode 中选择把程序创建成模拟器的格式，Xcode 就会自动帮助用户把程序安装到模拟器中。

2. 从模拟器上移除程序

在模拟器上移除程序的方法跟在 iPhone/iPad 上移除程序一样，把光标停在要移除的程序小图标上长按，这时主画面上的所有应用程序小图标会开始晃动，然后在想要移除的程序小图标上单击就可以移除该程序。

3. 模拟器的硬件行为

功能	说明	菜单选项
向右旋转	模拟手机顺时针向右旋转	Hardware→Rotate Right
向左旋转	模拟手机逆时针向左旋转	Hardware→Rotate Left
摇动手机	模拟用户摇动手机	Hardware→Shake Gesture
回到主画面	模拟用户按下 Home 按钮	Hardware→Home
回到手机锁定状态	模拟用户回到手机锁定的状态，需要滑动解锁按钮来解锁手机	Hardware→Lock
模拟内存不足警告	发送内存不足的信息给应用程序，可以用来模拟手机内存不足时的处理方式	Hardware→Simulate Memory Warning
模拟状态栏在电话中的状态	这个功能可以模拟电话中状态栏的正确高度让用户可以调整程序的用户界面设计	Hardware→Toggle In-Call Status Bar
模拟 iPad 使用硬件键盘的状态	模拟 iPad 使用外接键盘，屏幕键盘消失的用户界面，可以用来确认 iPad 程序用户界面的设计	Hardware→Keyboard
模拟输出到电视状态	模拟手机接了 TV Out 之后画面显示在另一个显示器上的状况，总共可以模拟 640×480、720×480、1024×768、1280×720、1920×1080 共 5 种显示器分辨率	Hardware→External Display

虽然目前模拟器无法模拟感应器和相机功能，但是模拟器可以模拟用户的 Pinch（缩放）手势操作。做法是当光标处于模拟器的画面范围中时按下键盘的 Option 键并且不要放开，这时画面上会出现两个灰色圆点，就是模拟用户两根手指的位置。这时按住鼠标左键并且开始移动鼠标就可以开始模拟用户的 Pinch 两指缩放手势。若要结束这个动作，只需放开 Option 键或是鼠标左键并且看到画面上的两个灰色圆点消失即可。

4. 模拟器在 Mac OS 文件系统中的位置

模拟器位于系统中的个人目录下：~Library/Developer/CoreSimulator/Devices/。如果习惯在终端模式下应用命令操作的话，建议打开终端操作。如果习惯在窗口界面操作，请在"前往"这个下拉菜单拉下来后，同时按下键盘中的 Option 键，这时可以看到"资源库"选项，若没按下 Option 键，则这个目录是隐藏看不到的。

2-8 如何增加函数库

预备知识：无　　Framework：无

Xcode 创建的项目，默认状态为加载 framework，如果程序中需要使用到别的 framework 或是 library 时，就必须在项目中额外加载其他的 framework 或是 library，否则在编译中会出现连接错误的提示信息。

步骤与说明

步骤 01　创建 Single View Application 项目。

步骤 02　在 Xcode 的 Project navigation 面板中单击项目，然后单击 TARGETS，打开 General 选项卡，画面滚动到最下面，新增函数库就在这个位置。

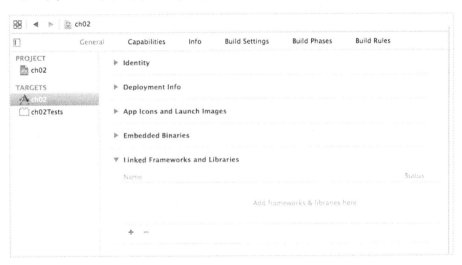

步骤 03　单击"+"按钮，即可加入需要的函数库。

第3章 Storyboard

　　Storyboard 是开发 iOS 程序时很重要的一个工具，它的功能主要是用来帮助程序员利用可视化的方式设计画面以及决定每个画面该如何切换（若 App 有好几个画面的话），例如，用户按下按钮后要切换到哪一个画面。由于在 Xcode 中已经提供了很多设计好的可视化组件，程序员只要从组件库中将想要使用的组件拖放到 Storyboard 中，并且以可视化的方式来决定这些组件的位置与大小即可，完全不需要通过程序或"想象"来设计画面，这样可以大大降低程序员在设计用户界面时的负担。

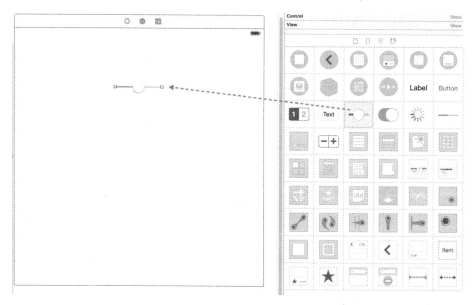

　　如果把 Storyboard 翻译成中文的话，可以称为"故事板"，拍电影时经常听到的"分镜脚本"也是这个单词。这代表 Storyboard 除了让用户拖放组件之外，另外一项重要的功能就是决定画面与画面间该如何切换。如果一个 App 有好几个画面，那么主画面上有很多个按钮用来切换不同的画面，在 Storyboard 上的程序设计可以不需要编写任何程序代码，就能做到按钮按下去后会切换到指定的画面，Storyboard 让画面切换这件事变得极其简单。

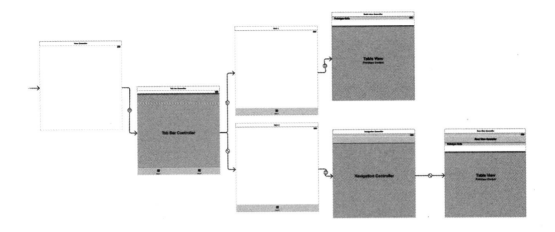

　　Storyboard 虽然可以帮助少写很多程序代码，但是有些情况必须要写程序代码才能运行，例如某个按钮按下去后要在 Label 组件上显示"Hello World"字符串。至少要做 3 件事情：（1）拦截按钮的"按下去"事件；（2）替 Label 取个唯一的名字；（3）按钮按下去后将特定字符串显示在指定名字的 Label 上。以上 3 点都需要编写程序，其中（1）、（2）的程序代码直接跟组件有关，因此，Storyboard 另外一项重要的工作就是协助程序员将组件与相关的程序代码进行连接。连接的目的有两个：（1）拦截组件所发出的事件，例如手指点一下、手指移过去或是用户打字；（2）替组件命名（声明一个变量，并且与该组件连接），因为之后要更改这个组件的属性或是要组件做一些事情，都必须通过这个变量。

　　在 Xcode 中拖放到 Storyboard 上的可视化组件，开始时是没有名字的，如果要操作它，就必须先命名。命名的方式就是声明一个变量，而变量名就是这个可视化组件的名字，Xcode 帮助将这个变量与可视化组件连接在一起。这种与组件连接的特殊变量，称之为 IBOutlet 变量，IB 代表 Interface Builder 的缩写。并不是每个可视化组件都需要取个名字，只有需要通过程序代码来操作的组件，才需要一个 IBOutlet 变量。除了 IBOutlet 之外，如果要拦截可视化组件所发出的事件（Events），就需要编写一个方法（Method），然后将这个方法与组件的某个特定事件连接即可，之后只要这个组件发出了特定的事件，iOS 就会调用其对应的方法。这种与事件连接的方法，称为 IBAction 方法。

　　创建可视化组件的 IBOutlet 变量与 IBAction 方法是非常容易的，当 Xcode 的画面设置成 Assistant editor 显示模式后，Xcode 就会同时显示 Storyboard 与对应的程序代码（如下图）。此时只要将 Storyboard 上的可视化组件用鼠标右键拖到显示程序代码的窗口内，如果程序代码显示的是.h 头文件，那么目的就是声明该可视化组件的 IBOutlet 变量，如果将右方显示的程序代码切换到 .m 实现文件，此时就是实现该可视化组件的 IBAction 方法。

如果熟悉窗口界面操作，应该可以知道每个窗口都有自己的画面，因此，经常会说"切换到这个窗口"或者"切换到那个窗口"。在 Storyboard 中，可以从组件库中拖放一个"窗口"（不应该使用这个词，稍后马上解释其原因，但在这个地方暂时用这个词，用户会比较容易理解）到 Storyboard 上，所以在 Storyboard 上就会出现两个"窗口"。现在仔细思考一下"窗口"这两个字，通常情况下，一个程序只会有一个窗口，窗口之间的切换往往都是应用程序之间的切换，例如从 Safari 浏览器切换到 iPhoto 或是切换到 Keynote。当然，一个应用程序可能有多种不同的显示画面，以 Safari 而言，可能单击超链接就会切换到另一个画面，单击"上一页"按钮就会再切换回来，这时不会说是切换到另一个窗口或回到原来的窗口，只会说是切换到另一个网页，因为这时明明都是在"同一个窗口"中。

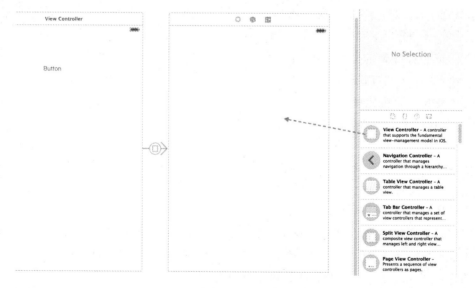

在 iPhone 或是 iPad 中，每个 App 的画面都是占满了整个屏幕，因此不会在屏幕上同时看到两个 App 的窗口画面。但是大家都知道，每个 App 的画面可能不止一个，例如单击某个按钮就切换到另一个画面。不管怎么切换，每个画面都是整个屏幕内容被换掉，因此感觉上好像切换到另一个窗口，因为这跟打开另一个 App 的感觉是一样的。事实上，每个 App 中所呈现的画面被称为"View"而不叫"窗口"，在本书中把 View 翻译成"视图"，有时候也会因为语句顺口的关系而使用"画面"一词。

App 会不会有窗口呢？答案是会，每个 App 都会有一个窗口当基底来承接许多不同的视图，在每个视图上还可以再放置许多不同的可视化组件，而 App 就通过这些可视化组件跟用户互动，包括切换视图或是播放影片等。因此，之前说在 Storyboard 上有两个"窗口"这样的说法是不正确的，应该修正为有两个视图或两个画面才对。何时 App 会有两个窗口呢？答案是同时要将画面显示在两个设备上时，例如使用 Keynote 简报，幻灯片在移动设备上与投影仪上会呈现出不同的画面，这时这个 App 具备了两个不同的窗口。

在 Storyboard 上看到的视图，其实也是一个可视化组件，想要操作它，还是需要依靠程序代码。因此，在 Storyboard 上的每个视图都必须与某个控制类互相对应，这个控制类就称为 View Controller，看名字就知道是专门用来控制视图的。在 Xcode 中创建一个 Single View Application 项目时，Xcode 会自动产生 ViewController.h 与 .m 这两个文件，文件中所定义的 ViewController 类已经跟 Storyboard 上默认的视图进行连接，因此在 Xcode 中打开 Assistant editor 模式后，所看到的程序代码就是已经连接好的 ViewController.h 与 .m 文件。在 Storyboard 上新增加一个视图控件（View Controller）时，接下来就必须在项目中新增一个继承于 UIViewController 类的 Objective-C class，然后将这个自定义的视图控件类与 Storyboard 上新增的视图对应，这样才能通过程序代码来控制这个视图。因此，如果没有创建 ViewController 类或是创建后没有对应，那么这个视图是没有办法通过程序去操作的。

为了适应日后 Apple 推出移动设备的屏幕大小可能会比现在更加多样化，Apple 从 iOS 8 开始导入了全新的设计理念，希望程序员不再去思考屏幕分辨率的问题而改为只要思考对象与对象之间的相对位置。在 iOS 7 的时候，Xcode 加入了 Auto Layout 功能，通过 Constraints 将每个可视化组件绑在某个位置上，这样当移动设备旋转或是在不同分辨率的设备上运行时，这些组件的布局就不会乱掉。Auto Layout 是一种相对位置的概念，之前在画面上安排的可视化组件，其坐标位置都是固定的，当画面改为横向时，坐标并没有因为长宽改变而跟着改变（除非用程序去调整）。可以想象每个组件周围都有 4 个勾子，这 4 个勾子可以选择勾在窗口边框或是勾在隔壁的组件上，当然也可以选择不勾。因为勾子勾上去后，勾子的长度就不能改变，所以每个组件跟其他组件或是窗口边框的距离就被固定住了，这样无论将设备横着拿，或是应用于不同屏幕大小的设备时，App 中的组件布局都不会乱掉。

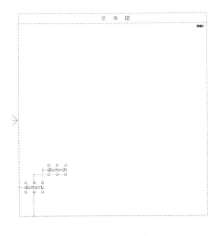

以上图为例，Button1 的左侧与下方是勾在窗口的边框，Button2 的左侧与 Button1 的右侧勾在一起，Button2 的下方与 Button1 的上方勾在一起。凡是勾在一起的间距不会因为屏幕大小或是竖放横放而改变，运行后的情况如下图所示。可以看到 Button1 与 Button2 间的距离都没有改变。

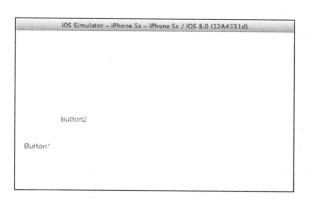

但是这样的做法在面对不同设备时（例如 iPhone 与 iPad）还是存在不足之处，所以在之前，Xcode 会帮助生成两个不同的 Storyboard：一个给 iPhone 用，另一个给 iPad 用。必要时，程序代码也需要判断是 iPhone 还是 iPad，因为有些程序代码在不同的设备中的写法不同，例如 iPad 会需要 popover 窗口而 iPhone 不用。现在 iOS 8 开始强调程序代码自动适应，也就是说程序后台会自动根据目前运行的设备做最适当的画面处理，只要编写同样的程序代码就可以在不同的设备上运行，而不再需要判断是 iPhone 还是 iPad。这样的改变让程序可读性变得非常高。新版的 Xcode 安装完，很快就可以发现 Storyboard 只有一个，同时支持 iPhone 与 iPad。

为了做到自动适应，Cocoa Touch Framework 加入了两个跟设备大小有关的类，分别是 UITraitCollection 与 UITraitEnvironment，其中 UITraitCollection 这个类提供了设备在水平与垂直方向的大小（size）信息，而 UITraitEnvironment 类中由属性 traitCollection 指向 UITraitCollection。大部分 UIKit 中的类，包括 UIScreen、UIWindow、UIViewController 和 UIView 等都实现了 traitCollection 属性，所以可以通过这个属性来决定每个视图组件呈现的布局。Apple 将这两个新加入的类称为 Size Classes，因为它们跟设备的大小有关，Xcode 也提供了相对应的工具，称为 Size Classes Tool，让程序员可以通过这个全新工具的帮助，加上之前已经有的 Auto Layout，在 Storyboard 上就能够处理绝大多数与布局有关的问题。

在 Size Classes Tool 中，设备的分辨率已经不再强调，请读者将重点放在设备的长宽上：Compact、Regular 与 Any。其中 Any 代表同时可以包含 Compact 与 Regular。下面四张图，请读者务必熟记，重点在于它们的长宽设置。

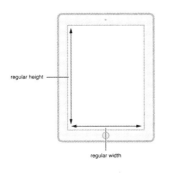
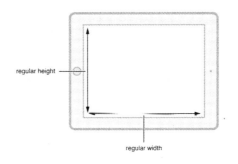

（a）iPad 方向为 Portrait（竖向）　　　（b）iPad 方向为 Landscape（横向）

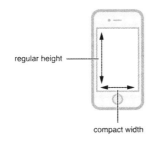
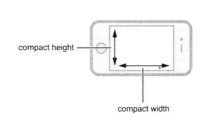

（c）iPhone 方向为 Portrait（竖向）　　　（d）iPhone 方向为 Landscape（横向）

如果有一个按钮，在 Size Classes Tool 上设置时这个按钮只出现在"wAny | hAny"，则代表这个按钮会出现在 iPhone 与 iPad 中，并且不论它们的方向是竖向还是横向；如果设置成"wCompact | hCompact"，则代表只会出现在 iPhone 中并且方向为横向。

3-1　我的第一个 App——Hello World

▶ 预备知识：无　　▶ Framework：无

编写"Hello World"几乎已经是程序员的一个不成文规定。学习一种新语言的第一个程序往往都要以输出"Hello World"作为学习的开始。下面就不免俗套地教各位读者如何单击一个按钮后，在屏幕上显示"Hello World"字符串。在这个问题上可使用 Storyboard，让读者可以用拖放组件的操作方式以及较少的程序代码来完成原本需要编写很多程序代码才能完成的工作。在本书所有的章节中都会以相同的方式进行处理。

步骤与说明

步骤 01　打开 Xcode 后选择创建 Single View Application 项目。

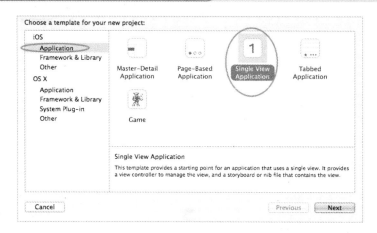

步骤 02 单击右下角的 Next 按钮后，输入一些与此项目有关的数据，其中 Product Name 代表项目的名称，在这个位置请输入 HelloWorld；在 Organization Name 中输入组织或是个人名称，也可以不输入；在 Organization Identifier 中输入可以代表公司的标识符，习惯上会将公司的域名反过来，例如 com.howto；Devices 用于选择这个项目未来会在哪一种移动设备上运行，iPad、iPhone 或是两者都有（选 Universal）。

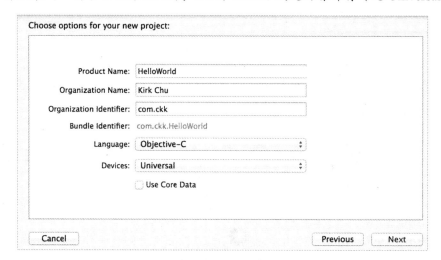

步骤 03 单击右下角的 Next 按钮后选择将项目保存在哪个位置，建议保存在桌面上，免得找不到。

步骤 04 项目创建好后，在最左边的 Navigator 窗口上单击 Storyboard 文件，从右下角组件库区拖放一个标签组件（并调整组件长度，组件名称为 Label）与一个按钮组件（名称为 Button）到 Storyboard 中的 View Controller 视图上。现在双击按钮后输入"Push Me"，让按钮上出现想要的提示文字。

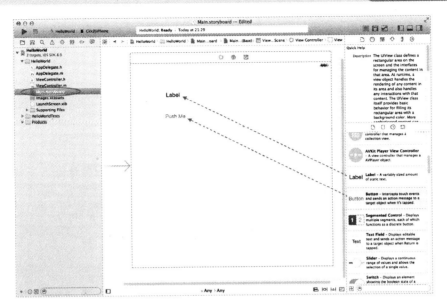

步骤 05 接下来要响应用户在按钮按下去后更改 Label 上所显示文字的相关程序代码。首先，为 Label 取个 IBOutlet 名字，这个名字的目的是让程序与拖放到 Storyboard 上的标签组件产生关联，产生关联后才能通过这个名字来改变或取得标签组件的许多属性值。这种与画面上组件产生关联的变量，在变量数据类型前会有一个 IBOutlet 修饰符，其中 IB 代表 Interface Builder（早期开发 App 接口时所使用的工具，现在已经集成 Storyboard 了），表示这个变量与画面上的组件发生关联。将画面上某个组件（例如标签组件）与 IBOutlet 变量连接的方法很简单：首先打开辅助编辑模式（Assistant Editor），选择 View→Assistant Editor→Show Assistant Editor，这时在 Storyboard 窗口的右边会再打开一个显示程序代码的窗口，理论上应该看到的是 ViewController.h 的内容，如果不是的话，请在这个窗口的上方将文件转换成 ViewController.h。

步骤 06 在"Label"上按住鼠标右键不放，拖到 ViewController.h 中的 @interface 与 @end 之间后释放鼠标右键，如果是单击鼠标就先按下键盘中的 Control 键。在拖动的过程中会出现蓝色线条。

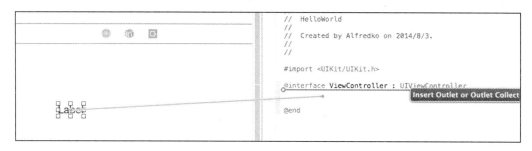

步骤 07 释放鼠标后会出现一个对话框，在 Name 的位置输入 label，这个名字就是为 Label 所取的 IBOutlet 变量名。

步骤 08 单击右下角的 Connect 按钮后，Xcode 会根据设置在 ViewController.h 中产生 IBOutlet 程序代码。

```
#import <UIKit/UIKit.h>

@interface ViewController : UIViewController
@property (weak, nonatomic) IBOutlet UILabel *label;

@end
```

步骤 09 现在要处理按钮按下去后要做什么事情。将 Assistant editor 窗口内的程序代码改为 ViewController.m，接下来的操作跟前面 Label 设置 IBOutlet 变量名的处理方式一模一样。在 Push Me 这个按钮上用鼠标右键拖动到 ViewController.m 中，弹出对话框后在 Name 的位置输入 buttonPress（或任何合法的 method 名称），单击 Connect 后 Xcode 会在 ViewController.m 中产生名称为 buttonPress:的方法，这个方法就是当按钮按下去后会被调用的地方。在这个方法中通过 label 这个 IBOutlet 变量去修改屏幕上标签所显示出来的字符串（属性为 text）。在 Objective-C 语言中，字符串的类型为 NSString，除了前后用双引号引起来外，在双引号外面还要加上"@"符号。

```
- (IBAction)buttonPress:(id)sender
{
    self.label.text = @"hello, world";
}
```

步骤 10 单击 Xcode 左上角的 Run 按钮，在模拟器中运行查看结果。

在 App 运行时将发现画面先显示一个"欢迎画面"后才会出现 Storyboard 上的编排画面，这个欢迎画面就是项目中的 LaunchScreen.xib 文件，单击它后就可以根据需要自行修改。如果不打算显示这个欢迎画面，在这个 xib 文件的 File inspector 面板中有个 check box："Use as Launch Screen"，默认值是勾选的，如果取消勾选，则 App 启动时不显示欢迎画面，但截至 Xcode 6.01，这个选项似乎是无效的。如果读者要取消欢迎画面，笔者的建议是将这个 xib 文件的内容删除成空白（如果直接删除 xib 文件，或是从 Launch Screen File 选项中删除，App 启动时屏幕会先变黑，似乎不是很好的做法）。

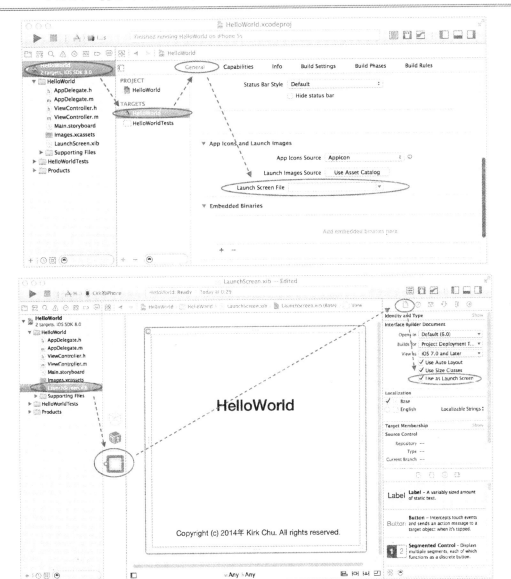

3-2 让两个按钮调用同一个事件处理方法

难易度 ★☆☆

预备知识：3-1 我的第一个App——Hello World　　Framework：无

当两个按钮都需要调用同一个事件处理方法时，只需先设置第一个按钮的 IBAction 方法，然后将第二个按钮连接到第一个按钮设置的 IBAction 方法就可以了。

步骤与说明

步骤 01　创建 Single View Application 项目。

步骤 02　在 Storyboard 上放置两个按钮（组件名称为 Button），一个显示 Button1，另一个显示 Button2，并且再放一个标签（组件名称为 Label），当用户分别单击这两个按钮后，标签上会显示"Button1 被按"或"Button2 被按"的字符串。

步骤 03　参考预备知识的方法，在 ViewController.h 中设置标签的 IBOutlet 变量名为 label。

```
#import <UIKit/UIKit.h>

@interface ViewController : UIViewController
@property (weak, nonatomic) IBOutlet UILabel *label;

@end
```

步骤 04　参考预备知识，在 ViewController.m 中设置 Button1 的事件处理方法。除了将方法命名为 buttonPress 外，为了便于识别是哪一个按钮被按，请将 Type 由 id 改为 UIButton。若忘了改，等到产生 IBAction 方法后再修改程序代码也可以。

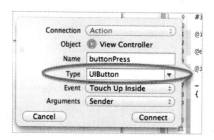

步骤 05　利用另一种方式来设置 Button2 的事件处理方法。单击 Button2 后打开 Connections 面板。

步骤 06　在 Connections 面板中找到 Touch Up Inside 事件，然后将右边的圆圈拖到刚刚 Button1 创建的 buttonPress 事件处理方法上，注意看，buttonPress 整个方法会被蓝色矩形框住（如果没出现，在下拉列表 Product 内选择 build 选项后再试一次）。

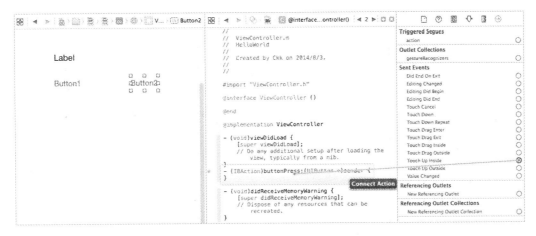

步骤 07　创建完成后，在 Connection 面板中可以看到 Touch Up Inside 跟 buttonPress:方法连接在一起了。如果连接错误，单击连接左上角的"X"按钮将其删除。查看 Button1，会看到 Button1 与 Button2 一样，"Touch Up Inside"都显示出与 buttonPress:方法连接。

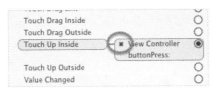

步骤 08　在 buttonPress:方法中编写按钮按下去后要更新标签上字符串的程序代码。特别注意的是，比较两个字符串是否相等要使用 isEqualToString:方法，不可以使用 s1==s2 这样的语法。

```
- (IBAction)buttonPress:(UIButton *)sender
{
    if ([sender.titleLabel.text isEqualToString:@"Button1"]) {
        self.label.text = @"Button1被按";
    } else if ([sender.titleLabel.text isEqualToString:@"Button2"]) {
        self.label.text = @"Button2被按";
    }
}
```

步骤 09　运行查看结果。

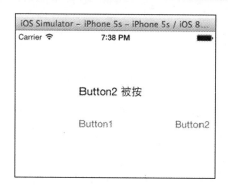

3-3 一个 App 多个画面

难易度 ★★★

> 预备知识：无   > Framework：无

一个复杂且多功能的 App 往往具备了许多的画面，每个画面负责的功能不同，因此会"搭载"不同的可视化组件来跟用户互动。如果要新增另一个画面必须要处理 3 件事情：（1）从组件库中拖放一个适当的 View Controller 组件到 Storyboard 上；（2）新增一个自定义的类并且继承适当的 View Controller 类，举例来说，如果拖放到 Storyboard 上的是 View Controller 组件，那么自定义的类就要继承 UIViewController 类；如果拖放的是 Table View Controller 组件，那么自定义类就要继承 UITableViewController 类；（3）自定义类创建完成后，再将自定义的类与 Storyboard 上的 View Controller 组件互相关联。经过以上这 3 个步骤之后，程序代码才能"指挥"与"操作"新增的 View Controller 组件（也就是新的画面）。

步骤与说明

步骤 01 创建 Single View Application 项目。

步骤 02 打开 Storyboard 并且从组件库中拖放一个 View Controller 组件。

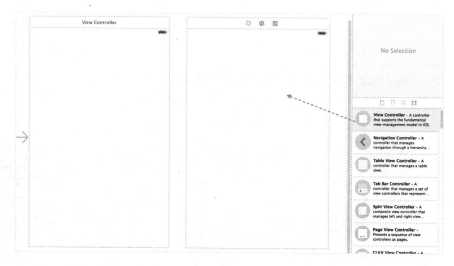

步骤 03 在项目中新增一个自定义的 View Controller 类。单击下拉菜单中的 File→New→File→iOS/Source→Cocoa Touch Class，单击 Next 按钮后将类命名为

MyViewController 并且继承于 UIViewController。创建完成后可以在项目中看到 MyViewController.h 与 MyViewController.m 这两个文件。

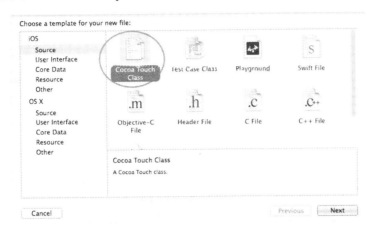

步骤04　回到 Storyboard，在新增的 View Controller 画面最上方的 View Controller 图标上单击，然后在 Identity inspector 面板中将这个 View Controller 与 MyViewController 类进行连接。

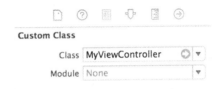

步骤05　可以打开辅助编辑窗口（下拉菜单 View→Assistant Editor→Show Assistant Editor），看看新增的 View Controller 页面对应到的程序代码是不是 MyViewController 类，可以用这个方式来判断页面与自定义类之间的连接有没有设置正确。

步骤06　操作完成。

3-4　画面切换

难易度 ★★★

预备知识：3-1 我的第一个 App——Hello World、3-3 一个 App 多个画面　　Framework：无

创建一个具有两个画面的 App，在 Storyboard 中设置从第一个页面单击按钮后切换到第二

个页面。在第二个页面中单击按钮后会显示出"Hello World"字符串。

步骤与说明

步骤 01 根据预备知识 2 创建 Single View Application 项目。

步骤 02 打开 Storyboard，在第一个页面上拖放一个按钮组件，完成后在第二个页面上根据预备知识 1，设计一个单击后会在标签组件上显示"Hello World"字符串的按钮。

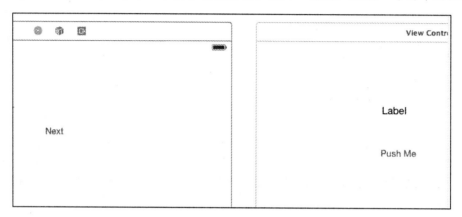

步骤 03 在第一个页面的 Next 按钮上单击鼠标右键（如果是单击鼠标就先按下键盘中的 Control 键），拖到第二个页面上，释放鼠标后出现选择 Action Segue 类型，此时选择 Present Modally 后即可创建两个画面之间的 Segue，Segue 表示页面与页面之间的切换方式。

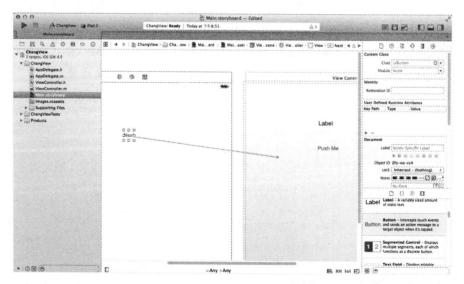

步骤 04 此时两个页面间已经创建了 Segue，因此当 Next 按钮按下去后 App 页面就会切换到另一个页面了。

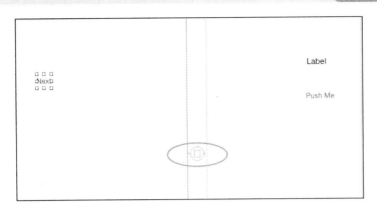

步骤 05　运行查看结果。

3-5　使用导航控件

难易度 ★★★

预备知识：3-4 画面切换　　Framework：无

导航栏的目的是让用户在画面的切换中可以很容易回到上一个画面，不会在来回切换的过程中迷了路而搞不清楚在哪里。导航栏位于 App 画面的最上方，是宽度与 App 页面宽度一样的矩形区域。要让画面具有导航栏功能最快速的方式就是使用导航控件（Navigation Controller）组件。

步骤与说明

步骤 01　创建 Single View Application 项目。

步骤 02　打开 Storyboard，然后从组件库中拖放一个 Navigation Controller 组件以及一个新的 View Controller 组件到 Storyboard 上。稍微调整一下这 4 个画面的位置，最左边的是原本默认的那一个，中间两个是 Navigation Controller 组件创建的，最右边的是新增的 View Controller。

步骤 03　在最左边的页面上放置一个 Button 组件，并标识 Push Me 字符串；在第 3 个页面的导航栏右上角放置一个 Bar Button Item 组件。

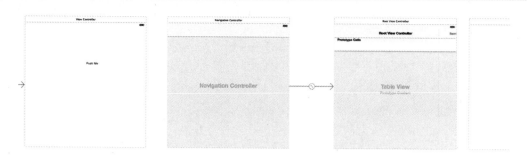

步骤 04 设置当第 1 个页面上的 Push Me 按钮按下去后,创建第 1 个页面与第 2 个页面间类型为 Present Modally 的 Segue(请参考预备知识)。然后利用同样的方式,创建第 3 个页面中 Item 按钮按下去后连接到第 4 个页面间类型为 Show 的 Segue。使用 Show 类型的 Segue 才能让第 4 个页面出现时,最上方的导航栏出现"回到 Root View Controller"的按钮。

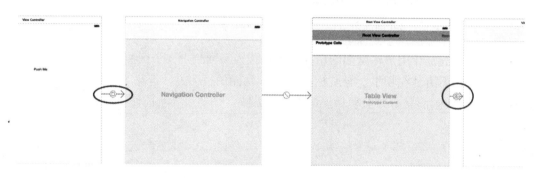

步骤 05 运行查看结果。运行后会发现只有三个页面,这是因为 Navigation Controller 那个页面是用来控制其他页面的,因此不会出现。

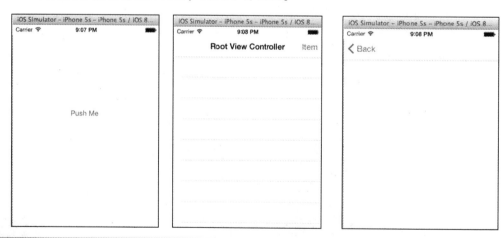

3-6 使用 Tab Bar 切换画面

难易度 ★★★

预备知识:3-3 一个 App 多个画面、3-4 画面切换　　Framework:无

Tab Bar 是位于 App 最下方横跨整个页面,颜色为黑色的一条带状矩形区域。Tab Bar 的

主要目的是用来让用户快速地切换显示画面。由于 Tab Bar 并不会因为用户切换画面而消失，因此 Tab Bar 上会有代表各个画面的小图标，用户只要单击这些图标就可以快速地切换。Xcode 中有两种方式可以设计具有 Tab Bar 的 App：一种是先创建一个一般项目，然后加入 Tab Bar Controller 组件；另一种是开始就创建 Tab Bar 项目（称为 Tabbed Application）。在这里采用后者来让读者快速地认识 Tab Bar 如何使用。

 步骤与说明

步骤 01　创建 Tabbed Application 项目。

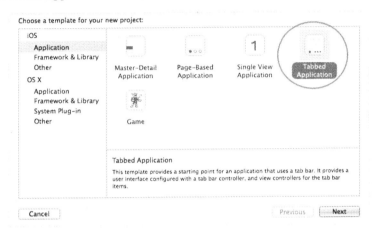

步骤 02　项目创建完后单击 Storyboard，可以看到 Xcode 已经准备好两个画面：一个标识为 First View；另一个标识为 Second View。

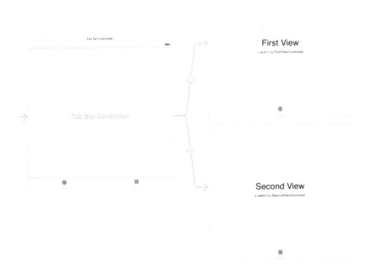

步骤 03　从组件库中拖放一个 View Controller 到 Storyboard 上，然后在这个 View Controller 上放置一个标签组件。打开 Attributes inspector 面板（下拉菜单 View→Utilities→Show

Attributes Inspector），修改一下标签上所显示的文字与字号，让其显示较大的 Third View。

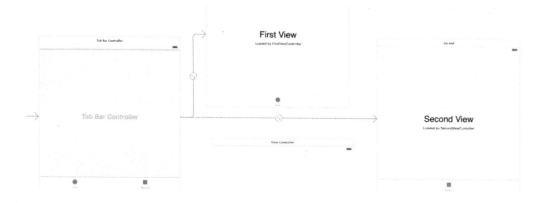

步骤 04　参考预备知识 1，新增一个继承 UIViewController 的自定义类，并且将标识 Third View 的 View Controller 组件与自定义类连接。

步骤 05　参考预备知识 2，准备创建 Tab Bar Controller 与 Third View 之间的 Segue。

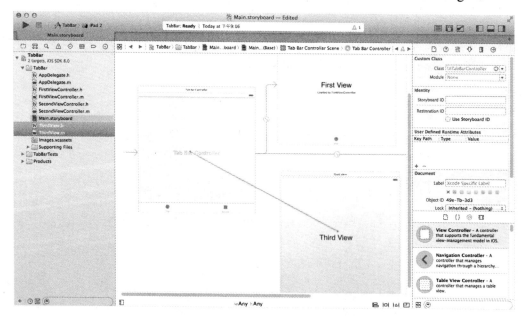

步骤 06　单击鼠标右键后，在弹出的快捷菜单中选择 view controllers。

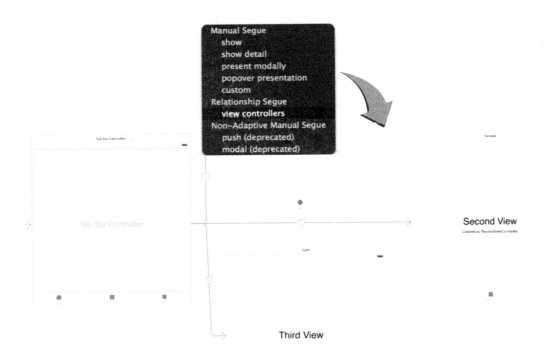

步骤 07 单击 Third View 页面下方 Tab Bar 上的 Item 小图标，打开 Attributes inspector 面板，将 System Item 的选项由 Custom 改为 Featured，这个操作会改变 Tab Bar 上的图标。

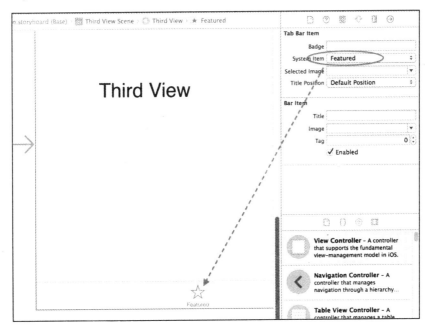

步骤 08 运行查看结果。

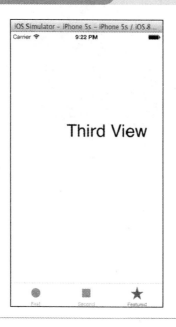

3-7 传递参数到下一个画面

难易度 ★★☆

预备知识：3-3 一个 App 多个画面、3-4 画面切换　　Framework：无

有时需要让数据在两个画面间传递，例如用户在前一个画面输入的一些数值要在下一个画面以图表的方式呈现，那么在下一个画面中就必须得到用户在前一个画面所输入的值。做法是在前一个画面的 View Controller 类中实现 prepardForSegue:sender:方法，这个方法是画面要切换前就会被调用的，因此可以在这个方法中将数据发送到下一个画面的 View Controller 类中去。

步骤与说明

步骤 01　根据预备知识 1、2 创建 Single View Application 项目。

步骤 02　打开 Storyboard，然后增加一个 View Controller 组件，将画面重新设计为起始的 View Controller，其有个文本框（使用 Text Field 组件）可以让用户输入数据。希望用户在第一个画面输入一些文字后单击 Next 按钮进入第二个画面，然后单击第二个画面上的 Push Me 按钮将第一个画面输入的数据显示在标签组件上。

第 3 章　Storyboard

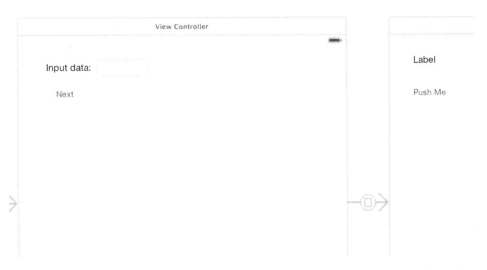

步骤 03　打开 ViewController.h，将第一个画面的 Text Field 组件 IBOutlet 变量名设置为 textBox。

```
#import <UIKit/UIKit.h>

@interface ViewController : UIViewController
@property (weak, nonatomic) IBOutlet UITextField *textBox;

@end
```

步骤 04　打开 MyViewController.h（与第 2 个画面连接的自定义类），将第 2 个画面的 Label 组件 IBOutlet 变量名设置为 label。同样在 MyViewController.h 中，声明一个变量 user_input_data，负责接收上一个画面传过来的数据，并且再声明一个方法 passData:，用来设置 user_input_data。

```
#import <UIKit/UIKit.h>

@interface MyViewController : UIViewController
{
    NSString *user_input_data;
}
@property (weak, nonatomic) IBOutlet UILabel *label;

-(void) passData:(NSString *)argu;
@end
```

步骤 05　在 MyViewController.m 中，设置 Push Me 按钮的 IBAction 方法，使得按下去后将 user_input_data 变量值指派给标签的 text 属性，然后制作 passData:方法，这个方法是让前一个画面在准备切换到下一个画面时调用的方法，也就是通过这个方法才能让数据从上一个画面发送过来。

```
- (IBAction)buttonPress:(id)sender
```

53

```
{
    self.label.text = user_input_data;
}

-(void)passData:(NSString *)argu
{
    user_input_data = argu;
}
```

步骤 06 打开 VewController.m，除了导入 MyViewController.h 头文件之外，最重要的一步是制作 prepareForSegue:sender:方法。在这个方法中将用户在 Text Field 中输入的数据，传给下一个画面。

```
#import "MyViewController.h"

-(void)prepareForSegue:(UIStoryboardSegue *)segue sender:(id)sender
{
    MyViewController *view = [segue destinationViewController];
    [view passData: self.textBox.text];
}
```

步骤 07 运行查看结果。

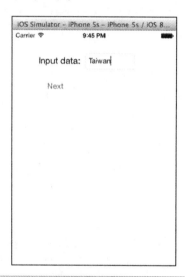 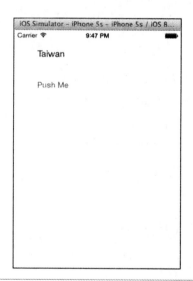

3-8 取消画面切换

难易度 ★★★
预备知识：3-4 画面切换　　Framework：无

两个画面之间的切换只要设置 Segue 后就可以了。如果已经设置了 Segue，由于某些原因（例如数据还没下载完毕）而要使该 Segue 暂时失去作用，则只要在 shouldPerformSegueWithIdentifier 方法中返回 NO 就可以暂停 Segue 切换画面的功能。

步骤与说明

步骤 01 根据预备知识创建 Single View Application 项目。

步骤 02 在 View Controller.m 中实现 shoudlPerformSegueWithIdentifier:sender:方法,并且在该方法中返回 NO,就可以让 Segue 停止画面切换的功能。

```
-(BOOL)shouldPerformSegueWithIdentifier:(NSString *)
identifier sender:(id)sender
{
    return NO;
}
```

步骤 03 运行查看结果。

难易度 ★☆☆   3-9　不使用 Segue 的画面切换

> 预备知识:无　　> Framework:无

画面切换除了可以使用 Segue 之外,也可以通过程序的方式直接加载指定的 View Controller。

步骤与说明

步骤 01 创建 Single View Application 项目。

步骤 02 打开 Main.storyboard,新增一个 View Controller,然后在这个 View Controller 的 Identity inspector 面板中的 Storyboard ID 中填入一个字符串(例如 abc),然后将 Use Storyboard ID 勾选。建议换个背景颜色,或是加入一些组件,这样在运行时才能清楚地看到已经切换到下一个 View Controller 了。

步骤 03 打开原先 View Controller 中的 ViewController.m,在 viewDidAppear:方法中加载下一个 View Controller,其中 UIViewController 可以换成自定义的 class 名称。

```
-(void)viewDidAppear:(BOOL)animated
{
    UIViewController *vc = [self.storyboard
    instantiateViewControllerWithIdentifier:@"abc"];
    [self showDetailViewController:vc sender:self];
}
```

步骤 04 运行查看结果。

如果本身是在 Navigation Controller 控制下的视图,可以使用以下的程序代码加载另一个 View Controller。

```
UIViewController *vc =
[self.storyboard instantiateViewControllerWithIdentifier:@"About"];
[self.navigationController showDetailViewController:vc sender:self];
```

难易度 ★★☆	**3-10 在运行阶段加载 XIB 文件**
	预备知识：无　　Framework：无

有时要呈现的画面并不在 Storyboard 中，而是另外保存在扩展名为 .xib 的文件中，xib 的发音为 nib。虽然现在的画面设计几乎都是通过 Storyboard 实现的，但有时还可能需要用到 xib 文件来存储画面，例如自定义可视化组件时。

步骤与说明

步骤 01 创建 Single View Application 项目。

步骤 02 接下来要产生一个新的画面，并且存储在 xib 文件中。方法是单击下拉菜单 File→New→File→iOS/Source→Cocoa Touch Class，单击 Next 按钮后将类命名为 XIBViewController，并且继承于 UIViewController，勾选下方的 With XIB for user interface 复选框。

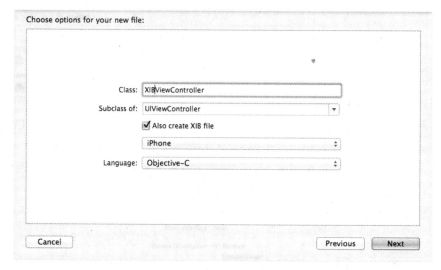

步骤 03 完成后在项目中会多出 3 个文件：XIBViewController.h、XIBViewController.m 与 XIBViewController.xib。打开 XIBViewController.xib，从组件库中拖放一个按钮至看到的画面上，并修改标识为 Close，希望单击这个按钮后，会关闭这个画面。

第 3 章 Storyboard

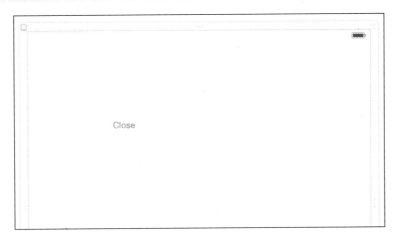

步骤 04 设置这个按钮单击后的 IBAction 方法，在这个方法中将画面关闭。

```
- (IBAction)buttonPress:(id)sender
{
    [self dismissViewControllerAnimated:YES completion:nil];
}
```

步骤 05 返回到 Storyboard，在这个页面上加上一个按钮，并且标识为 Load XIB。

步骤 06 打开 ViewController.m，设置单击 Load XIB 按钮的 IBAction 方法，在这个方法中加载 xib 文件。程序代码中的变量 view 其实已经指向 xib 文件的 XIBViewController 类，因此如果需要将数据传到 xib 中，可以通过这个变量来调用 XIBViewController 类中的方法，例如[view someMethod:value]。

```
#import "XIBViewController.h"

- (IBAction)loadxibButtonPress:(id)sender
{
    XIBViewController *view = [[XIBViewController alloc]
                initWithNibName:@"XIBViewController" bundle:nil];
```

57

```
    [self presentViewController:view animated:YES completion:nil];
}
```

步骤07 运行查看结果。

3-11 使用 Auto Layout 布局

难易度 ★★

预备知识：无　　Framework：无

Auto Layout 的功能可以让画面上组件间的位置设置更具弹性，以适应未来屏幕大小不同的移动设备以及将设备直着拿或是横着拿所衍生的画面布局问题。

步骤与说明

步骤01 创建 Single View Application 项目。

步骤02 打开 Storyboard，拖放一个标签组件、一个 Text Field 组件与一个按钮组件。

步骤03 先运行查看结果。

步骤04 让 Label 的左侧与上缘都勾在 View Controller 的边框，然后让 Button 的右侧与上缘也勾在 View Controller 的边框，最后将 Text Field 的右侧勾在 Button 的左侧。勾的方式有 3 种：下拉菜单 Editor→Pin；使用 Storyboard 上的图标选项；最

后一种是使用鼠标右键。希望当手机横拿的时候，Label 向左边靠，Button 与 Text Field 则向右边靠。

步骤 05 以鼠标右键以及 Label 为例，因为要设置的是 Label 的左侧与上缘，因此鼠标先单击 Label 后使用鼠标右键向左上角的方向拖动一点点。

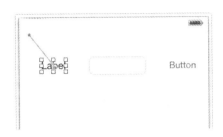

步骤 06 单击鼠标右键后，从快捷菜单中选择 Leading Space to Container 以及 Top Space to Top Layout Guide。

步骤 07 Button 的设置方式是使用 Storyboard 上的图标来操作。单击 Pin 图标后，在上方图标的右侧与上缘的虚线单击，它们会变成实线，然后单击最下方的 Add 2 Constraints 按钮。

步骤 08 接下来要设置 Text Field 的右侧勾在 Button 的左侧，这要使用鼠标右键来操作。在 Text Field 上使用鼠标右键拖到 Button 上，释放后选择 Horizontal Spacing 选项。

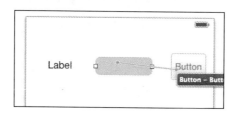

步骤09 此时在组件列表上，除了多了 Constraints 项目外，如果 Auto Layout 还欠缺一些设置的话，会在右上角有个红色的标记。

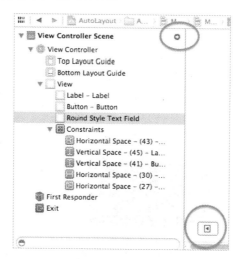

步骤10 单击红色的标记并修正相关的错误后运行查看结果。

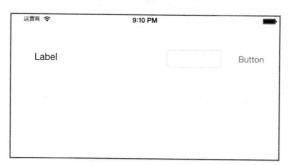

3-12　开发同时适合 iPhone 与 iPad 的 App

难易度 ★★★

预备知识：无　　Framework：无

以前要开发既适合 iPhone 屏幕也同时适合 iPad 屏幕的 App，需要在项目中创建两个 Storyboard：一个给 iPhone 使用，另一个给 iPad 使用。两个 Storyboard 带给程序员很大的困扰，因为要同时布局两个不同的画面。在这一版的 Xcode 中，提供了 Size Classes Tool 的新功能，让用户可以只使用一个 Storyboard 就能创建同时符合 iPhone 与 iPad 屏幕大小的 App，非常方便。

第 3 章 Storyboard

步骤与说明

步骤 01 创建 Single View Application 项目，创建时在 Devices 下选择 Universal。

步骤 02 单击 Storyboard，确认 Size Classes Tool 功能是打开的。

步骤 03 在 Storyboard 下方有个 wAny hAny 按钮，这个就是 Size Classes Tool，意思是 for any width 与 for any height，再白话一点就是目前的布局设置适合所有的设备。

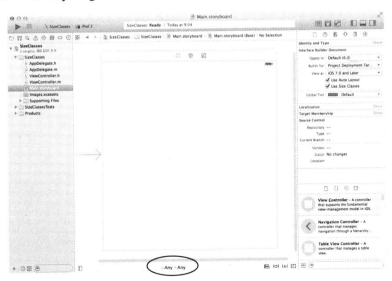

步骤 04 单击 wAny hAny 按钮，打开 Size Classes Tool。这个界面设计很别致，呈现九宫格的样子，默认值已经单击了左上角的 4 个格子，所代表的意思在最下方有说明：For

all layouts。

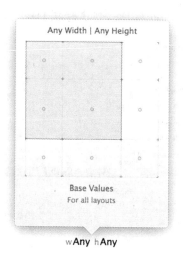

步骤 05　把它改为 Compact Width | Regular Height。现在这样的布局只适合 iPhone 的 portrait 方向（竖向），至于在横向的 iPhone 或是在 iPad 上，布局就会乱掉。

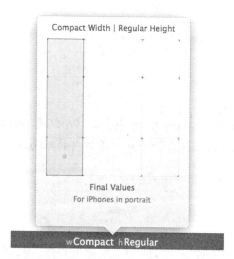

步骤 06　先将画面切成左右两边，然后在右边打开 Storyboard 的 Preview 窗口，不用运行就可以预览画面。单击右侧窗口最下方的"+"按钮，可预览更多的设备。

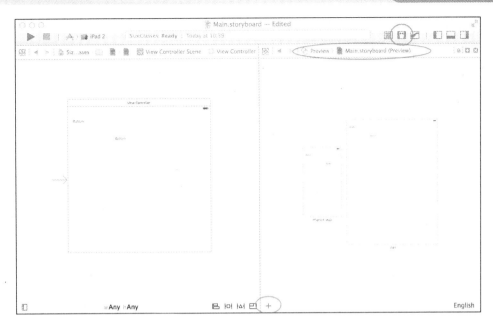

步骤07 如果打算让某个组件在某个特定的 Size Class 中不出现，可以在这个组件的 attribute 面板中指定。例如下图这样的设置，代表这个组件只会出现在 wCompact hAny，在其他的布局中不会出现这个组件。

步骤08 操作完成。

3-13　Image 在 Size Classes 上的应用

预备知识：无　　Framework：无

　　Images.xcassets 中的图片也支持 Size Classes，因此可以很容易处理在不同设备或是竖向/横向时要显示哪张图片。

步骤与说明

步骤 01 创建 Single View Application 项目。

步骤 02 在 Images.xcassets 中新增一个 Image Set，然后为了让图片只出现在 iPhone 并且竖向与横向分别显示不同的图片（竖向显示 X，横向显示 O），因此，设置这个 Image Set 的一些属性，并且加入两张不同的图片，如下图所示。

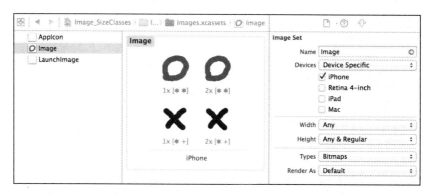

步骤 03 打开 Storyboard，在左上角加入一个 Image View 组件，并且务必设置"左上"以及"长宽"的 Constraints，然后在 Attributes 面板上将 Image View 组件的 Image 属性指定到 Images.xcassets 中新增的 Image Set 内。

步骤 04 运行查看结果。将手机竖向与横向时，会发现图片变了。

3-14 判断设备类型以及取得位置信息

难易度 ★★★

> 预备知识：无   > Framework：无

虽然通过 Size Classes Tool 以及 Auto Layout 让用户可以在 Storyboard 上处理很多与布局有关的问题，但是有时难免会在运行状态时需要得知目前移动设备的类型，或是移动设备的方向是竖向（portrait）还是横向（landscape），进而通过程序调整组件的 constraint，进一步动态调整布局。

步骤与说明

步骤 01 创建 Single View Application 项目。

步骤 02 打开 ViewController.m，在 viewDidLoad 中通过 traitCollection 属性来判断目前的设备类型。

```
- (void)viewDidLoad {
    [super viewDidLoad];
    // Do any additional setup after loading the view, typically from a nib.
    
    if (self.traitCollection.userInterfaceIdiom == UIUserInterfaceIdiomPad) {
        NSLog(@"设备为 iPad");
    }
    
    if (self.traitCollection.userInterfaceIdiom == UIUserInterfaceIdiomPhone){
        NSLog(@"设备为 iPhone");
    }
}
```

步骤 03 实现 willTransitionToTraitCollection:withTransitionCoordinator:方法，这个方法是当 width 或 height 的 regular、compact 发生变化时调用。这里请读者留意，iPad 的 width 与 height 都被设置为 regular，因此 iPad 的方向发生变化时，这个 method 不会被调用。

```
-(void)willTransitionToTraitCollection:(UITraitCollection *)
newCollection withTransitionCoordinator:(id<UIViewControllerTransitionCoordinator>)
coordinator
{
    [super willTransitionToTraitCollection
    :newCollection withTransitionCoordinator:coordinator];
    
    if (newCollection.horizontalSizeClass
    == UIUserInterfaceSizeClassCompact) {
        NSLog(@"Compact Width");
    }
    
    if (newCollection.horizontalSizeClass == UIUserInterfaceSizeClassRegular)
```

```
{
        NSLog(@"Regular Width");
    }
    
    if (newCollection.verticalSizeClass == UIUserInterfaceSizeClassCompact) {
        NSLog(@"Compact Height");
    }
    
    if (newCollection.verticalSizeClass == UIUserInterfaceSizeClassRegular) {
        NSLog(@"Regular Height");
    }
}
```

步骤 04 实现 viewWillTransitionToSize:withTransitionCoordinator:方法,这个方法是当 width 或 height 的分辨率改变时调用,因此可以在这个方法中通过 UIDevice 类来判断设备是竖向还是横向。

```
-(void)viewWillTransitionToSize:(CGSize)size withTransitionCoordinator:
(id<UIViewControllerTransitionCoordinator>)coordinator
{
    [super viewWillTransitionToSize
     :size withTransitionCoordinator:coordinator];
    
    UIDeviceOrientation orientation = [UIDevice currentDevice].orientation;
    if (orientation == UIDeviceOrientationLandscapeLeft) {
        NSLog(@"横向,顶端在左侧");
    }
    
    if (orientation == UIDeviceOrientationLandscapeRight) {
        NSLog(@"横向,顶端在右侧");
    }
    
    if (orientation == UIDeviceOrientationPortrait) {
        NSLog(@"竖向");
    }
    
    if (orientation == UIDeviceOrientationPortraitUpsideDown) {
        NSLog(@"竖向但上下颠倒");
    }
    
    if (orientation == UIDeviceOrientationUnknown) {
        NSLog(@"方向未知");
    }
    
    NSLog(@"分辨率为 %.0fx%.0f", size.width, size.height);
}
```

步骤 05 运行查看结果。

```
SizeInfo[3570:806473] 设备为 iPhone
SizeInfo[3570:806473] Compact Width
SizeInfo[3570:806473] Compact Height
SizeInfo[3570:806473] 横向,顶端在右侧
SizeInfo[3570:806473] 分辨率为 480×320
```

第4章 用户界面

开发 App 最重要的部分就是设计用户界面，也是程序员花费最多时间的地方，从画面的安排到组件之间的关系，都会影响用户的使用意愿。由于 App 是给别人使用的，因此在开发过程中应从用户的角度来思考怎样操作会比较方便，数据要如何呈现才能一目了然，这些都是必然要做的功课。为了让用户能够有一致性的操作习惯，Xcode 提供了许多标准的可视化组件让程序员使用，而程序员的工作就是在正确的时间选择正确的组件就可以了。

UIView 类是所有可视化组件的父类，可视化组件包含了按钮 UIButton、标签 UILabel、图片框 UIImageView、开关 UISwitch 等许多可以让用户操作或是呈现数据给用户的组件，这些可视化组件都继承了 UIView。每个可视化组件都有一些专用的属性，通过 Attributes 面板让用户可以在设计阶段就调整这些可视化组件的一些属性值，例如颜色或是默认状态等。除了 Attributes 面板外，在 Connections 面板中可以一览可视化组件与 IBAction 方法、IBOutlet 变量的连接状态。如果要移除这些连接，不能只是删除程序代码，必须要在 Connections 面板中移除连接才行。

可视化组件也通过 Core Animation layer 来处理呈现的画面与动画效果。每个可视化组件都有一个 layer 属性指向 CALayer 类。CALayer 类提供了几个有趣的功能，例如阴影、圆角、透明度，因此只要通过 layer 属性，就可以让可视化组件呈现不一样的面貌。例如，可以将图片加上圆角，或是将按钮加上阴影。UIView 类与 Core Animation layer 结合有另一个好处，即 UIView 类中有些属性值改变时，这些改变可以用动画的方式呈现。例如，当改变某个按钮的坐标时，这个按钮就会以滑动的方式从旧坐标滑到新坐标，而不是直接"跳"到新坐标去。通过动画的功能，会让用户在使用上有个愉快的操作体验。下面表格中的这些属性，就是 UIView 类中具备动画功能的属性。

属性	说明
frame	改变 view 的位置或是大小
bounds	改变 view 的大小
center	改变 view 的位置
transform	旋转 view 或是放大缩小
alpha	改变 view 的透明度
backgroundColor	改变 view 的背景颜色
contentStretch	当 view 被放大或缩小时，view 的周围有多少比例的范围是不被放大或缩小

要使用动画的方式来呈现可视化组件属性值的改变，必须将与修改属性值有关的程序代码放在同一个 block 程序块中，然后调用 UIView 类的以下 3 种方法中的任何一种即可，其中 animateWithDuration 表示动画运行时间，例如 1.0 代表 1 秒钟内要运行完这个动画。

```
animateWithDuration:animations:
animateWithDuration:animations:completion:
animateWithDuration:delay:options:animations:completion:
```

下面这一小段程序代码是让某个按钮坐标垂直往下移动 150 个 pixel，并且在 1 秒钟内运行完毕。

```
[UIView animateWithDuration:1.0 animations:^{
    // 取得某个按钮的坐标与大小
    CGRect rect = button.frame;

    // 将 y 坐标往下移动150 pixel
    rect.origin.y += 150;

    // 设置新坐标给该按钮
    button.frame = rect;
}];
```

用户界面的坐标系统（也可称为 UIKit 坐标系统）是以窗口的左上角为原点，也就是（0, 0）在左上角的位置，向右增加 X 轴的值，向下增加 Y 轴的值。每个可视化组件有两个与坐标有关的属性：一个为 frame，另一个为 bounds。这两个属性中指向的 origin 属性存储了可视化组件的左上角坐标，而 size 属性则是存储可视化组件的长宽值。值得一提的是，frame 与 bounds 所存储的坐标系统有些不一样：在 frame 中，origin 存储的坐标值是相对于 superview（也就是这个可视化组件放在哪一个组件"里面"，该组件就是这个可视化组件的 superview）的坐标系统；bounds 则是自己的坐标系统。

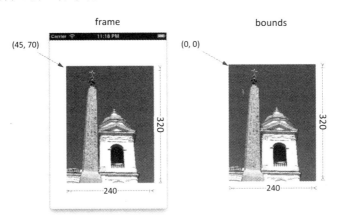

4-1 弹出警告信息框

难易度 ★☆☆

> 预备知识：无　　> Framework：无

过去警告信息框使用 UIAlertView 类来产生，并通过 delegate 来判断用户按下了哪一个按钮，但这个类已经算是古老级的类了，在一些复杂的状况下使用 UIAlertView 会显得捉襟见肘，例如要在同一个 View Controller 中使用两个以上的警告信息框，并且还要判断用户到底按下哪个按钮，这时就很不好处理，程序代码阅读起来也很辛苦。现在 Apple 提供了一个崭新的警告信息框类 UIAlertController 来取代 UIAlertView。UIAlertController 使用大量的 block 语法来处理用户与信息框间的互动，这让程序代码的可读性变得很高，控制上也变得更容易。跟原有的 UIAlertView 加上 delegate 相比，少了一堆的逻辑判断，程序代码变得更加简洁有力。

步骤与说明

步骤01　创建 Single View Application 项目。

步骤02　打开 ViewController.m，在 viewDidAppear:方法中打开警告信息框，之所以不写在 viewDidLoad 中的原因是 UIAlertController 类必须等到 View Controller 加载后才能显示。注意 UIAlertAction 是用来设置按钮的，如果信息框上要显示两个按钮，就声明两个 UIAlertAction 实体变量，并且最后加到 UIAlertController 中即可。在 UIAlertAction 初始化时，handler 后面接一个 block 块，这个 block 块就是用来处理用户按下该按钮后要做的动作，每个 UIAlertAction 实体变量都有一个属于它们自己的 block 块。

```
-(void)viewDidAppear:(BOOL)animated
{
    // 产生一个UIAlertController，其风格为UIAlertControllerStyleAlert
```

```
// 风格还可以转换成 UIAlertControllerStyleActionSheet
UIAlertController *alertController = [UIAlertController
alertControllerWithTitle:@"Title" message:@"我的信息"
preferredStyle:UIAlertControllerStyleAlert];
// 声明一个"确定"按钮
UIAlertAction *okAction = [UIAlertAction actionWithTitle:@"确定"
style:UIAlertActionStyleDefault handler:^(UIAlertAction *action) {
    // 按钮按下去后要做的事情写在这里
    [self dismissViewControllerAnimated:YES completion:nil];
}];
// 将确定按钮加到 UIAlertController 中
[alertController addAction:okAction];
// 显示这个 controller，也就是信息框
[self presentViewController:alertController animated:YES completion:nil];
}
```

步骤 03 运行查看结果。左图为 UIAlertControllerStyleAlert 风格，右图为 UIAlertControllerStyleActionSheet 风格。

4-2 利用警告信息框输入账号和密码

难易度 ★☆☆

预备知识：4-1 弹出警告信息框　　Framework：无

如何在 UIAlertController 产生的警告信息框上添加文本框来让用户输入数据呢？此时信息框的风格只能使用 UIAlertControllerStyleAlert。

步骤与说明

步骤 01 创建 Single View Application 项目。

步骤 02 打开 ViewController.m，在其中实现 viewDidAppear:方法，在这个方法中产生两个文

本框（Text Field 组件），以让用户输入账号与密码，并且加上"登录"与"取消"这两个按钮让用户操作。

```objc
-(void)viewDidAppear:(BOOL)animated
{
    // 产生一个UIAlertController
    UIAlertController *alertController = [UIAlertController
    alertControllerWithTitle:@"登录" message:@"请输入账号密码"
    preferredStyle:UIAlertControllerStyleAlert];
    // 声明一个"取消"按钮
    UIAlertAction *cancelAction = [UIAlertAction actionWithTitle:@"取消"
    style:UIAlertActionStyleDefault handler:^(UIAlertAction *action) {
        [self dismissViewControllerAnimated:YES completion:nil];
    }];
    // 声明一个"登录"按钮
    UIAlertAction *okAction = [UIAlertAction actionWithTitle:@"登录"
    style:UIAlertActionStyleDefault handler:^(UIAlertAction *action) {
        NSString *uid = ((UITextField *)[alertController.textFields
    objectAtIndex:0]).text;
        NSString *pwd = ((UITextField *)[alertController.textFields
    objectAtIndex:1]).text;
        NSLog(@"账号为：%@", uid);
        NSLog(@"密码为：%@", pwd);
    }];
    // 产生第一个文本框
    [alertController addTextFieldWithConfigurationHandler:^(UITextField
    *textField) {
        // 在要输入账号的text field中显示淡淡的Login字符串
        textField.placeholder = @"Login";
    }];
    // 产生第二个文本框
    [alertController addTextFieldWithConfigurationHandler:^(UITextField
    *textField) {
        // 在要输入账号的text field中显示淡淡的Password字符串
        textField.placeholder = @"Password";
        // 密码类型
        textField.secureTextEntry = YES;
    }];

    [alertController addAction:cancelAction];
    [alertController addAction:okAction];

    [self presentViewController:alertController animated:YES completion:nil];
}
```

步骤 03　运行查看结果。

4-3 使用 Picker View 选择数据

难易度 ★★★

> 预备知识：无   > Framework：无

Picker View 有点像是在赌场中常见的老虎机，这种机器会把其中的水果或是数字图案印在一个滚筒上，钱投下去后这个滚筒就会开始滚动。Picker View 的样子也很类似，它让用户去滚动滚筒（iOS 称每一个滚筒为 component），从而找到想要选择的数据。

步骤与说明

步骤 01　创建 Single View Application 项目。

步骤 02　打开 Storyboard，并且从组件库中拖放一个 Picker View 组件。

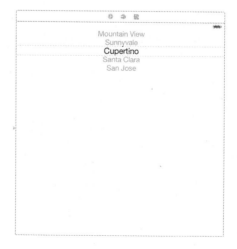

步骤 03　打开 Picker View 的 Connections inspector 面板，将此 Picker View 的 dataSource 与 delegate 拖到 View Controller 的图标上，目的是告诉 Picker View 组件，之后滚筒上要显示的数据以及最后用户选择了哪一条数据，都会由 ViewController 这个类来提供与处理。

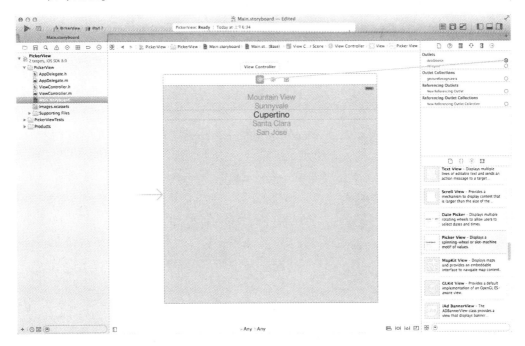

步骤 04　为了防止版式混乱，需要针对此对象设置 Constraints。

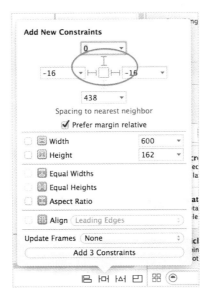

步骤 05　编辑 ViewController.h，要让这个类符合 UIPickerViewDataSource 与 UIPickerViewDelegate 这两个协议的规范。UIPickerViewDataSource 负责提供 Picker View 上要呈现的数据，而 UIPickerViewDelegate 用来取得用户最后选择了哪一条数

据。除此之外，由于要让 Picker View 有两个滚筒，因此声明两个数组来存放这两个滚筒上要呈现的数据。

```objc
#import <UIKit/UIKit.h>

@interface ViewController : UIViewController <UIPickerViewDataSource,
                    UIPickerViewDelegate>
{
    NSMutableArray *list1, *list2;
}

@end
```

步骤 06 数组的初始化操作可以写在 ViewController.m 的 viewDidLoad 方法中。

```objc
- (void)viewDidLoad
{
    [super viewDidLoad];

    list1 = [[NSMutableArray alloc] init];
    [list1 addObject:@"美洲"];
    [list1 addObject:@"亚洲"];
    [list1 addObject:@"欧洲"];
    [list1 addObject:@"大洋洲"];
    [list1 addObject:@"欧洲"];

    list2 = [[NSMutableArray alloc] init];
    [list2 addObject:@"美国"];
    [list2 addObject:@"英国"];
    [list2 addObject:@"中国"];
    [list2 addObject:@"新西兰"];
    [list2 addObject:@"荷兰"];
    [list2 addObject:@"德国"];
    [list2 addObject:@"中国"];
    [list2 addObject:@"中国香港"];
}
```

步骤 07 在 ViewController.m 中实现 numberOfComponentsInPickerView: 方法，这个方法用来告诉 Picker View 要产生多少个滚筒，于是在这个方法中返回 2。

```objc
-(NSInteger)numberOfComponentsInPickerView:(UIPickerView *)pickerView
{
    // Picker View 上有两个滚筒，所以返回2
    return 2;
}
```

步骤 08 同样在 ViewController.m 中实现 pickerView:numbreOfRowsInComponent: 方法，这个方法用来告诉每个滚筒有多少条数据要呈现。

```objc
// 告诉 Picker View 上每一个滚筒要呈现几条数据
```

```objc
-(NSInteger)pickerView:(UIPickerView *)pickerView
            numberOfRowsInComponent:(NSInteger)component
{
    if (component == 0) {
        // 0代表最左边的滚筒
        return [list1 count];
    } else if (component == 1) {
        return [list2 count];
    }
    
    return 0;
}
```

步骤 09 同样也在 ViewController.m 中实现 pickerView:titleForRow:forComponent:方法,这个方法是实际提供每个滚筒上要呈现的数据内容。

```objc
// 实际提供每个滚筒上要呈现的数据内容
-(NSString *)pickerView:(UIPickerView *)pickerView
        titleForRow:(NSInteger)row forComponent:(NSInteger)component
{
    if (component == 0) {
        // 0代表最左边的滚筒
        return [list1 objectAtIndex:row];
    } else if (component == 1) {
        return [list2 objectAtIndex:row];
    }
    
    return nil;
}
```

步骤 10 在 ViewController.m 中实现 pickerview:didSelectRow:inComponent:方法,这个方法则是取得用户所选到的数据。

```objc
// 取得用户所选择的项目
-(void)pickerView:(UIPickerView *)pickerView didSelectRow:(NSInteger)row
            inComponent:(NSInteger)component
{
    if (component == 0) {
        NSLog(@"用户在五大洲选择了%@", [list1 objectAtIndex:row]);
    } else if (component == 1) {
        NSLog(@"用户在国家选择了%@", [list2 objectAtIndex:row]);
    }
}
```

步骤 11 运行查看结果。

```
PickerView[7432:10103] 用户在五大洲选择了欧洲
PickerView[7432:10103] 用户在国家选择了英国
```

4-4 使用 Date Picker 设置时间

难易度 ★★★

预备知识：22-7 将日期时间格式化输出　　Framework：无

让用户通过 Date Picker 组件来选择日期与时间。

步骤与说明

步骤 01 创建 Single View Application 项目。

步骤 02 打开 Storyboard，然后从组件库中拖放一个 Data Picker 组件，并且从 Attributes 面板中设置该组件显示的文字为简体中文。

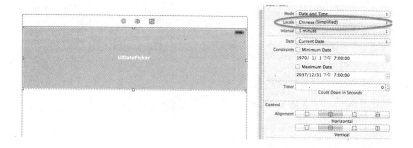

步骤 03 在 ViewController.m 中创建 Date Picker 的 IBAction 方法，拦截的事件为 Value Changed，并且把传进此方法的参数 sender，其类型由 id 改为 UIDatePicker。

步骤04 设置 Constraints 以免运行时整个画面的版式混乱。

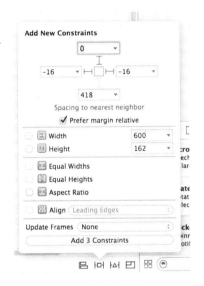

步骤05 用户在 Date Picker 上设置的时间会存放在此 Date Picker 的 date 属性中。可以由 NSDateFormatter 来格式化输出，或是由 NSCalendar 来取得需要的数据（参考预备知识）。

```
- (IBAction)valueChanged:(UIDatePicker *)sender
{
    NSDateFormatter *format =
    [[NSDateFormatter alloc] init];
    [format setDateFormat:@"yyyy/M/d HH:mm:ss"];
    NSLog(@"设置的时间为:%@",
    [format stringFromDate:sender.date]);
}
```

步骤06 运行查看结果。

```
GetDatePicker[8047:10103]
设置的时间为:2013/7/31 21:19:00
GetDatePicker[8047:10103]
设置的时间为:2013/7/31 21:23:00
```

4-5 使用 Date Picker 设置倒数时间

难易度 ★★★

预备知识：无　　Framework：无

Date Picker 除了用来设置日期时间外，如果我们要设置一个倒数计时的工具，也可以用它来设置。只不过 Date Picker 组件并没有提供任何实际倒数计时的触发事件，它只是用来设置一个时间而已，因此若要实际进行倒数计时的工作，必须再使用类似定时器（例如 NSTimer）做真正的倒数工作。

步骤与说明

步骤 01 创建 Single View Application 项目。

步骤 02 打开 Storyboard，然后从组件库中拖放一个 Date Picker 组件，并且从 Attributes 面板中设置该组件的形式为 Count Down Timer。

步骤 03 设置 Auto Layout 的 Constraints 防止运行时出现排版混乱的问题。

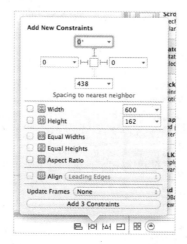

步骤 04 在 ViewController.m 中创建 Date Picker 的 IBAction 方法，拦截的事件为 Value Changed，并且把传进此方法的参数 sender，其类型由 id 改为 UIDatePicker。

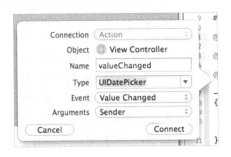

步骤 05 用户设置的倒数计时时间会存放在 Date Picker 组件的 countDownDuration 属性中。countDownDuration 的数据类型为 NSTimeInterval，这个类型其实是 double，可以从这个属性读取用户设置的时间，也可以将某个时间（单位为秒，最大值为 86,399 秒）写进去。

```
- (IBAction)valueChanged:(UIDatePicker *)sender
{
    // NStimeInterval 类型的定义放在 NSDate.h 中
    // typedef double NSTimeInterval;
    NSTimeInterval n = sender.countDownDuration;
    NSLog(@"倒数计时秒数为: %.0f", n);
}
```

步骤 06 运行查看结果。

4-6　使用 Image View 显示图片

难易度 ★☆☆

> 预备知识：无　　> Framework：无

UIImageView（称为图片框）的目的是用来显示图片，但是我们都知道，照片的大小往往跟图片框的大小不一样。为了让照片可以适当地显示在屏幕上，我们可以通过参数的设置来调整图片以符合图片框的大小。利用 UIImageView 的 contentMode 属性可以设置图片框要如何显示图片。为了方便说明，我们假设下图中的左侧粗线框代表图片框，也就是 UIImageView，右边虚线框代表要显示的图片。

以下表格说明了每种参数的图例效果。

模式说明	参数名称	图例
Scale To Fill	UIViewContentModeScaleToFill	
Aspect Fit	UIViewContentModeScaleAspectFit	
Aspect Fill	UIViewContentModeScaleAspectFill	
Redraw	UIViewContentModeRedraw	
Center	UIViewContentModeCenter	
Top	UIViewContentModeTop	
Bottom	UIViewContentModeBottom	
Left	UIViewContentModeLeft	
Right	UIViewContentModeRight	
Top Left	UIViewContentModeTopLeft	
Top Right	UIViewContentModeTopRight	
Bottom Left	UIViewContentModeBottomLeft	
Bottom Right	UIViewContentModeBottomRight	

 步骤与说明

步骤 01　创建 Single View Application 项目。

步骤 02　完成后将范例图片加到项目中。单击下拉菜单 File→Add Files to，或是将照片直接拖到项目中。

步骤 03　打开 Storyboard，然后从组件库中拖放一个 Image View 组件。如果需要的话，也可以在 Attributes 面板中预先设置 Image View 的 contentMode 属性。

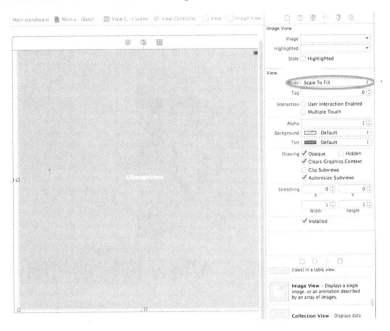

步骤 04　增加 Auto Layout 的 Contraints，防止运行时整个布局混乱。

步骤 05　打开 ViewController.h，设置 Image View 中 IBOutlet 的变量名为 myImg。

```
#import <UIKit/UIKit.h>

@interface ViewController : UIViewController
@property (weak, nonatomic) IBOutlet UIImageView *myImg;

@end
```

步骤 06　打开 ViewController.m，将加载图片的程序代码写在 viewDidLoad 方法中。

```
- (void)viewDidLoad
{
    [super viewDidLoad];
```

```
    self.myImg.contentMode = UIViewContentModeScaleAspectFill;
    self.myImg.image = [UIImage imageNamed:@"Sample.JPG"];
}
```

步骤 07　运行查看结果。

4-7　使用 Image View 连续播放图片

难易度 ★★

预备知识：4-6 使用 ImageView 显示图片　　　Framework：无

如果我们希望能够像电子相框一样，不断重复、循环地播放许多张照片，就可以使用 UIImageView 组件的连续播放图片功能达到这样的目的。

步骤与说明

步骤 01　根据预备知识创建 Single View Application 项目。

步骤 02　在项目中加入 10 张图片。为了管理方便，可以在项目中增加一个 Group 来存放这些照片。Group 的名称可以随意取，这个名称并不影响 UIImageView 在加载照片时的路径问题，因为只要给文件名，iOS 就会自己找到图片在哪儿。

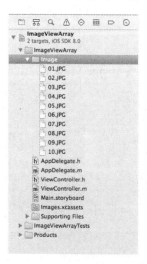

步骤 03 在 ViewController.h 中创建 Image View 组件的 IBOutlet 变量,名称为 myImg。

```
#import <UIKit/UIKit.h>

@interface ViewController : UIViewController
@property (weak, nonatomic) IBOutlet UIImageView *myImg;

@end
```

步骤 04 打开 ViewController.m,在 viewDidLoad 方法中加载 10 张图片,并且设置 animationDuration 属性为 10,代表 10 秒钟内要将全部照片播放一次,相当于每一张照片停留 1 秒钟后换下一张。这个属性的默认值为所有图片数量乘以 1/30 秒。

```
NSMutableArray *array = [[NSMutableArray alloc] init];
[array addObject:[UIImage imageNamed:@"01.jpg"]];
[array addObject:[UIImage imageNamed:@"02.jpg"]];
[array addObject:[UIImage imageNamed:@"03.jpg"]];
[array addObject:[UIImage imageNamed:@"04.jpg"]];
[array addObject:[UIImage imageNamed:@"05.jpg"]];
[array addObject:[UIImage imageNamed:@"06.jpg"]];
[array addObject:[UIImage imageNamed:@"07.jpg"]];
[array addObject:[UIImage imageNamed:@"08.jpg"]];
[array addObject:[UIImage imageNamed:@"09.jpg"]];
[array addObject:[UIImage imageNamed:@"10.jpg"]];
self.myImg.contentMode = UIViewContentModeScaleAspectFill;
// 加载图片数组
self.myImg.animationImages = array;

// 10代表所有图片要在10秒钟内播完
self.myImg.animationDuration = 10;
// 2代表播放次数为两次,默认值为不断循环
self.myImg.animationRepeatCount = 2;
```

步骤 05 调用 startAnimating 方法开始播放加载的图片。如果要停止播放,则调用 stopAnimating。

```
// 开始播放
[self.myImg startAnimating];
```

步骤 06 运行查看结果。

4-8 在运行阶段动态产生可视化组件

> 预备知识:无   > Framework:无

画面上看到的组件由两种方式产生:一种是在设计阶段(design time)从组件库中"拖"到 Storyboard 上,这种方式可以让程序员用可视化的方式把画面排版完成;另一种则是在运行阶段(run time)使用程序代码来动态产生所需要的组件。动态产生组件主要是设计阶段不知

道应该拖放多少组件到 Storyboard 上，例如从相册中读取照片放到 UIImageView 组件，因为在设计阶段并不知道相册中会有多少张照片，因此就一定要使用动态产生的方式在应用程序运行时，根据实际照片的数量来动态产生组件。为了简化程序代码，我们动态产生一个按钮，并且处理按钮按下去后的动作。其他的 UI 组件方法也大同小异，这部分就让读者自己试试看了。

步骤与说明

步骤 01 创建 Single View Application 项目。

步骤 02 打开 ViewController.h，先声明一个方法 buttonPress:，目的是让按钮按下去后会运行这个方法。

```
#import <UIKit/UIKit.h>

@interface ViewController : UIViewController
-(void)buttonPress: (id) sender;
@end
```

步骤 03 在 ViewController.m 中将 buttonPress:方法实现出来。

```
-(void)buttonPress:(id)sender
{
    NSLog(@"button press");
}
```

步骤 04 同样在 ViewController.m 的 viewDidLoad 方法中动态产生一个按钮，并且让它显示在屏幕上。

```
- (void)viewDidLoad
{
    [super viewDidLoad];

    // 声明一个按钮并初始化
    UIButton *button = [[UIButton alloc] init];

    // 设置按钮的类型
    button = [UIButton buttonWithType:UIButtonTypeRoundedRect];
    // 设置按钮的位置与大小
    button.frame = CGRectMake(20.0, 20.0, 100.0, 40.0);

    // 设置按钮上的文字
    [button setTitle:@"Push Me" forState:UIControlStateNormal];
    // 拦截按钮按下去的信息，并触发buttonPress:方法
    [button addTarget:self action:@selector(buttonPress:)
        forControlEvents:UIControlEventTouchUpInside];
    // 将按钮加进目前的画面上
    [self.view addSubview:button];
}
```

步骤 05 运行查看结果，画面上会出现一个按钮，大家按一下试试看吧！

第 4 章 用户界面

难易度	4-9 使用 Slider
★★★	预备知识：无　　Framework：无

Slider View（滑动条）的使用非常简单，只有 3 个属性需要知道：(1) minimumValue，设置 Slider 中的指示器滑到最左方时的值；(2) maximumValue，设置 Slider 中的指示器滑到最右方时的值；(3) value，表示目前指示器所指到的值。这 3 个值都可以在 Slider 的 Utilities 窗口中预先设置。

步骤与说明

步骤 01　创建 Single View Application 项目。

步骤 02　打开 Storyboard，从组件库中拖放一个 Slider 组件到 Storyboard 上。

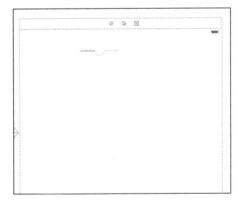

步骤 03　打开 Slider 组件的 Attributes 面板，根据需要调整 Slider 组件的最大值、最小值以及现行值。

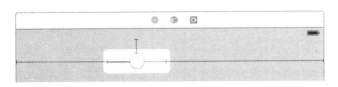 

步骤 04　增加 Auto Layout 的 Constraints，防止运行时布局混乱。

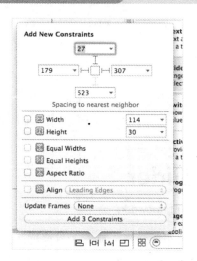

步骤 05 打开 Assistant editor,设置 Slider 组件在 ViewController.m 的 IBAction 事件中的处理方法。记住在 Type 的字段中将传入参数的类型由 id 改为 UISlider。

步骤 06 当 Slider 组件的 current value 改变时会调用对应的 IBAction 方法,在该方法中取得最新的值。

```
- (IBAction)valueChanged:(UISlider *)sender
{
    NSLog(@"%f", sender.value);
}
```

步骤 07 运行查看结果。

```
Slider[1026:10103] 0.310526
Slider[1026:10103] 0.289474
Slider[1026:10103] 0.278947
Slider[1026:10103] 0.268421
```

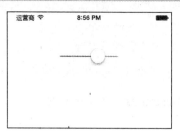

4-10 使用 Switch

> 预备知识：无　　Framework：无

Switch 提供了一个类似开关的功能，只有 On / Off 两种状态，使用上非常简单。

步骤与说明

步骤 01 创建 Single View Application 项目。

步骤 02 打开 Storyboard，并将组件库中的 Switch 组件拖放到 Storyboard 上。

步骤 03 在 Attributes 面板中可以设置 Switch 组件的初始状态，默认值为 On。

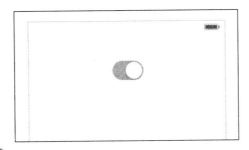

步骤 04 打开 Assistant editor，设置 Switch 组件在 ViewController.m 的 IBAction 事件中的处理方法，记住在 Type 框中将传入参数的数据类型由 id 改为 UISwitch。

步骤 05 当 Switch 组件的 On/Off 状态改变时，会调用对应的 IBAction 方法，在该方法中使用 isOn 方法来判断目前 Switch 的状态。

```
- (IBAction)valueChanged:(UISwitch *)sender
{
    if ([sender isOn]) {
        NSLog(@"On");
    } else {
```

```
            NSLog(@"Off");
        }
}
```

步骤 06 运行查看结果。

```
Switch[1428:10103] Off
```

4-11 让图片加上滚动条

难易度 ★★★

预备知识：无　　Framework：无

滚动条（Scroll Bar）的目的就是为了让超过显示范围的数据，通过滚动条的滚动，可以显示在屏幕上。例如，需要显示图片的 App 最常使用这个功能，原因在于要显示的图片大小往往比屏幕或者是图片框还要大。当图片放大后（例如通过缩放手势来放大图片），画面上所显示的图片就会变成原始图片的一部分，而超过的部分就必须通过滚动条来让用户可以看到其他的部分。UIScrollView 除了让不具滚动条功能的 View 组件拥有滚动条外，UIScrollView 本身也具备了缩放手势的功能，所以用户可以直接通过缩放手势来放大缩小 UIScrollView 中呈现的内容。

步骤与说明

步骤 01 创建 Single View Application 项目。

步骤 02 在项目中加入一张范例图片。

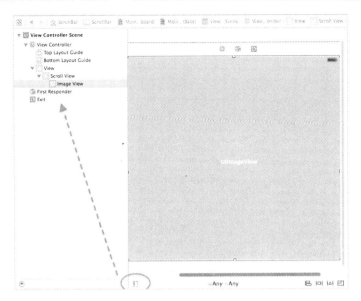

步骤03 打开 Storyboard，并且从组件库中先拖放一个 Scroll View 组件，然后拖放一个 Image View 组件，并且把 Image View 组件放在 Scroll View 组件上面。这个顺序很重要，如果顺序相反就不行了。

步骤04 单击 File inspector 面板，将 Use Auto Layout 功能关闭。

步骤05 在 Attributes 中设置 Scroll View 的 Zoom 属性，这个属性用来设置"倍率"。将 Min 的值设置为 1，将 Max 改为 4，代表最多可放大 4 倍。

步骤06 打开 Assistant editor 面板，设置 Scroll View 组件在 View Controller.h 的 IBOutlet 变量名为 myScroll；同样的，设置 Image View 组件的 IBOutlet 变量名为 myImg，并且要

让这个类符合 UIScrollViewDelegate 协议规范。

```
#import <UIKit/UIKit.h>

@interface ViewController : UIViewController <UIScrollViewDelegate>
@property (weak, nonatomic) IBOutlet UIScrollView *myScroll;
@property (weak, nonatomic) IBOutlet UIImageView *myImg;

@end
```

步骤 07 打开 ViewController.m，在 viewDidLoad 方法内加载图片，并且指定 Scroll Bar 的 delegate 为自己这个类。

```
- (void)viewDidLoad
{
    [super viewDidLoad];

    self.myScroll.delegate = self;
    // 加载图片
    self.myImg.contentMode = UIViewContentModeScaleAspectFit;
    self.myImg.image = [UIImage imageNamed:@"Sample.JPG"];
}
```

步骤 08 在 ViewController.m 中实现 viewForZoomingInScrollView:这个方法。这个方法告诉 Scroll View 组件要缩放哪一个 View 组件。下面的写法是 Scroll View 的第一个 subview，即 Image View 组件，当然也可以写成 return myImg。

```
-(UIView *)viewForZoomingInScrollView:(UIScrollView *)scrollView
{
    // 也可写成 return myImg;
    return [scrollView.subviews objectAtIndex:0];
}
```

步骤 09 运行查看结果。模拟器可以支持缩放手势。

4-12　使用滚动条分页浏览

难易度 ★★

> 预备知识：无　　> Framework：无

Scroll View 的分页功能，可以让操作滚动条时一次滚动一个页面。例如在 Scroll View 上总共有三张图片要显示，但是每次只显示一张图片。当用户去操作滚动条时，Scroll View 的分页功能可以让滚动条一次滚动一张图片。

步骤与说明

步骤 01　创建 Single View Application 项目。

步骤 02　在项目中加入三张范例图片，直接将图片拖到项目中就可以了。

步骤 03　打开 Storyboard，在 File inspector 面板中将 Use Auto Layout 功能关闭。

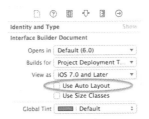

步骤 04　从组件库中拖放一个 Scroll View 组件到 Storyboard 上，然后在 Attributes 面板上打开 Scroll View 的 Paging 设置。

步骤 05　打开 Assistant editor 窗口，设置 Scroll View 在 ViewController.h 中的 IBOutlet 变量名为 myScroll。

```
#import <UIKit/UIKit.h>

@interface ViewController : UIViewController
@property (weak, nonatomic) IBOutlet UIScrollView *myScroll;

@end
```

步骤 06　打开 ViewController.m，在 viewDidLoad 方法中动态产生 UIImageView 组件，在产生的同时加载三张范例图片，并且设置显示模式。

```
// 动态产生三个UIImageView组件并且加载三张图片
UIImageView *img1 = [[UIImageView alloc] initWithImage:[UIImage
```

```
                    imageNamed:@"image01.jpg"]];
UIImageView *img2 = [[UIImageView alloc] initWithImage:[UIImage
                    imageNamed:@"image02.jpg"]];
UIImageView *img3 = [[UIImageView alloc] initWithImage:[UIImage
                    imageNamed:@"image03.jpg"]];
```

```
// 设置这三个UIImageView 的图片显示模式
img1.contentMode = UIViewContentModeScaleAspectFit;
img2.contentMode = UIViewContentModeScaleAspectFit;
img3.contentMode = UIViewContentModeScaleAspectFit;
```

步骤07 接着设置三个动态产生的 UIImageView 组件的显示坐标,将这三张图片以"肩并肩"的方式排列,也就是"第一张图片 | 第二张图片 | 第三张图片"的方式。

```
// 设置这三个UIImageView 的坐标
CGRect rect = self.myScroll.frame;
img1.frame = rect;
img2.frame = CGRectOffset(img1.frame, img1.frame.size.width, 0);
img3.frame = CGRectOffset(img2.frame, img2.frame.size.width, 0);
```

步骤08 设置 Scroll View 的 contentSize 属性,这个属性的目的是用来告诉 Scroll View,它要显示的内容有多大,换句话说就是滚动条所滚动的范围有多大。

```
// 设置 scroll bar 的内容大小
CGSize size = CGSizeMake(img1.frame.size.width +
    img1.frame.size.width + img1.frame.size.width, rect.origin.y);
self.myScroll.contentSize = size;
```

步骤09 全部设置完后,将 3 个动态产生的 UIImageView 组件加入到 Scroll View 组件中。

```
// 把图片加到scrol bar 上
[self.myScroll addSubview:img1];
[self.myScroll addSubview:img2];
[self.myScroll addSubview:img3];
```

步骤10 运行查看结果。

4-13 关闭虚拟键盘

难易度 ★★★

> 预备知识：无   > Framework：无

用过 iPhone 或 iPad 的用户应该都有这样的经验，在文本框（UITextField）上单击，iOS 会自动打开虚拟键盘让用户可以输入数据。这是很方便，也很贴心的设计，但是有时希望暂时将虚拟键盘关闭，例如我们想要看一下屏幕上被虚拟键盘挡住的部分。现在问题来了，如何将虚拟键盘关掉呢？iPad 上的虚拟键盘有个关闭键（在键盘的右下角），单击后可以关闭键盘，但是 iPhone 上却没有这个键，所以我们要通过程序来关闭虚拟键盘。

在关闭键盘前我们先了解一下为什么用户在 Text Field 上单击后，键盘会自动打开？原因在于当 Text Field 得到焦点后，它会变成信息的"第一响应者"，也就是所谓的 first responder，这时 iOS 认为接下来用户就是要输入数据，因此自动打开了键盘，所以我们只要想办法让 Text Field 不再是 first responder，iOS 就会自动关闭键盘。我们的做法是发送一个 resignFirstResponder 信息给 Text Field。

下一个问题是在什么情况下关闭键盘？由于 Text Field 文本框是单行输入，因此，一般来说，当用户单击"return"键后是关闭虚拟键盘的好时机。我们至少有两种方式可以得知用户按下了 return 键：(1) 拦截 Text Field 的"Did End On Exit"事件；(2) 实现 UITextFieldDelegate 中的 textFieldShoudlReturn: 方法。

步骤与说明

【方式 1】

步骤 01　创建 Single View Application 项目。

步骤 02　打开 Storyboard，并且从组件库中拖放一个 Text Field 组件到 Storyboard。

步骤 03　创建 Text Field 与 ViewController.m 之间的 IBAction 连接，需要拦截的事件为 Did End On Exit。

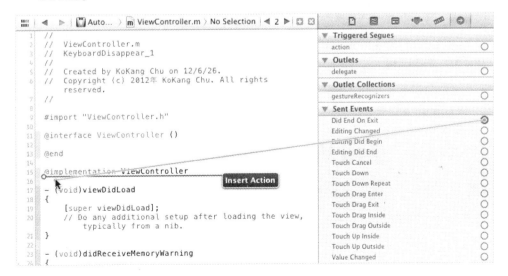

步骤 04 在 Did End On Exit 事件发生时，让 Text Field 变成不是 first responder。

```
- (IBAction)didEndOnExit:(UITextField *)sender
{
    // 要将 sender 的类型改为 UITextField*
    [sender resignFirstResponder];
}
```

步骤 05 运行查看结果。

【方式 2】

步骤 01 创建 Single View Application 项目。

步骤 02 打开 Storyboard，并且从组件库中拖放一个 Text Field 组件到 Storyboard。

步骤 03 将 Text Field 的 delegate 指定给 View Controller。

步骤 04 编辑 ViewController.h，使其符合 UITextFieldDelegate 协议的规范。

```
#import <UIKit/UIKit.h>

@interface ViewController : UIViewController <UITextFieldDelegate>

@end
```

步骤 05 在 ViewController.m 中实现 textFieldShouldReturn:方法，在这个方法中将 Text Field 变成不是 first responder。

```
-(BOOL)textFieldShouldReturn:(UITextField *)textField
{
    [textField resignFirstResponder];
    return YES;
}
```

步骤 06 运行查看结果。

UIWebView 组件是在 App 中嵌入一个浏览器，这样就可以在 App 中呈现某个外部网站的网页内容。

步骤与说明

步骤 01 创建 Single View Application 项目。

步骤 02 打开 Storyboard 并且从组件库中拖放一个 Web View 组件到 Storyboard 上。在 Attributes 面板中勾选 Scales Page To Fit 选项，让浏览器内容可以利用缩放手势放大或缩小。

步骤 03 打开 ViewController.h，设置 Web View 的 IBOutlet 变量为 myWeb。

```
#import <UIKit/UIKit.h>

@interface ViewController : UIViewController
@property (weak, nonatomic) IBOutlet UIWebView *myWeb;

@end
```

步骤 04 打开 ViewController.m，在 viewDidLoad 方法中加载某个网址。可以根据需要将此段程序代码放在任何地方。

```
- (void)viewDidLoad
{
    [super viewDidLoad];

    NSURL *url = [NSURL URLWithString:@"http://www.apple.com.cn"];
    NSURLRequest *request = [NSURLRequest requestWithURL:url];
    [self.myWeb loadRequest:request];
}
```

步骤 05 运行查看结果。

4-15　使用 Web View 显示 HTML 字符串

难易度 ★☆☆

> 预备知识：4-14 使用 Web View 加载外部网页　　> Framework：无

UIWebView 组件是让 App 中嵌入一个浏览器，除了通过网址加载一个已经存在的网页外，还可以直接将某段符合 HTML 格式的字符串传给 UIWebView。由于 HTML 可以用非常丰富的方式呈现资料内容，因此我们可以很容易地让 App 上呈现的数据看起来非常多样与漂亮。

步骤与说明

步骤 01　依照预备知识创建 Single View Application 项目。

步骤 02　打开 ViewController.m，在 viewDidLoad 方法中准备好一段 HTML 代码，然后调用 loadHTMLString:baseURL:方法就可以让 Web View 组件显示自己的 HTML 内容。

```objc
- (void)viewDidLoad
{
    [super viewDidLoad];

    NSString *html = @"<html><body>
                            <div style=\"font-size:96pt\">
            我的网页</div></body></html>";
    [self.myWeb loadHTMLString:html baseURL:nil];
}
```

步骤 03　运行查看结果。

4-16　使用分页控制器

难易度 ★☆☆

> 预备知识：4-6 使用 ImageView 显示图片、8-4 使用 Swipe 手势　　> Framework：无

分页控制器组件并不是真正用来控制分页的，这个组件只是用来告诉用户总共有多少页面，并且目前是在第几个页面而已。例如 iPhone 最下方显示目前页面状态的组件就是分页控制器组件。

步骤与说明

步骤01 创建 Single View Application 项目。

步骤02 在项目中加入 4 张 JPEG 文件图片。

步骤03 打开 Storyboard，拖放一个 Image View 组件，调整组件高度比窗口高度小一些，让底部留一些空白，用来放置 Page Control 组件。为了让 Page Control 组件显示得更清晰，将画面背景设置为黑色，这样 Page Control 组件才能清楚地显示。另外，再拖放两个 Swipe 手势组件到 Image View 组件上，打算用向左与向右挥击的方式来切换下一张图片或上一张图片。在 Attributes 面板上将 Image View 组件的 User Interaction Enabled 属性勾选，否则手势组件不起作用。此外，再将两个手势的 Swipe 方向分别设置为 Left 与 Right。

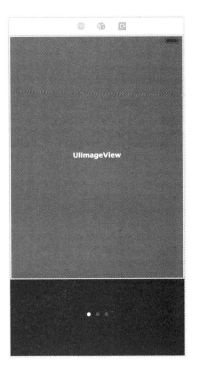

步骤04 在 ViewController.h 中设置 Image View 与 Page Control 这两个组件的 IBOutlet 变量，并且再声明一个数组变量，以放置图片文件以及一个显示图片的自定义方法。

```
#import <UIKit/UIKit.h>

@interface ViewController : UIViewController
{
    NSMutableArray *array;
}

@property (weak, nonatomic) IBOutlet UIImageView *myImg;
@property (weak, nonatomic) IBOutlet UIPageControl *pageCtrl;

- (void) showImage;

@end
```

步骤05 打开 ViewContrller.m，在 viewDidLoad 方法中初始化数组变量以及重新设置 Page Control 的页数（也可以在 Attributes 面板中设置）。

```
- (void)viewDidLoad
{
    [super viewDidLoad];

    array = [[NSMutableArray alloc] initWithObjects:@"1.jpg", @"2.jpg",
            @"3.jpg", @"4.jpg", nil];
    self.pageCtrl.numberOfPages = [array count];
    [self showImage];
}
```

步骤 06 实现 showImage 这个自定义的方法。在这个方法中根据页面控制器的 currentPage（目前在哪一个页面）值来更新画面上显示的图片。特别要留意的是，如果目前是在第一页，那么 currentPage 会返回 0，第二页则返回 1，以此类推。

```objc
- (void) showImage
{
    NSString *filename = [array objectAtIndex: self.pageCtrl.currentPage];
    self.myImg.image = [UIImage imageNamed:filename];
}
```

步骤 07 请参考预备知识 2，设置 Swipe 手势的 IBOutlet 方法，请将两个手势组件的 IBOutlet 方法都指向同一个。

```objc
- (IBAction)handleSwipe:(UISwipeGestureRecognizer *)sender
{
    switch (sender.direction) {
        case UISwipeGestureRecognizerDirectionLeft:
            // 向左挥击
            if (self.pageCtrl.currentPage < [array count]) {
                self.pageCtrl.currentPage++;
                [self showImage];
            }
            break;

        case UISwipeGestureRecognizerDirectionRight:
            // 向右挥击
            if (self.pageCtrl.currentPage > 0) {
                self.pageCtrl.currentPage--;
                [self showImage];
            }
            break;

        default:;
    }
}
```

步骤 08 运行查看结果。

4-17　使用 Search Bar 搜索数据

难易度 ★★

> 预备知识：5-9 使用表格控件　　> Framework：无

Apple 在 iOS 8 中针对搜索部分进行了大幅度更改。过去我们可以使用 Search Bar and Search Display Controller 组件来针对表格上的数据进行搜索，但是在 iOS 8 中已经将 UISearchDisplayController 注销了，因为这个类只能将结果显示于 tableView 上，已经不符合现在所需，从 iOS 8 开始取而代之的是 UISearchController 类。UISearchController 类可以将结果显示于 collectionView 或是 mapView 上，功能先进许多，也更加容易控制。

步骤与说明

步骤 01　创建 Single View Application 项目。

步骤 02　打开 Storyboard，将原本的 View Controller 删除，然后拖放一个 Table View Controller 到 Storyboard 上。

步骤 03　单击表格上的单元格，在 Attributes 面板中将 Cell 填入 Identifier 属性内，以免编译时出现错误。

步骤 04　将项目中的 ViewController.h 与 .m 文件删除，然后新增一个自定义的类，类名为 TableViewController，并且继承于 UITableViewController。创建完成后将 Storyboard 上的 Table View Controller 与 TableViewController 类连接。

步骤 05　打开 TableViewController.h，这个类必须符合<UISearchResultsUpdating>协议的规范。除此之外，再声明两个数组，list 数组负责存放所有的数据，searchResult 数组则负责存放搜索后的结果，最后声明一个 UISearchController 类型的变量，负责用来处理跟搜索有关的事项。

```
#import <UIKit/UIKit.h>

@interface TableViewController :
UITableViewController <UISearchResultsUpdating>
{
    NSMutableArray *list;
    NSArray *searchResult;
    UISearchController *mySearchController;
}
@end
```

步骤 06　打开 ViewController.m，在 viewDidLoad 方法中先初始化表格内容的变量，最重要的是初始化 UISearchController 类，相关程序代码说明请参考注释部分。

```
- (void)viewDidLoad {
    [super viewDidLoad];
    
    // Uncomment the following line to preserve selection between presentations.
    // self.clearsSelectionOnViewWillAppear = NO;
```

```
// Uncomment the following line to display an Edit button in the
//navigation bar for this view controller.
// self.navigationItem.rightBarButtonItem = self.editButtonItem;

list = [NSMutableArray new];
[list addObject:@"iPhone"];
[list addObject:@"iPad"];
[list addObject:@"Apple TV"];
[list addObject:@"iMac"];
[list addObject:@"Mac mini"];
[list addObject:@"Mac Book"];

// 初始化 UISearchController。最后一个参数 nil 表示搜索结果要显示在目前的 view 上
mySearchController = [[UISearchController alloc] initWithSearchResultsController:nil];
// 设置哪个 Controller 要负责响应 searchBar 的更新
mySearchController.searchResultsUpdater = self;
// NO 代表搜索时背景不要变暗
mySearchController.dimsBackgroundDuringPresentation = NO;

// 要将 searBar 的高度设置为44.0，searchBar 才会出现，默认值为0.0
CGRect rect = mySearchController.searchBar.frame;
rect.size.height = 44.0;
mySearchController.searchBar.frame = rect;

// 将 searchBar 放到 tableView 的上方
self.tableView.tableHeaderView = mySearchController.searchBar;
// YES 表示 UISearchController 的画面可以覆盖目前的 controller
self.definesPresentationContext = YES;
}
```

步骤07 修改 numberOfSectionsInTableView:方法，在这个方法中返回 1，表示表格中只有一个块。

```
- (NSInteger)numberOfSectionsInTableView:(UITableView *)tableView {
    // Return the number of sections.
    return 1;
}
```

步骤08 修改 tableView:numberOfRowsInSection:，在这个方法中要判断搜索结果是否为 nil，nil 代表无搜索，也就是表格上应该显示所有数据，如果不是 nil，代表用户进行了搜索，所以要返回搜索结果的记录数。

```
- (NSInteger)tableView:(UITableView *)tableView
numberOfRowsInSection:(NSInteger)section {
    // Return the number of rows in the section.

    if (searchResult != nil)
        return [searchResult count];
```

```
    return [list count];
}
```

步骤 09 修改 tableView:cellForRowAtIndexPath:，在这个方法的最后也是判断是否为搜索结果，如果是，则表格上的内容显示为 searchResult 的数组内容，否则就显示 list 的数组内容。

```
- (UITableViewCell *)tableView:(UITableView *)tableView
cellForRowAtIndexPath:(NSIndexPath *)indexPath {
    UITableViewCell *cell = [tableView
dequeueReusableCellWithIdentifier:@"Cell" forIndexPath:indexPath];

    // Configure the cell...
    if (cell == nil) {
        cell = [[UITableViewCell alloc]
initWithStyle:UITableViewCellStyleDefault reuseIdentifier:@"Cell"];
    }

    if (searchResult != nil) {
        cell.textLabel.text = [searchResult objectAtIndex:indexPath.row];
    } else {
        cell.textLabel.text = [list objectAtIndex:indexPath.row];
    }

    return cell;
}
```

步骤 10 实现 updateSearchResultsForSearchController:方法，这个方法是当用户单击搜索栏以及在搜索栏输入数据时会触发的方法，因此在这个方法中根据用户输入的字符串，将搜索结果放到变量 searchResult 中，然后调用 tableView:reloadData 来更新表格内容。

```
-(void)updateSearchResultsForSearchController:(UISearchController
*)searchController
{
    if (searchController.isActive) {
        NSString *searchString = searchController.searchBar.text;

        if ([searchString length] > 0) {
            NSPredicate *p = [NSPredicate predicateWithFormat:@"SELF
CONTAINS[cd] %@", searchString];
            searchResult = [list filteredArrayUsingPredicate:p];
        } else {
            searchResult = nil;
        }
    } else {
        searchResult = nil;
    }
}
```

```
            [self.tableView reloadData];
    }
```

步骤 11 运行查看结果。

4-18 加入 iAd 广告

> 预备知识：无   Framework：iAd.framework

想要在免费的 App 中赚点小钱，可以在 App 中加上广告，如果有用户在开发的 App 上单击了这个广告，苹果公司就会给出广告收入的 7 成，所以单击广告的人越多，赚得也越多。想要在 App 中加入广告，首先必须到 iTunes Connect 网站加入 iAd Network（如果 App 想要上架的话必须这样做，若只是在模拟器上运行就不用了）。加入 iAd Network 后还要设置一些银行的数据，否则苹果公司不知道该如何付款给你。之后就可以在 Xcode 的项目中加入 iAd BannerView 组件，只是 App 没上架前，你是看不到任何广告的，只显示 Test Advertisement 这几个字而已。

值得一提的是，如果打算成为 iAd 的广告提供者，可以下载 iAd Producer 这个软件来制作广告，但必须先成为付费开发者才能下载安装。

步骤与说明

步骤 01 创建 Single View Application 项目。

步骤 02 将 iAd.framework 加入项目。

步骤 03 打开 Storyboard，拖放一个 Ad BannerView 组件到 View Controller 上。

步骤 04　将 Ad BannerView 的 delegate 输出口（outlet）连接到 View Controller。方法是使用鼠标右键从 Ad BannerView 组件拖到 View Controller 的图标上。

步骤 05　打开 ViewController.h，导入 iAd.h 头文件，并且让这个类符合 ADBannerViewDelegate 协议的规范。

```
#import <UIKit/UIKit.h>
#import <iAd/iAd.h>

@interface ViewController : UIViewController <ADBannerViewDelegate>

@end
```

步骤 06　通过以下 4 个方法来检测用户与广告之间的互动。

```
-(void)bannerViewDidLoadAd:(ADBannerView *)banner
{
    // banner 广告载入
}

-(BOOL)bannerViewActionShouldBegin:(ADBannerView *)banner
    willLeaveApplication:(BOOL)willLeave
{
    // 用户单击 banner 广告后打开广告内容画面
    return YES;
}

-(void)bannerViewActionDidFinish:(ADBannerView *)banner
{
```

```
            // 用户关闭广告内容画面
        }

-(void)bannerView:(ADBannerView *)banner
           didFailToReceiveAdWithError:(NSError *)error
{
        // 广告加载错误时会调用此方法
        }
```

步骤 07 运行查看结果。

4-19 利用动画方式呈现按钮移动

难易度 ★★★
预备知识：无　　Framework：无

iOS 对动画的处理非常强大，原本平淡无奇的画面，如果通过动画的方式来呈现，会让用户在使用时有不一样的感受。在 UIView 类中修改某些属性值时可以以动画效果呈现这些值的改变。这些属性为：

- frame：改变位置与大小。
- bounds：改变大小。
- center：改变位置。
- transform：旋转。
- alpha：改变透明度。
- backgroundColor：改变背景颜色。
- contentStretch：改变放大和缩小的范围。

在这个问题上，我们的处理方式为：改变屏幕上某个按钮的 frame 属性（按钮 UIButton 也是继承自 UIView 类），让按钮以动画的方式从旧坐标移动到新坐标。

步骤与说明

步骤 01 创建 Single View Application 项目。

步骤 02 打开 Storyboard，从组件库中拖放一个 Button 组件到 View Controller 上。

步骤 03 打开 Assistant editor 窗口，在 ViewController.m 中创建按钮的 IBAction 方法，拦截的事件为 Touch Up Inside。顺便将该方法的参数 sender 类型由 id 改为 UIButton，这样待会就不用进行类型转换了。在这个方法中，调用 UIView 的 animateWithDuration:animation:方法。animateWithDuration 为动画运行时间，单位为秒，animation 为一个程序块，将改变属性值的程序代码放在这个块内，iOS 就会以动画的方式显示这个属性值的改变。

```
- (IBAction)buttonPress:(UIButton *)sender
{
    [UIView animateWithDuration:1.0 animations:^{
```

```
        CGRect rect = sender.frame;
        rect.origin.y += 150;
        sender.frame = rect;
    }];
}
```

步骤 04 运行查看结果。

难易度 ★★★ 4-20 旋转图片

> 预备知识：无   > Framework：QuartzCore.framework

我们时常会有旋转图片的需求，例如向左旋转 90°，或向右旋转 90°，甚至是任意角度旋转。旋转图片的原理其实很简单，先把一张图片放到一个图层上，然后利用数组运算中的仿射变换函数来旋转这个图层就可以了。至于仿射变换的原理，有兴趣的读者可以再去深入研究，暂时没兴趣的话，也不会影响本节的学习。

步骤与说明

步骤 01 创建 Single View Application 项目。

步骤 02 将 QuartzCore.framework 加到项目中，并且将一张范例图片加入项目中，假设文件名为 circle.png。

步骤 03 打开 Storyboard，从组件库上拖放一个 Slider 组件到 View Controller 上，并且在 Attributes 面板中将 Slider 的最小值设置为 0，最大值为 359，现有值改为 0。

步骤 04 打开 ViewController.h，导入 QuartzCore.h 头文件，并且声明一个类型为 CALayer 的变量。

```
#import <UIKit/UIKit.h>
#import <QuartzCore/QuartzCore.h>

@interface ViewController : UIViewController
{
    CALayer *layer;
}
@end
```

步骤 05 打开 ViewController.m，在 viewDisLoad 方法中创建一个图层并且在这个图层中放置一张图片。

```
- (void)viewDidLoad
{
    [super viewDidLoad];

    UIImage *image = [UIImage imageNamed:@"circle.png"];

    // 取得一个图层
    layer = [CALayer layer];
    // 设置图层的大小与位置
    layer.frame = CGRectMake(50, 100, 200, 200);
    // 在这个图层上放置一张图片
    layer.contents = (id)image.CGImage;

    // 在原先的View组件上插入设置好的图层
    [self.view.layer addSublayer:layer];
}
```

步骤 06 在 ViewController.m 中设置 Slider 组件的 IBAction 方法，记得将 sender 参数的类型由 id 改为 UISlider。在这个方法中，先将 Slider 的现有值转换成弧度，再使用 CGAffineTransformMakeRotation 函数来旋转图层，其中 M_PI 为 Xcode 内置的圆周率常量π。

```
- (IBAction)valueChange:(UISlider *)sender
{
    float deg = sender.value;
    float rad = deg / 180.0 * M_PI;

    CGAffineTransform rotation = CGAffineTransformMakeRotation(rad);
    [layer setAffineTransform:rotation];
}
```

步骤 07 运行查看结果。

4-21 将直角改成圆角

> 预备知识：无   Framework：无

一般来说显示在屏幕上的图片的 4 个角都是直角，但通过图层的设置处理，我们可以将直角改成圆角，有时候这样处理会让图片看起来比较有质感。

 步骤与说明

步骤 01 创建 Single View Application 项目。

步骤 02 将 QuartzCore.framework 加到项目中,并且将一张范例图片加入项目中,假设文件名为 sample.jpg。

步骤 03 打开 ViewController.h,导入 QuartzCore.h 头文件。

```
#import <UIKit/UIKit.h>
#import <QuartzCore/QuartzCore.h>

@interface ViewController : UIViewController

@end
```

步骤 04 打开 ViewController.m,在 viewDidLoad 方法中使用图层来加载图片并设置图层的 4 个角为圆角。

```
- (void)viewDidLoad
{
    [super viewDidLoad];

    UIImage *image = [UIImage imageNamed:@"sample.jpg"];
    // 取得图片的长宽比例
    float ratio = image.size.width / image.size.height;

    // 设置图层并加入图片
    CALayer *layer = [CALayer layer];
    layer.frame = CGRectMake(10, 50, 200, 200 / ratio);
    layer.contents = (id) image.CGImage;

    // 设置图层的4个角为圆角
    layer.cornerRadius = 20.0;
    // 裁掉圆角以外的区域
    layer.masksToBounds = YES;

    // 在View上插入此图层
    [self.view.layer addSublayer:layer];
}
```

步骤 05 运行查看结果。

4-22 加上阴影

> 预备知识：无   > Framework：QuartzCore.framework

通过 Layer，可以在屏幕上为显示的图片边缘加上阴影效果。

步骤与说明

步骤 01 创建 Single View Application 项目。

步骤 02 将 QuartzCore.framework 加到项目中，并且将一张范例图片加入项目中，假设文件名为 sample.jpg。

步骤 03 打开 ViewController.h，导入 QuartzCore.h 头文件。

```
#import <UIKit/UIKit.h>
#import <QuartzCore/QuartzCore.h>

@interface ViewController : UIViewController

@end
```

步骤 04 打开 ViewController.m，在 viewDidLoad 方法中使用图层来加载图片并设置阴影。

```
- (void)viewDidLoad
{
    [super viewDidLoad];
    
    UIImage *image = [UIImage imageNamed:@"sample.jpg"];
    // 取得图片的长宽比例
    float ratio = image.size.width / image.size.height;
    
    // 设置图层并加入图片
    CALayer *layer = [CALayer layer];
    layer.frame = CGRectMake(10, 50, 200, 200 / ratio);
    layer.contents = (id) image.CGImage;
    
    // 设置图层的阴影效果
```

```
    // 阴影颜色为黑色
    layer.shadowColor = [UIColor blackColor].CGColor;
    // 阴影向图层右下角偏移10 pixel
    layer.shadowOffset = CGSizeMake(10, 10);
    // 设置透明度
    layer.shadowOpacity = 0.8;
    // 设置圆角
    layer.shadowRadius = 5.0;

    // 在View上插入此图层
    [self.view.layer addSublayer:layer];
}
```

步骤 05 运行查看结果。

第5章 表格

表格视图（Table View）是一种可以将数据一行一行地呈现在画面上的一种可视化组件，如下图所示。在表格中每一行呈现数据的地方称为单元格（Cell），跟过去我们熟知的多少乘以多少表格不一样的地方是：iOS 提供的表格每一行只能放一个单元格。当然，如果觉得默认的单元格不满意，iOS 也允许程序员自定义单元格，但是从架构上而言，每行只能存放一个单元格。

单元格的产生有两种形式：一种是动态（dynamic），另一种是静态（static）。动态的意思是应用程序在运行阶段，使用程序代码的方式来产生单元格。会使用到动态单元格的原因是单元格的数量不固定，所以既然无法事先得知要有多少个单元格显示在表格上，就只能在 App 的运行阶段通过程序先计算出有多少条数据后再动态产生相对应数量的单元格。静态单元格就是事先知道单元格的数量，所谓的"事先"指的是程序设计阶段，也就是在 Xcode 编辑的阶段就已经知道未来会有多少单元格需要显示在画面上，因此，我们可以在组件库中拖放一定数量的单元格到表格上。

除此之外，静态单元格还有一项功能，就是程序员可以在单元格上任意拖放需要的可视化组件，例如可以拖放一个 Switch 组件到单元格上，或是在单元格上放置两张图片，而不需要使用自定义单元格的方式就可以做到。换句话说，动态单元格呈现的样子基本上是受限制的，也就是说它们必须是一致的，当想要做到每个单元格上放置的视图组件都不一样时非常困难。

默认的单元格内容可以放置一张图片、一段文字（包含标题与选项说明），以及一个指示器（indicator，位于单元格最右边）。

Xcode 提供了 3 种可视化的方式在应用程序中加入表格：（1）拖放一个表格组件到 View Controller 上；（2）拖放一个 Table View Controller 组件到 Storyboard 上；（3）使用 Navigation Controller 组件。当 Single View Application 项目创建完后在 Storyboard 上已经有一个 View Controller，如果想要在这个 View Controller 上使用表格的话，可以从组件库中拖放一个表格组件到 View Controller 上，然后记住将此表格的 data source 与 delegate 连接到某个 View Controller 上（通常就是表格所在的那个 View Controller），并且在 ViewController.h 中让该类符合 UITableViewDataSource 与 UITableViewDelegate 这两个协议的规范，最后实现一些必要方法就可以了。听来好像很复杂，但是不用担心，如果应用第 2 种方式直接使用 Table View Controller 组件会省去很多事情。

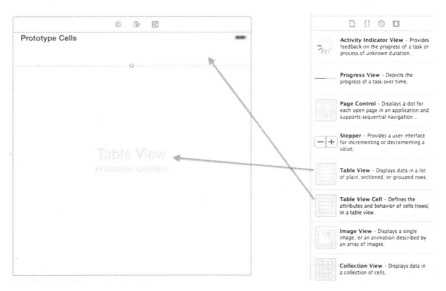

在 Xcode 的组件库中可以看到一个 Table View Controller 组件，看名字就知道它一定跟表格有关。如果使用 Table View Controller 来产生一个表格，并且再自定义一个继承 UITableViewController 的类，那么 Xcode 在产生这个类的 .h 与 .m 文件时，会自动套用默认的表格模板。这个模板事先会产生许多重要的跟表格有关的方法与设置，让用户可以直接使用，例如 data source 与 delegate 都已经帮忙设置好了，完全不需要再去手动设置。

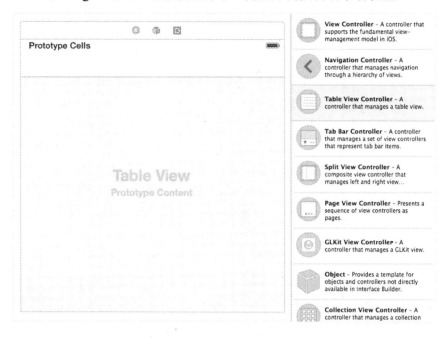

如果打算呈现的表格具备编辑的功能，以及按下单元格后可以呈现进一步的细节画面，使用 Navigation Controller 来设计表格是最快速的方式。当用户从组件库中拖放一个 Navigation Controller 到 Storyboard 上时，Xcode 默认就是带一个 Table View Controller 出来。相关的程序代码与设置也自动设置好了，不需要再手动处理。

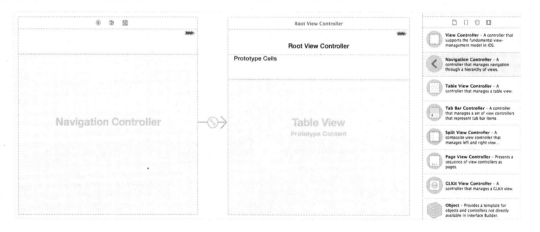

有时单元格是可以让用户单击的，所以在这些可单击的单元格上应该有个提示，让用户看到这样的表格就知道可以单击它们，这样的提示称为单元格指示器（indicator）。单元格指示器的目的是让用户看到指示器后就能够立即明白这个单元格按下去后会发生什么事情，因此总共有 4 种不同样式的指示器可以使用，如下表所示。

指示器种类	说明
>	称为扩展指示器（disclosure indicator），表示这个单元格按下去后可以连接到另外一个更加详细的设置画面，设置参数：UITableViewCellAccessoryDisclosureIndicator
ⓘ >	称为细节展示指示器（detail disclosure indicator），表示现在单元格看到的是部分信息，单击后可以看到更多详细的数据，例如联系人，设置参数：UITableViewCellAccessoryDetailDisclosureButton
✓	称为选择标记（check mark），表示目前某个状态是这个单元格显示的状态，例如用来显示目前的字体，设置参数：UITableViewCellAccessoryCheckmark
ⓘ	称为细节指示器（detail indicator），设置参数：UITableViewCellAccessoryDetailButton

由于指示器的目的就是用来提示用户这个单元格要怎么操作，以及预先告诉用户按下去后可能会看到什么样的数据，因此指示器种类的选用与时机很重要，千万不要因随便使用而造成用户操作上的混乱，这样就不是一个好的 App 设计了。

5-1 使用表格组件

难易度 ★★☆

> 预备知识：无　　> Framework：无

表格组件就是所谓的表格视图组件（Table View），表格组件的每一行只能放置一个单元格（Cell），内置的单元格上可以放一张图片、一段文字以及一个指示器。使用表格组件时有两个输出口必须设置：一个是 dataSource，另一个是 delegate。dataSource 连接到的 View Controller 用来提供表格单元格的内容；而 delegate 则是指定哪一个 View Controller 需要处理用户在表格上的操作，例如得知用户单击了哪一个单元格或是打算删除哪一个单元格。

 步骤与说明

步骤 01　创建 Single View Application 项目。

步骤 02　打开 Storyboard，并且从组件库中拖放一个 Table View 组件到 View Controller 上。

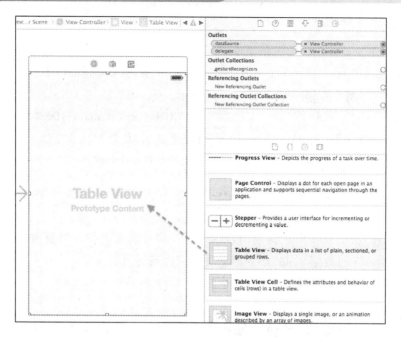

步骤03 将这个 Table View 的 dataSource、delegate 输出口（outlet）与 View Controller 进行连接。dataSource 输出口连接到的类将要负责提供 Table View 上呈现的数据，delegate 是用来响应用户在 Table View 上的一些动作，例如删除某一行数据。

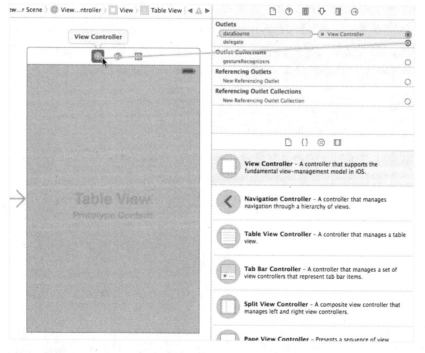

步骤04 打开 ViewController.h，这个类需要符合 UITableViewDataSource 与 UITableViewDelegate 协议的规范。除此之外，声明一个数组，负责存储表格上要呈现的数据。

```
#import <UIKit/UIKit.h>

@interface ViewController : UIViewController <UITableViewDataSource,
                    UITableViewDelegate>
{
    NSMutableArray *list;
}

@end
```

步骤 05 打开 ViewController.m,在 viewDidLoad 方法中初始化数组数据。

```
- (void)viewDidLoad
{
    [super viewDidLoad];
    
    list = [[NSMutableArray alloc] init];
    [list addObject:@"看书"];
    [list addObject:@"逛街"];
    [list addObject:@"打球"];
}
```

步骤 06 同样在 ViewController.m 中(因为 Table View 的 dataSource 以及 delegate 输出口连接到这个文件),实现 tableView:numberOfRowsInSection: 方法,在这个方法中要通知 Table View 需要产生多少个单元格(Cell)来显示数据。

```
- (NSInteger)tableView:(UITableView *)tableView
                    numberOfRowsInSection:(NSInteger)section
{
    return [list count];
}
```

步骤 07 继续实现 tableView:cellForRowAtIndexPath: 方法,这个方法会实际创建单元格,并且将要呈现在表格视图的数据放进单元格中。从程序运行效率上考虑,UITableView 类会维护一个队列,队列中标识哪些单元格是可以再利用的。因此,我们只需要利用 dequeueReusable-CellWithIdentifier 方法取得可再利用的单元格,不需要每次都花时间产生一个新的。

```
- (UITableViewCell *)tableView:(UITableView *)tableView
                    cellForRowAtIndexPath:(NSIndexPath *)indexPath
{
    static NSString *identifier = @"Cell";
    UITableViewCell *cell = [tableView
                    dequeueReusableCellWithIdentifier:identifier];
    
    if (cell == nil) {
        cell = [[UITableViewCell alloc]
                    initWithStyle:UITableViewCellStyleDefault
                        reuseIdentifier:identifier];
```

```
    }
    cell.textLabel.text = [list objectAtIndex:indexPath.row];
    return cell;
}
```

步骤 08　运行查看结果。

5-2　显示单元格指示器

预备知识：5-1 使用表格组件　　Framework：无

　　单元格指示器用来提示用户这个单元格有什么功能,正确的单元格指示器可以提供给用户一个友善的操作环境。使用类 UITableViewCell 中的属性 accessoryType 可以选择不同的指示器样式。

步骤与说明

步骤 01　根据预备知识创建 Single View Application 项目。

步骤 02　在 ViewController.m 的 tableView:cellForRowAtIndexPath:方法中设置单元格内容时,可顺便加上单元格指示器。指示器总共有 4 种类型,在实际操作上通常只要选择一种即可,这边为了展示每种指示器的不同,我们让每个单元格各显示一种指示器。

```
-(UITableViewCell *)tableView:(UITableView *)
tableView cellForRowAtIndexPath:(NSIndexPath *)indexPath
{
    static NSString *indicator = @"Cell";
```

```objc
UITableViewCell *cell =
[tableView dequeueReusableCellWithIdentifier:indicator];

if (cell == nil) {
    cell = [[UITableViewCell alloc]
    initWithStyle:UITableViewCellStyleDefault reuseIdentifier:indicator];
}

cell.textLabel.text = [list objectAtIndex:indexPath.row];

// 设置单元格指示器的开始
switch (indexPath.row) {
    case 0: // 选择标记
        cell.accessoryType = UITableViewCellAccessoryCheckmark;
        break;

    case 1: // 扩展指示器
        cell.accessoryType = UITableViewCellAccessoryDetailButton;
        break;

    case 2: // 细节展示指示器
        cell.accessoryType =
        UITableViewCellAccessoryDetailDisclosureButton;
        break;

    case 3: // 细节指示器
        cell.accessoryType = UITableViewCellAccessoryDisclosureIndicator;
        break;
}

return cell;
}
```

步骤03 运行查看结果。

5-3 在表格上创建两个区块

难易度 ★☆☆

> 预备知识：5-1 使用表格组件　　> Framework：无

在表格视图中，可以根据呈现数据性质的不同而将数据分成两个区块来显示。

步骤与说明

步骤 01　根据预备知识创建 Single View Application 项目。

步骤 02　打开 ViewController.h，在这里要加入用来提供第 2 个区块所需数据的数组。

```objc
#import <UIKit/UIKit.h>

@interface HTViewController : UIViewController <UITableViewDataSource,
                    UITableViewDelegate>
{
    NSMutableArray *list;
    NSMutableArray *another_list;
}

@end
```

步骤 03　打开 ViewController.m，在 viewDidLoad 方法中初始化另一个数组。

```objc
- (void)viewDidLoad
{
    [super viewDidLoad];

    list = [[NSMutableArray alloc] init];
    [list addObject:@"看书"];
    [list addObject:@"逛街"];
    [list addObject:@"打球"];

    another_list = [[NSMutableArray alloc] init];
    [another_list addObject:@"意大利"];
    [another_list addObject:@"荷兰"];
}
```

步骤 04　在 ViewController.m 中实现 numberOfSectionsInTableView: 方法，这个方法用来告诉表格有多少个区块要显示。因为我们有两个数组，所以这里我们返回 2。

```objc
// 返回有多少区块
-(NSInteger)numberOfSectionsInTableView:(UITableView *)tableView
{
    return 2;
}
```

步骤 05　实现 tableView:numberOfRowInSection: 方法，原本在这个方法中返回有多少行要显示，现在需要修改一下，因为我们的表格视图有两个区块，不同的区块要返回不同的数值。

```
// 返回每个区块要显示多少行
-(NSInteger)tableView:(UITableView *)tableView
                    numberOfRowsInSection:(NSInteger)section
{
    NSInteger n;

    switch (section) {
        case 0:
            n = [list count];
            break;

        case 1:
            n = [another_list count];
            break;
    }
    return n;
}
```

步骤 06 只要实现 tableView:titleForHeaderInSection: 方法就可以让每个区块上方显示表头信息，但这个方法并非一定要实现。

```
-(NSString *)tableView:(UITableView *)tableView
                    titleForHeaderInSection:(NSInteger)section
{
    NSString *header;

    switch (section) {
        case 0:
            header = @"我最喜欢的休闲活动";
            break;

        case 1:
            header = @"我去过的国家";
            break;
    }
    return header;
}
```

步骤 07 实现 tableView:cellForRowAtIndexPath:方法，现在在这个方法中必须针对不同的表格视图区块来处理单元格中的数据。

```
-(UITableViewCell *)tableView:(UITableView *)tableView
                    cellForRowAtIndexPath:(NSIndexPath *)indexPath
{
    static NSString *indicator = @"Cell";
    UITableViewCell *cell = [tableView
                    dequeueReusableCellWithIdentifier:indicator];

    if (cell == nil) {
        cell = [[UITableViewCell alloc]
```

```
                initWithStyle:UITableViewCellStyleDefault
                reuseIdentifier:indicator];
    }
    
    // 区分显示区块开始
    switch (indexPath.section) {
        case 0:
            cell.textLabel.text = [list objectAtIndex:indexPath.row];
            break;
            
        case 1:
            cell.textLabel.text = [another_list
                    objectAtIndex:indexPath.row];
            break;
    }
    // 区分显示区块结束
    
    return cell;
}
```

步骤 08　运行查看结果。

5-4　在表格上删除一条数据

难易度 ★☆☆

预备知识：5-1 使用表格组件　　Framework：无

如果表格允许用户删除数据时，当用户在单元格上单击后使用 Swipe 手势（向左滑动一下），则该单元格右方会出现红色的"删除"按钮，单击后可以将这一行删除。

步骤与说明

步骤 01　根据预备知识完成 Single View Application 项目。

步骤 02　打开 ViewController.m，实现 tableView:editingStyleForRowAtIndexPath:方法，在这个方法中返回 UITableViewCellEditingStyleDelete，这样可以让用户在单元格上滑动后

出现红色的"删除"按钮。

```
-(UITableViewCellEditingStyle)tableView:(UITableView *)tableView
            editingStyleForRowAtIndexPath:(NSIndexPath *)indexPath
{
    return UITableViewCellEditingStyleDelete;
}
```

步骤03 除了实现 tableView:editingStyleForRowAtIndexPath: 方法外，还要再实现 tableView:commitEditingStyle:forRowAtIndexPath:方法。在这个方法中必须将数组数据删除，并且删除表格上用户单击"删除"按钮的那一行。若这个方法没有被实现，则单元格上将不会出现红色"删除"按钮。

```
-(void)tableView:(UITableView *)tableView
    commitEditingStyle:(UITableViewCellEditingStyle)editingStyle
    forRowAtIndexPath:(NSIndexPath *)indexPath
{
    // 将对应的数组数据删除
    [list removeObjectAtIndex:indexPath.row];
    // 实际删除表格视图中的一行，并选择一个喜欢的删除动画
    [tableView deleteRowsAtIndexPaths:[NSArray
            arrayWithObject:indexPath]
            withRowAnimation:UITableViewRowAnimationTop];
}
```

步骤04 运行查看结果。

5-5 在表格上新增一条数据

难易度 ★★

预备知识：5-1 使用表格组件　　Framework：无

在表格中新增一条数据并不难，只要将数据新增到负责提供表格数据的变量（例如数组或

是数据库），然后要求表格重新加载数据就可以了。

步骤与说明

步骤 01 根据预备知识创建 Single View Application 项目。

步骤 02 打开 Storyboard，在 View Controller 上除了根据预备知识创建的表格组件之外，再新增一个 Toolbar 组件，并且设置 Toolbar 上的按钮类型为 Add 类型。

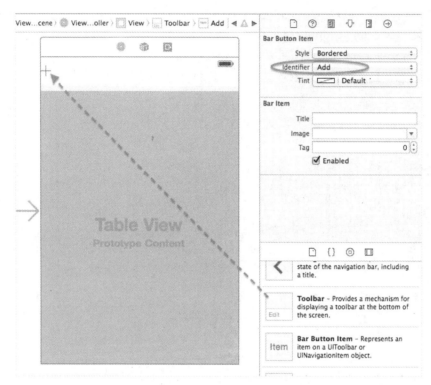

步骤 03 打开 ViewController.m，在 viewDidLoad 方法中只要配置 list 变量的内存空间即可，先不需要初始化内容。

```
- (void)viewDidLoad
{
    [super viewDidLoad];

    list = [[NSMutableArray alloc] init];
}
```

步骤 04 实现 Toolbar 上按钮单击后在 ViewController.m 中的 IBAction 方法。在这个方法中除了准备好新增到表格上的数据之外，最重要的是调用表格的 reloadData 方法重新加载数据。有两种方法可以取得表格的实体（instance）：一种是筛选 View Controller 上所有的 UIView 组件，看它们哪一个属于 UITableView 类，找到后调用 reloadData 就可以了；另一种方法比较简单，先设置 MainStoryboard 上的 Table View 组件在 ViewController.h 中的 IBOutlet 变量，然后在"+"号按钮按下去后调用该变量的

reloadData 方法即可。在这里我们采用筛选所有 UIView 组件的写法。

```
- (IBAction)insertData:(id)sender
{
    static int i;
    // 新增一条数据到 list 数组中
    [list addObject:[NSString stringWithFormat:@"%d", i++, nil]];

    // 用循环取得位于 ViewController 上的每一个 UIView 类
    for (UIView *view in self.view.subviews) {
        // 判断取得的 view 是否属于 UITableView 类
        if ([view isKindOfClass:[UITableView class]]) {
            // 如果是,就强制转型为 UITableView
            UITableView *tableView = (UITableView *)view;
            // 要求重新加载数据
            [tableView reloadData];
            break;
        }
    }
}
```

步骤 05 运行查看结果。

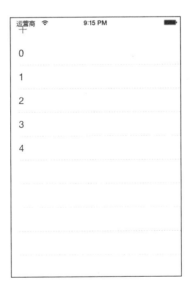

5-6 得知用户单击哪一个单元格

难易度 ★★☆

预备知识:5-1 使用表格组件、5-2 显示单元格指示器 Framework:无

一般而言,如果单元格上出现指示器(indicator)符号,代表用户可以单击该单元格以获得更进一步的操作,而当用户单击时,我们的程序就必须知道是哪一个单元格被单击了。

步骤与说明

步骤 01 根据预备知识 1 完成 Single View Application 项目。

步骤 02 根据预备知识 2，在显示的单元格上加上单元格指示器。

步骤 03 打开 ViewController.m，实现 tableView:didSelectRowAtIndexPath:方法，通过参数 indexPath，我们就可以得知用户在 Table View 上单击了哪一个单元格。

```
-(void)tableView:(UITableView *)tableView
        didSelectRowAtIndexPath:(NSIndexPath *)indexPath
{
    NSLog(@"%@", [list objectAtIndex:indexPath.row]);
}
```

步骤 04 运行查看结果。

```
CellTapped[524:11303] 逛街
```

5-7 改变单元格顺序

难易度 ★★★

> 预备知识：5-1 使用表格组件   > Framework：无

有时希望用户可以自行改变单元格的顺序，改变顺序的方式是用手指拖动单元格。要做到这样的效果，必须设置表格的 editing 属性为 YES，这样可以让表格进入编辑状态。进入编辑状态的表格，用户可以用手指拖着某一个单元格上下移动来改变它们的顺序。当然顺序改变之后，要记得将数组中的数据顺序也改变，否则重新显示表格内容时，顺序又会恢复原状了。

步骤与说明

步骤 01 根据预备知识创建 Single View Application 项目。

步骤 02 打开 Storyboard，调整一下画面 layout，加上一个 Tool Bar 组件，并且将 Tool Bar 上

的按钮 Title 改为 Edit。注意不要将按钮的 Identifier 由 Custom 改为 Edit，否则无法在运行时改变按钮显示的字符串。

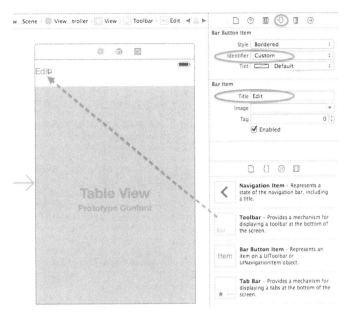

步骤 03 打开 ViewController.h，除了根据预备知识让类符合特定协议外，还要设置 Table View 的 IBOutlet 变量，名称为 myTable。

```
#import <UIKit/UIKit.h>

@interface ViewController : UIViewController <UITableViewDataSource,
                    UITableViewDelegate>
{
   NSMutableArray *list;
}
@property (weak, nonatomic) IBOutlet UITableView *myTable;

@end
```

步骤 04 打开 Assistant editor（下拉菜单 View→Assistant Editor→Show Assistant Editor），在 ViewController.m 中实现 Tool Bar 上按钮的 IBAction 方法。在这个方法中要改变 Table View 的 editing 状态，并且根据 editing 状态修改按钮上显示的文字。

```
// Tool Bar 上的按钮单击后要运行的方法
- (IBAction)editButtonPress:(UIBarButtonItem *)sender
{
   if (self.myTable.isEditing) {
      sender.title = @"Edit";
      self.myTable.editing = NO;
   } else {
      sender.title = @"Done";
      self.myTable.editing = YES;
   }
}
```

步骤 05　在 ViewController.m 中实现 tableView:canMoveRowAtIndexPath:方法，这个方法用来设置表格进入编辑状态后是否允许用户移动单元格。

```
// 让 Table View 中的单元格可以移动
- (BOOL)tableView:(UITableView *)tableView
            canMoveRowAtIndexPath:(NSIndexPath *)indexPath
{
    return YES;
}
```

步骤 06　继续实现 tableView:moveRowAtIndexPath:toIndexPath:方法。在这个方法中，要把负责呈现表格上数据的数组内容同步更新。

```
// 实际移动数据
- (void)tableView:(UITableView *)tableView
        moveRowAtIndexPath:(NSIndexPath *)sourceIndexPath
        toIndexPath:(NSIndexPath *)destinationIndexPath
{
    [list exchangeObjectAtIndex:sourceIndexPath.row
              withObjectAtIndex:destinationIndexPath.row];
}
```

步骤 07　运行查看结果。

5-8　如何自定义单元格样式

难易度 ★★★

预备知识：3-11 使用 Auto Layout 布局、5-1 使用表格组件　　Framework：无

在很多 App 中可以看到有些表格呈现的样子跟系统默认的样子很不一样，那是因为这些表格或是表格中的单元格是自定义的。如果我们想要展现不一样风格的单元格，例如多放两张图片、加个按钮，或者放一个文本框等，我们就必须自定义单元格。为了降低程序复杂度，在自定义的单元格中只放两个 Label 组件，有兴趣的读者可以自己试试其他的组件，原理都是一样的。

步骤与说明

步骤 01　根据预备知识完成 Single View Application 项目。

步骤 02　在项目中新增一个 View 类型的.xib 文件（下拉菜单 File→New→File→iOS/User Interface→View），用来设计特制的单元格画面，将它命名为 CustomCell.xib。

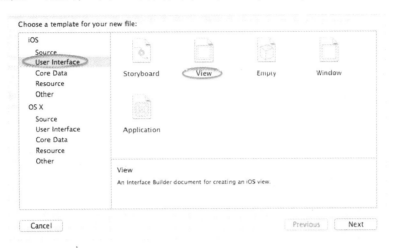

步骤 03　打开 CustomCell.xib，将默认的 View 组件删除，然后从组件库中拖放一个 Table View Cell 到.xib 上，并拖放两个 Label 组件到这个单元格上。这两个 Label 都需要加上"上下左右长宽"这 6 个 constraints（请参考预备知识：使用 Auto Layout 布局），否则在运行时无法正确显示。

步骤 04　新增一个自定义的 Objective-C class 给这个 NIB 文件，选择下拉菜单 File→New→File→iOS/Source→Cocoa Touch class，类命名为 CustomCell，并且继承 UITableViewCell。

步骤 05　回到 CustomCell.xib，单击 File's Owner 按钮后在 Identity 面板中将 CustomCell.xib 连接到 CustomCell 类。

步骤 06 打开 Assistant editor 窗口，确认显示的程序代码文件为 CustomCell.h，然后设置 .xib 文件上的两个标签组件的 IBOutlet 变量，分别命名为 leftLabel 与 rightLabel。

```objc
#import <UIKit/UIKit.h>

@interface CustomCell : UITableViewCell
@property (weak, nonatomic) IBOutlet UILabel *leftLabel;
@property (weak, nonatomic) IBOutlet UILabel *rightLabel;

@end
```

步骤 07 打开 ViewController.m，导入 CustomCell.h 头文件。

```objc
#import "CustomCell.h"
```

步骤 08 在 ViewController.m 的 viewDidLoad 方法中修改数组的初始化程序。

```objc
- (void)viewDidLoad
{
    [super viewDidLoad];
    
    list = [[NSMutableArray alloc] init];
    [list addObject:[NSArray arrayWithObjects: @"看书", @"科幻小说", nil]];
    [list addObject:[NSArray arrayWithObjects: @"逛街", @"百货公司", nil]];
    [list addObject:[NSArray arrayWithObjects: @"打球", @"羽毛球", nil]];
}
```

步骤 09 在 tableView:cellForRowAtIndexPath: 方法中加载自定义单元格的 .xib 文件，然后从中取得自定义单元格，最后将数据放入自定义单元格的左、右标签内。

```objc
-(UITableViewCell *)tableView:(UITableView *)tableView
            cellForRowAtIndexPath:(NSIndexPath *)indexPath
{
    static NSString *indicator = @"Cell";
    // 记得换成自定义单元格类
    CustomCell *cell = [tableView
            dequeueReusableCellWithIdentifier:indicator];
    
    if (cell == nil) {
        // 加载 CustomCell.xib 文件
        NSArray *views = [[NSBundle mainBundle]
```

```
                    loadNibNamed:@"CustomCell" owner:nil options:nil];
        for (UIView *view in views) {
            if ([view isKindOfClass:[CustomCell class]]) {
                cell = (CustomCell *)view;
            }
        }
    }

    // 将数据填到左标签
    cell.leftLabel.text = [[list objectAtIndex:indexPath.row]
                            objectAtIndex:0];
    // 将数据填到右标签
    cell.rightLabel.text = [[list objectAtIndex:indexPath.row]
                            objectAtIndex:1];

    return cell;
}
```

步骤10 运行查看结果。

5-9 使用表格控件

难易度 ★★★

> 预备知识：5-1 使用表格组件、5-2 显示单元格指示器、5-3 在表格上创建两个区块、5-4 在表格上删除一条数据、5-6 得知用户单击哪一个单元格、5-7 改变单元格顺序 Framework：无

表格控件，就是组件库中被命名为 Table View Controller 的组件。跟 View Controller 不一样的地方是：View Controller 所对应的类要继承于 UIViewController，而 Table View Controller 则需要继承自 UITableView-Controller。当程序员打算要在项目中新增一组继承于 UITableViewController 的类时，Xcode 除了在.h 头文件中让类继承于 UITableViewController 外，

还会在.m 文件中事先创建许多与表格有关的方法，程序员只要将程序代码填进去即可，可以让程序员少写许多的程序代码。除了 Xcode 帮我们产生的程序代码之外，程序员最容易忘记的表格需要设置的 dataSource 与 delegate，Xcode 也一起帮我们设置完毕。

步骤与说明

步骤 01 创建 Single View Application 项目。

步骤 02 从组件库中拖放一个 Table View Controller 到 Storyboard 上，并且将原先的 View Controller 删除，同时也删除项目中的 ViewController.h 与 ViewController.m 文件。

步骤 03 在 Table View Controller 的 Attributes 面板上检查一下 In Initial View Controller 这个选项是否被选中。如果没有选中的话，运行时画面上不会出现任何东西，因为没有设置所谓的"第一个画面"。如果选中的话，则在这个 Table View Controller 的左边会出现一个向右的箭头，代表这个画面是 App 运行后的第一个画面。

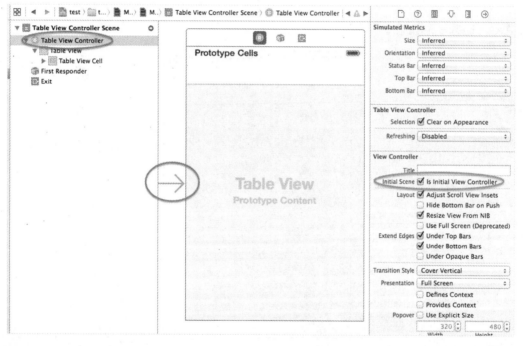

步骤 04 在项目中新增 Cocoa Touch Class 的文件，类名称为 TableViewController，并且继承于 UITableViewController。由于我们已经将 Table View Controller 放到 Storyboard 上了，因此不需要 Xcode 帮我们生成 .xib 文件，Also create XIB file 的选项不要勾选。

步骤 05 回到 Table View Controller 的 Identity 面板，我们将 Storyboard 上的 Table View Controller 与 TableViewController 类连接。

第 5 章 表格

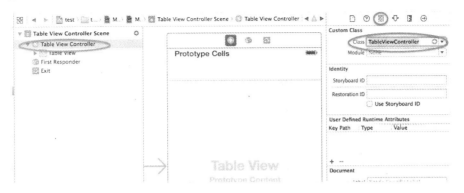

步骤 06　先单击 Table View Controller 上的单元格，然后打开 Attributes 面板。我们在 Identifier 中输入 Cell，免得之后编译时出现警告信息，这个就是为了 iOS 要重复利用单元格时所需要的识别代码，如果读者忘记的话，请打开 TableViewController.m 文件，然后找到 tableView:cellForRowAtIndexPath:方法，让其中第一行中的@"Gell"与此处进行相同设置就可以了。

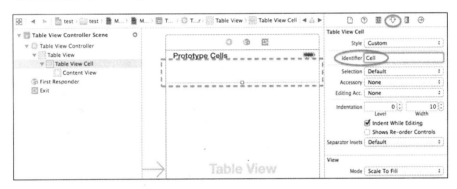

步骤 07　由于在画面上默认的单元格识别码跟程序中的一样，代表的意思是我们可以通过 Attributes 面板对这个单元格先进行一些设置（例如指示器），这样就不需要再通过程序来设置单元格，换句话说，可以再少写一些程序代码。

步骤 08　观察一下这个 Table View Controller 的 Connections 面板，其中 dataSource 与 delegate 都已经设置好了，也就是说，只要我们使用 Table View Controller，就再也不用管这件事了。

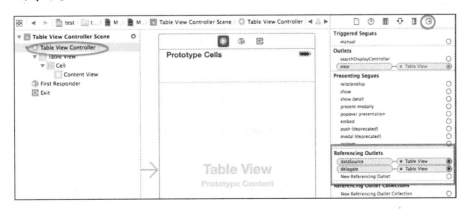

131

> **步骤 09** 最后剩下 TableViewController.m 文件中那些一开始就存在的程序代码。这部分请读者先熟悉"预备知识"后再来看这些程序代码，那时你一定可以看懂了。

5-10 导航控件与表格

难易度 ★★★

> 预备知识：3-5 使用导航控件、5-9 使用表格控件　　Framework：无

表格控件与导航控件配合时，可以通过很简单的方式，让导航栏上出现 Edit 按钮，用户按下去后表格视图会进入编辑模式，此时按钮会变成 Done，用户再按一次后会关闭表格视图的编辑状态，全部只要一行程序代码就可以完成，而我们的工作就是把那一行 Xcode 已经产生的程序代码注释取消就可以了。

步骤与说明

> **步骤 01** 创建 Single View Application 项目。

> **步骤 02** 打开 Storyboard，将原本的 View Controller 删除，并且同时删除 ViewController.h 与 ViewController.m 文件，然后从组件库中拖放一个 Navigation Controller 组件。Navigation Controller 会再带出一个 Table View Controller，请根据预备知识 2 将这个 Table View Controller 连接到自定义的类。

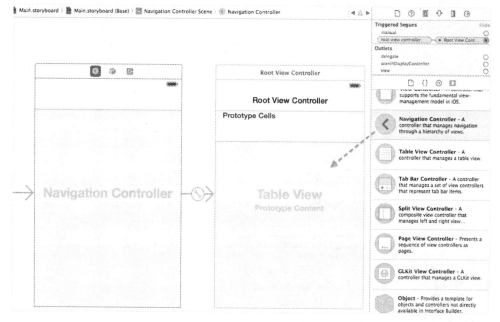

> **步骤 03** 打开 TableViewController.m，将 viewDidLoad 方法中的两行被注释的程序代码移除其注释。其中 self.clearSelectionOnViewWillAppear = NO 的意思是当表格出现时，"不会"取消已经被选取的单元格。举例来说，当用户单击某个单元格而进入下一个画面，然后返回之前的画面后，原本单击的单元格不会被取消单击，也就是继续维持在单击的状态。另外一行程序代码 self.navigationItem.rightBarButtonItem =

self.editButtonItem 的意思是让导航栏上出现 Edit 按钮，用来让表格进入编辑模式或是结束编辑模式。由于这个按钮已经与表格的 editing 属性连接，因此我们不需要再编写任何程序代码。此外，如果要将 Edit 按钮出现在导航栏左侧，可以将 rightBarBttonItem 改为 leftBarButtonItem。

```
- (void)vicwDidLoad
{
    [super viewDidLoad];

    // Uncomment the following line to preserve selection between
       presentations.
    self.clearsSelectionOnViewWillAppear = NO;

    // Uncomment the following line to display an Edit button in the
       navigation bar for this view controller.
    self.navigationItem.rightBarButtonItem = self.editButtonItem;
}
```

步骤 04 运行查看结果。

5-11 使用 Collection 组件

> 预备知识：5-1 使用表格组件、7-5 一次取得相册中的所有照片
> Framework：AssetsLibrary.framework

 步骤与说明

步骤 01 创建 Single View Application 项目。

步骤 02 将 AssetsLibrary.framework 加到项目中。

步骤 03 打开 Storyboard，拖放一个 Collection View 组件到 View Controller 上，然后拖放一个 Image View 到 Connection View 上的默认单元格，在 Attributes 面板中修改 Image View 的显示照片方式为 Aspect Fill。除此之外，同样在 Attributes 面板中将默认单元格的 Identifier 填入 Cell。

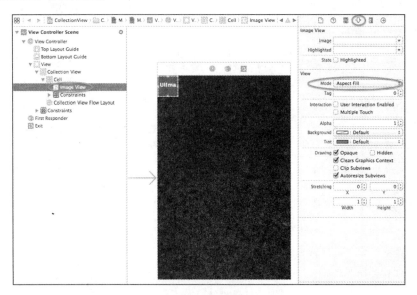

步骤 04 将 Collection View 的 dataSource 与 delegate 输出口（Outlet）连接到 View Controller。

步骤 05 在项目中新增一个 Objective-C class 类，类名称为 MyCell 并且继承于 UICollectionViewCell。

步骤 06 回到 MainStoryboard，将 Collection View 单元格的类指向 MyCell。

步骤 07 打开 Xcode 的 Assistant editor 模式，在 MyCell.h 中设置 Image View 的 IBOutlet 变量为 imageView。注意，这边一定要设置在 MyCell.h 中，此时的 MyCell 类相当于是我们的自定义单元格类。

```
#import <UIKit/UIKit.h>

@interface MyCell : UICollectionViewCell
@property (weak, nonatomic) IBOutlet UIImageView *imageView;
```

@end

步骤 08 打开 ViewController.h，导入 AssetsLibrary.h 与 MyCell.h 头文件，并且让此类符合 UICollectionViewDataSource 与 UICollectionViewDelegate 协议的规范，然后声明两个变量 library 与 imageArray（请参考预备知识 2）。除此之外，打开 Assistnat editor 模式后将 Collection View 的 IBOutlet 变量设置在 ViewController.h 中，取名为 colView。

```objc
#import <UIKit/UIKit.h>
#import <AssetsLibrary/AssetsLibrary.h>
#import "MyCell.h"

@interface ViewController : UIViewController <UICollectionViewDataSource,
        UICollectionViewDelegate>
{
    ALAssetsLibrary *library;
    NSMutableArray *imageArray;
}
@property (weak, nonatomic) IBOutlet UICollectionView *colView;

@end
```

步骤 09 打开 ViewController.m，在 viewDidLoad 方法中加载所有的照片（参考预备知识 2）。要在注释"保存结果"下方要求 Collection View 重新加载数据。

```objc
- (void)viewDidLoad
{
    [super viewDidLoad];
    
    library = [[ALAssetsLibrary alloc] init];
    
    // 使用参数 ALAssetsGroupSavedPhotos 取出所有存储的文件照片
    [library enumerateGroupsWithTypes:ALAssetsGroupSavedPhotos
     usingBlock:^(ALAssetsGroup *group, BOOL *stop) {
        NSMutableArray *tempArray = [[NSMutableArray alloc] init];
        if (group != nil) {
            [group enumerateAssetsUsingBlock:^(ALAsset *result,
             NSUInteger index, BOOL *stop) {
                if (result != nil) {
                    [tempArray addObject:result];
                }
            }];
            // 保存结果
            imageArray = [tempArray copy];
            NSLog(@"取出照片共 %d 张", [imageArray count]);
            // 要求 Collection View 重新加载数据
            [self.colView reloadData];
        }
    } failureBlock:^(NSError *error) {
        // 读取照片失败
    }];
}
```

步骤 10　在 ViewController.m 中实现 Collection View 的三个方法（可参考预备知识 1）。

```objc
// 返回几个 section
-(NSInteger)numberOfSectionsInCollectionView:(UICollectionView
    *)collectionView
{
    return 1;
}

// 返回每个 section 有多少条数据
-(NSInteger)collectionView:(UICollectionView *)collectionView
    numberOfItemsInSection:(NSInteger)section
{
    return [imageArray count];
}

// 处理每一条数据的内容
-(UICollectionViewCell *)collectionView:(UICollectionView
    *)collectionView cellForItemAtIndexPath:(NSIndexPath *)indexPath
{
    static NSString *identifier = @"Cell";
    MyCell *cell = (MyCell *)[collectionView
        dequeueReusableCellWithReuseIdentifier:identifier
        forIndexPath:indexPath];
    if (cell == nil) {
        cell = [[MyCell alloc] init];
    }

    // 取出每一张照片的数据并转换成 UIImage 格式
    CGImageRef img = [[imageArray objectAtIndex:indexPath.row]
                    thumbnail];
    cell.imageView.image = [UIImage imageWithCGImage:img];

    return cell;
}
```

步骤 11　运行查看结果。

5-12 表格下拉更新

> 预备知识：5-9 使用表格控件　　　Framework：无

难易度 ★★★

在一些有表格功能的 App 上面经常可以看到，当要更新表格内容时，我们会将整个表格往下拉一点，然后就会看到更新的提示图案开始旋转，等到更新完后表格就会回到原本的位置。这种更新内容的方式比单击"更新"按钮进行更新在操作上更有趣。早期要做到这个功能非常麻烦，后来 Apple 直接将这个功能内置到 Cocoa Touch 的 UITableViewController 中，现在我们只要几行程序代码就可以完成这个功能了。

步骤与说明

步骤01 根据预备知识创建 Single View Application 项目，但是表格内容可以先不用创建，这里打算用很简单的方式来呈现这个效果。

步骤02 打开 ViewController.m，先实现几个必要的方法。我们让表格只有一行，并且刚开始的时候这一行只有一个数字 1。

```objc
- (NSInteger)numberOfSectionsInTableView:(UITableView *)tableView
{
    // Return the number of sections.
    return 1;
}

- (NSInteger)tableView:(UITableView *)
tableView numberOfRowsInSection:(NSInteger)section
{
    // Return the number of rows in the section.
    return 1;
}

- (UITableViewCell *)tableView:(UITableView *)
tableView cellForRowAtIndexPath:(NSIndexPath *)indexPath
{
    static int i;
    
    UITableViewCell *cell =
    [tableView dequeueReusableCellWithIdentifier:@"Cell" forIndexPath:indexPath];
    if (cell == nil) {
        cell = [[UITableViewCell alloc]
        initWithStyle:UITableViewCellStyleDefault reuseIdentifier:@"Cell"];
    }
    cell.textLabel.text = [NSString stringWithFormat:@"%d", ++i];
    
    return cell;
}
```

步骤03 可以先来运行并查看结果，此时看到表格上只有一个数字 1。

步骤04 实现一个自行编写的 method，名称为 handleRefresh，内容如下。

```objc
-(void)handleRefresh
```

```
{
    // 执行数据更新程序
    [NSThread sleepForTimeInterval:2.0];      // 模拟数据更新需要2秒钟
    // 进行数据更新程序结束
    [self.refreshControl endRefreshing];
    [self.tableView reloadData];
}
```

步骤 05 在 viewDidLoad 方法中，我们初始化 UITableViewController 中的 refreshControl 属性，这个属性用来控制用户下拉表格后的所有动作。

```
- (void)viewDidLoad
{
    [super viewDidLoad];
    
    // Uncomment the following line to preserve selection between presentations.
    // self.clearsSelectionOnViewWillAppear = NO;
    
    // Uncomment the following line to display an Edit button in the navigation
    // bar for this view controller.
    // self.navigationItem.rightBarButtonItem = self.editButtonItem;
    
    self.refreshControl = [UIRefreshControl new];
    [self.refreshControl addTarget:self action:@selector(handleRefresh)
    forControlEvents:UIControlEventValueChanged];
}
```

步骤 06 如果我们希望在用户下拉表格时，除了看到一个旋转的更新图标外，还想显示一些文字，就要在 viewDidAppear: 中更新 refreshControl 属性中的 attributedTitle。

```
-(void)viewDidAppear:(BOOL)animated
{
    // 这一行目前需要放在 viewDidAppear: 中，如果放在 viewDidLoad 中会有显示上的问题
    self.refreshControl.attributedTitle =
    [[NSAttributedString alloc] initWithString:@"更新中..."];
}
```

步骤 07 运行查看结果。

第6章 动态行为

对象的动态行为（Dynamic Behavior）可以让对象在移动时有些不一样的特效呈现。只要对象继承 UIView 类，就自动拥有动态行为的能力。如果对象不属于 UIView，但是也想拥有动态行为，只要让这个对象的类符合 UIDynamicItem 协议的规范即可。目前公布的动态行为有 5 种，分别如下。

- UIAttachmentBehavior：吸附，这是让两个对象（其中一个可以是某个坐标点），让他们互相"黏"起来，这样只要一个对象移动，另外一个就会跟着动。
- UICollisionBehavior：碰撞时的行为，相当于让对象的移动有个边界范围。当对象移动到边界与边界发生碰撞时还会有一点反弹的效果，例如球掉到地上后会弹跳一下才静止。
- UIGravityBehavior：模拟对象受到引力后而呈现等加速度的移动。
- UIPushBehavior：将对象向某一个方向推过去。有两种施力方式，一种是推一下就停止，对象就会依照惯性原理等速度移动；另一种则是推力不断加在对象上，这样对象就会以等加速度的方式移动。
- UISnapBehavior：设置一个坐标点后，对象就会自动"扑向"那个坐标点。

一个对象的动态行为可以不止一个，例如我们可以让某个对象拥有 UIGravityBehavior 的行为，所以这个对象会"掉到"屏幕外面去，但是如果我们加上一个边界 UICollisionBehavior，边界范围刚好等于屏幕大小，这时就会看到这个对象掉到屏幕最下缘时，会弹跳几下，就好像掉到地上一样。

6-1 吸附

预备知识：无　Framework：无

吸附（Attachment）行为是让某个对象黏在另外一个对象或是坐标上，这样当被黏附的对象或是坐标移动时，吸附在它身上的对象就会跟着移动。吸附这个动态行为其实还挺有趣的，因为它不仅仅是"拖着"对象移动而已，假设在某个方形的木板上钉了一根钉子，这根钉子并不是在木板的正中央，而是偏移了中央一些。此时如果拖动的方向是斜着拉动钉子，这块木板一定会先转动再朝向施力的方向移动。

步骤与说明

步骤 01 创建 Single View Application 项目。

步骤 02 打开 Storyboard，然后在默认的 View Controller 上插入三个 View 组件。左上角的 View 组件命名为 redAnchor，意思是绑在它身上的对象会跟着它移动；中间比较大的矩形命名为 dynbItem，表示是一个具备动态行为的对象；dynbItem 里面偏移中心左上角一点的矩形命名为 blackHook，想象这个位置有个"勾子"，而 redAnchor 有条绳子勾在 blackHook 上。blackHook 这个矩形只是用来告诉用户，勾子在这个位置而已，并没有其他任何的作用。

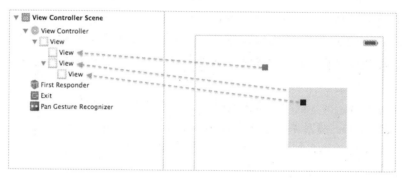

步骤 03 为了待会少写一些程序代码，我们先在 Storyboard 上设置一些对象的大小与位置。redAnchor 与 blacHook 的大小设置为 10×10，而 dynbItem 则为 100×100。调整 blackHook 的 parent 对象为 dynbItem，这样当 dynbItem 对象移动时，blackHook 才会跟着移动。同时请设置 blackHook 的中心位置位于 dynbItem (25, 25) 的位置。

步骤 04 在 File inspector 面板上关闭 View Controller 的 Autolayout 功能，以及在 size inspector 面板上关闭这三个矩形的 Autosizing。如果没有关闭，待会各对象移动时会"卡"的。

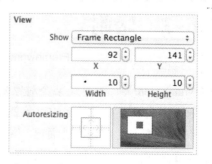

步骤 05 拖放一个 Pan Gesture 组件到 View Controller 上。

步骤 06 打开 ViewController.h，声明三个矩形的 IBOutlet 属性。

```objc
#import <UIKit/UIKit.h>

@interface ViewController : UIViewController

@property (weak, nonatomic) IBOutlet UIView *dynbItem;
@property (weak, nonatomic) IBOutlet UIView *redAnchor;
@property (weak, nonatomic) IBOutlet UIView *blackHook;

@end

@interface ViewController ()

@property (nonatomic) UIDynamicAnimator *animator;
@property (nonatomic) UIAttachmentBehavior *attachBehavior;
@end

@implementation ViewController
```

步骤 07 打开 ViewController.m，在 viewDidLoad 方法中，编写 attachment 相关的程序代码。

```objc
- (void)viewDidLoad
{
    [super viewDidLoad];
    // Do any additional setup after loading the view, typically from a nib.
    
    UIDynamicAnimator *animator = [[UIDynamicAnimator alloc]
                        initWithReferenceView:self.view];
    // 对于动态行为对象而言，默认的锚点所在位置为对象的正中央
    // 这里(-25, -25)的意思是让锚点偏离中央坐标左上角25 pixel
    // 目的是让矩形具有转动的效果
    
    UIOffset hookPosition = UIOffsetMake(-25, -25);
    UIAttachmentBehavior *attachBehavior = [[UIAttachmentBehavior alloc]
                             initWithItem:self.dynbItem
                             offsetFromCenter:hookPosition
                        attachedToAnchor:self.redAnchor.frame.origin
                             ];
    
    [animator addBehavior:attachBehavior];
    
    // attachBehavior 声明为类成员变量，是因为pan手势所调用的方法中会使用到
    self.attachBehavior = attachBehavior;
    self.animator = animator;
}
```

步骤 08 在 ViewController.m 中实现 pan 手势的 IBAction 方法。

```objc
// 处理 pan 手势
- (IBAction)handlePanGesture:(UIPanGestureRecognizer *)sender
{
    [self.attachBehavior setAnchorPoint:[sender locationInView:self.view]];
    self.redAnchor.center = self.attachBehavior.anchorPoint;
}
```

步骤 09　运行查看结果。

6-2　碰撞

预备知识：6-3 引力　　Framework：无

碰撞，是一个具备动态行为的对象，即在移动中"撞上"另外一个对象后所产生的碰撞反应。从另一个角度而言，就是移动中的对象被设置了一个移动范围，到这个范围后就会像碰到墙壁一样过不去。碰撞的动态行为本身无法呈现，必须搭配其他的动态行为才看得出效果，因此在这里搭配一个引力的动态行为，让对象掉到屏幕边缘时就停止继续下落。

步骤与说明

步骤 01　创建 Single View Application 项目，并根据预备知识将对象加上引力的动态行为。

步骤 02　在 ViewController.m 的 viewDidLoad 中将已经加入引力的对象再加进碰撞的行为就可以了。

```objc
- (void)viewDidLoad
{
    [super viewDidLoad];
    // Do any additional setup after loading the view, typically from a nib.
    
    UIDynamicAnimator *animator = [[UIDynamicAnimator alloc] initWithReferenceView:self.view];
    UIGravityBehavior *gravityBehavior = [[UIGravityBehavior alloc] initWithItems:@[self.dynbItem]];
    UICollisionBehavior *collisionBehavior = [[UICollisionBehavior alloc] initWithItems:@[self.dynbItem]];
    
    // translatesReferenceBoundsIntoBoundary => 让参考边界变成边界
    // 意思就是让目前 animator 参考的 view 边界为 dynbItem 所能移动的边界
    collisionBehavior.translatesReferenceBoundsIntoBoundary = YES;
    
    [animator addBehavior:gravityBehavior];
    [animator addBehavior:collisionBehavior];
    
    self.animator = animator;
}
```

步骤 03　运行查看结果。

6-3　引力

难易度 ★☆☆

> 预备知识：无　　> Framework：无

引力是让模拟对象类似受到地心引力影响而等加速移动。引力方向并不一定只能向下（沿着 Y 轴），可以通过参数设置，让物体也可以受到 X 轴方向的引力作用。

步骤与说明

步骤 01　创建 Single View Application 项目。

步骤 02　打开 Storyboard，我们先在 View Controller 上放一个简单的 View 组件，并且修改一下大小与背景颜色。

步骤 03　打开 ViewController.h，设置这个 View 组件的 IBOutlet 变量名称为 dynbItem（代表 dynamic behavior item）。

```
#import <UIKit/UIKit.h>

@interface ViewController : UIViewController

@property (weak, nonatomic) IBOutlet UIView *dynbItem;

@end
```

步骤 04　打开 ViewController.m，先声明一个类型为 UIDynamicAnimator 的属性，这个属性的目的是为了存放设置好的动态行为。

```
@interface ViewController ()

@property (nonatomic) UIDynamicAnimator *animator;

@end
```

步骤 05　找到 viewDidLoad 方法，在这个方法中，有两个重点：第一个是初始化 UIDynamicAnimator 类，并且设置动画发生的范围是在哪个 view 上；另一个是设置重力加速度的动态行为要发生在哪个对象上。

```objc
- (void)viewDidLoad
{
    [super viewDidLoad];
    // Do any additional setup after loading the view, typically from a nib.
    
    // 设置动画的范围
    UIDynamicAnimator *animator = [[UIDynamicAnimator alloc]
    
    initWithReferenceView:self.view];
    // 设置重力加速度作用在哪个对象上
    UIGravityBehavior *gravityBehavior = [[UIGravityBehavior alloc]
    
    initWithItems:@[self.dynbItem]];
    // 设置重力加速度的方向，默认值为 x:0.0 y:1.0。
    // 值的范围为-1.0~+1.0。如果省略不写，就是默认值。
    
    gravityBehavior.gravityDirection = CGVectorMake(0.0, 1.0);
    
    [animator addBehavior:gravityBehavior];
    self.animator = animator;
}
```

步骤 06　运行查看结果。

6-4　推力

> 预备知识：无　　> Framework：无

推力，顾名思义是推某一个物体好让它向前移动。有两种模式将推力施加于物体上，一种是推一下就停止，被推的物体就会以惯性定律等速度地往前移动，另一种是不断将推力施加于物体上，这个物体就会以等加速度的方式往前移动。

步骤与说明

步骤 01　创建 Single View Application 项目。

步骤 02　打开 Storyboard，我们先在 View Controller 上放一个简单的 View 组件，并且修改一下大小与背景颜色。

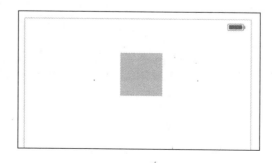

步骤 03 打开 ViewController.h，设置这个 View 组件的 IBOutlet 变量名称为 dynbItem（代表 dynamic behavior item）。

```
#import <UIKit/UIKit.h>

@interface ViewController : UIViewController

@property (weak, nonatomic) IBOutlet UIView *dynbItem;

@end
```

步骤 04 打开 ViewController.m，先声明一个类型为 UIDynamicAnimator 的属性，这个属性的目的是为了存放设置好的动态行为。

```
@interface ViewController ()

@property (nonatomic) UIDynamicAnimator *animator;

@end
```

步骤 05 在 viewDidLoad 方法中，我们可以在 UIPushBehavior 类的初始化方法中，通过 UIPushBehaviorModeInstantaneous 或是 UIPushBehaviorModeContinuous 来决定推力是推一下就停止还是持续不断的作用。

```
- (void)viewDidLoad
{
    [super viewDidLoad];
 // Do any additional setup after loading the view, typically from a nib.

    UIDynamicAnimator *animator = [[UIDynamicAnimator alloc]
                                   initWithReferenceView:self.view];
    // 如果 mode 参数是 UIPushBehaviorModeInstantaneous，代表推一下就停止
    // 如果是 UIPushBehaviorModeContinuous，代表持续地推这个物体
    UIPushBehavior *pushBehavior = [[UIPushBehavior alloc]
                            initWithItems:@[self.dynbItem]
                            mode:UIPushBehaviorModeInstantaneous
                            ];

    // 推力强度。1.0代表施力 "100 points/秒平方"
    pushBehavior.magnitude = 1.0;
    // angle 接受的值为弧度，但一般人熟悉的是角度，因此我们使用公式
    // 角度 / 180.0 * PI 来转换成弧度
    // 当角度为0时，施力方向为9点钟方向，90°为12点钟方向，因此
    // 135°为从东北方向推向物体
    pushBehavior.angle = 135.0 / 180.0 * M_PI;
    // 也可以使用
    // pushBehavior.xComponent = 0.1;
    // pushBehavior.yComponent = 0.8;
```

```
    [animator addBehavior:pushBehavior];

    self.animator = animator;
}
```

步骤 06　运行查看结果。

6-5　扑向

难易度 ★☆☆

预备知识：无　　Framework：无

英文 snap，这里用"扑向"这个词语来表示，感觉很有临场感。当物体具有扑向的动态行为时，只要给定一个新的坐标点，这个物体就会非常快速地扑向这个新坐标，并且还会稍微"冲过头"后再折回来，整个动画效果挺有趣的。

步骤与说明

步骤 01　创建 Single View Application 项目。

步骤 02　打开 Storyboard，我们先在 View Controller 上放置一个简单的 View 组件，并且修改一下大小与背景颜色。

步骤 03　拖放一个 Tap Gesture 组件到 View Controller 上。

步骤 04　打开 ViewController.h，设置这个 View 组件的 IBOutlet 变量名称为 dynbItem（代表 dynamic behavior item）。

```
#import <UIKit/UIKit.h>

@interface ViewController : UIViewController

@property (weak, nonatomic) IBOutlet UIView *dynbItem;

@end
```

步骤 05　打开 ViewController.m，先声明一个类型为 UIDynamicAnimator 的属性，这个属性的目的是为了存放设置好的动态行为。

```
@interface ViewController ()
```

```
@property (nonatomic) UIDynamicAnimator *animator;

@end
```

步骤06 实现 Tap 手势触发后的 IBAction 方法,我们要在这个方法中让物体冲向新的坐标。属性 damping 用来控制物体的摆荡量。

```
- (IBAction)handleTabGesture:(UITapGestureRecognizer *)sender
{
    CGPoint point = [sender locationInView:self.view];
    self.animator = [[UIDynamicAnimator alloc]
                                        initWithReferenceView:self.view];
    UISnapBehavior *snapBehavior = [[UISnapBehavior alloc]
                            initWithItem:self.dynbItem
                            snapToPoint:point
                            ];
    // damping 是阻尼,控制物体冲向新坐标后的摆荡量
    // 值的范围为0.0~1.0。0.0摆荡最大,1.0摆荡最小
    // damping 的设置可以省略,默认值为0.5
    snapBehavior.damping = 0.5;
    
    [self.animator addBehavior:snapBehavior];
}
```

步骤07 运行查看结果。

第7章 拍照与音乐

拍照与播放音乐可以算是智能手机在日常生活中最常用的两项功能。以 iPhone 为例，800 万像素的镜头使得它的拍照效果并不输给普通的数码相机，再加上轻巧及携带方便的特性，已经逐渐成为智能手机持有者最常用的工具。随之产生的还有越来越多应用到拍照功能的 App，所以本章的任务之一就是讨论如何将拍照及录像功能加入 App 中。

事实上，我们先感谢 iOS 内置的相机服务，因为它既可以拍照也可以录像，所以我们的 App 若需要使用拍照或是录像功能，只要直接调用相机服务即可。既然有相机服务可以让我们调用，当然相关的接口设计也不用烦恼，因为这个部分 iOS SDK 也已经帮我们准备好了，我们需要做的就是调用服务而已。最后，拍完照、录完像，内置的相机服务会将数据返回给调用的 App 进行后续的处理，例如存盘。调用相机服务后看到的接口设计与苹果公司提供的"相机 App"接口是相同的，除非想要写一个专门用来拍照或录像的 App，而将接口大规模地重新设计，不然系统提供的接口已经足够使用。

另外，对一个需要照片做进一步处理的 App 而言，相机只是提供照片的来源之一。一个需要处理照片的 App，其照片来源总共有三个，除了相机之外，还有"照片库（Photo Library）"与"相册（Photos Album）"。照片库与相册都是从已经存盘的照片中挑选一张来处理，跟相机的处理逻辑几乎一样，只不过相机是实时拍一张照片，而其他两个都是从存储的照片中挑选。照片库与相册的差异在于，照片库会先呈现照片目录给用户看，用户可以先选择目录，然后从选择好的目录中选取照片；而相册是直接从 Camera Roll 这个相册中挑选照片，Camera Roll 是系统默认的相册，在其中存放设备内所有的照片。值得一提的是，虽然一张照片可以属于很多相册，但是一定会属于 Camera Roll 这个相册而且也不能被移除。

第 7 章 拍照与音乐

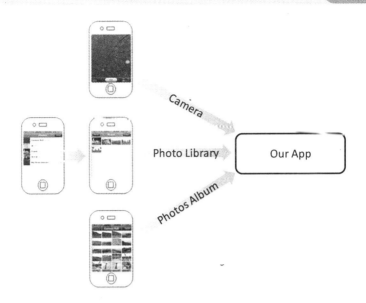

本章另一部分与音乐的播放有关。从对日常生活的观察中可以发现，大多数用户走在路上或是搭公交车的时候都会通过耳机听音乐，所以播放音乐是移动设备的另一项重要功能。除了平常听音乐之外，玩游戏的时候也需要播放特殊的声音或音乐来让游戏玩起来更有乐趣。

想要播放原本已经存在于 iPhone 或 iPad 内的音乐，程序代码写起来是很简单的，其处理逻辑与选取一张已经存在的照片差不多，也就是说，iOS 已经帮我们设计好了音乐列表接口，我们的程序只要调用这个接口，用户就可以选取音乐，选取完后画面会再次返回我们的 App，此时 App 只要根据用户选取的音乐去播放即可。播放方式可以分为两种：一种为 application 播放，另一种为 iPod 播放。这里的 iPod 不要误会为只有 iPod 能使用，它只是一种播放方式的名称而已。Application 模式是播放音乐的控制都由我们编写的 App 来处理，当 App 进入到背景运行时，音乐就会停止。iPod 模式是将音乐播放交由系统内置的播放程序去播放，此时我们的 App 进入背景后音乐不会停止，因为播放音乐的并不是我们的 App 而是 iOS 系统。

7-1 让手机震动

难易度 ★★★

预备知识：无　　Framework：AudioToolbox.framework

其实手机震动不算是播放音乐，只是 iOS SDK 将震动变成播放音乐的一个参数，所以我们利用播放音乐的方式来播放"震动"即可。

步骤与说明

步骤 01　创建 Single View Application 项目，并且加载 AudioToolbox.framework。

步骤 02　在 AppDelegate.h 中导入 AudioToolbox.h 头文件。

```
#import <UIKit/UIKit.h>
#import <AudioToolbox/AudioToolbox.h>
```

```objc
@interface AppDelegate : UIResponder <UIApplicationDelegate>

@property (strong, nonatomic) UIWindow *window;

@end
```

步骤 03 打开 AppDelegate.m，在 applicationDidBecomeActive:方法中处理手机的震动，这个方法是当 App 进入 Active 状态后就会触发，所以当 App 以 HOME 键进入背景运行模式后再重新运行时就会触发这个方法。

```objc
- (void)applicationDidBecomeActive:(UIApplication *)application
{
    AudioServicesPlaySystemSound(kSystemSoundID_Vibrate);
}
```

步骤 04 运行查看结果。运行后按 HOME 键，然后单击这个 App 的 icon，让它恢复到前景运行。

7-2 检测设备上是否配备相机与闪光灯

难易度 ★☆☆

预备知识：无　　Framework：无

各种不同的 iOS 设备均配置不同数量的相机，例如 iPhone 3 只有背面相机，而 iPhone 4S 则正面与背面都配备了相机；iPad 没有相机，而 iPad 2 正面与背面都有。为了避免在不具备相机功能的设备上打开相机而导致程序错误，在用户打开相机功能之前，最好先检测一下用户的 iOS 设备是否具备相机。使用 UIImagePickerController 这个 class 提供的功能，可以取得设备上的相机配置状况。

步骤与说明

步骤 01 创建 Single View Application 项目。

步骤 02 打开 ViewController.m，在 viewDidLoad 方法中测试移动设备目前相机的配置状况。

```objc
- (void)viewDidLoad
{
    [super viewDidLoad];
    
    if ([UIImagePickerController isSourceTypeAvailable:
                    UIImagePickerControllerSourceTypeCamera]) {
        NSLog(@"设备具备相机");
    }
    
    if ([UIImagePickerController isCameraDeviceAvailable:
                    UIImagePickerControllerCameraDeviceFront]) {
        NSLog(@"设备具备正面相机");
    }
```

```
    if ([UIImagePickerController isCameraDeviceAvailable:
                    UIImagePickerControllerCameraDeviceRear]) {
        NSLog(@"设备具备背面相机");
    }

    if ([UIImagePickerController isFlashAvailableForCameraDevice:
                    UIImagePickerControllerCameraDeviceFront]) {
        NSLog(@"设备配备正面相机闪光灯");
    }

    if ([UIImagePickerController isFlashAvailableForCameraDevice:
                    UIImagePickerControllerCameraDeviceRear]) {
        NSLog(@"设备配备背面相机闪光灯");
    }
}
```

步骤 03 运行查看结果。以下是 iPhone 4S 的结果。

```
DetectCamera[2281:907] 设备具备相机
DetectCamera[2281:907] 设备具备正面相机
DetectCamera[2281:907] 设备具备背面相机
DetectCamera[2281:907] 设备配备背面相机闪光灯
```

7-3 打开相机拍照并保存文件

难易度 ★☆☆

> 预备知识：无　　> Framework：AssetsLibrary.framwork、MobileCoreServices.framework

UIImagePickerController 这个类提供了系统拍照的接口与管理功能，通过它，程序员就很容易打开相机拍照功能并且将结果返回给 App 做进一步处理，例如存盘或是上传到服务器。UIImagePickerController 让 App 可以经由三种不同的渠道得到要处理的照片：

- UIImagePickerControllerSourceTypeCamera。代表会打开相机，然后让用户拍照。
- UIImagePickerControllerSourceTypePhotoLibrary。代表照片来自于已经保存的照片。
- UIImagePickerControllerSourceTypeSavedPhotosAlbum。照片来自于某个特定的相册，一般为 Camera Roll，中文版设备称为"相机胶卷"。

步骤与说明

步骤 01 创建 Single View Application 项目。

步骤 02 将 AssetsLibrary.framework 与 MobileCoreServices.framework 加到项目中。

步骤 03 打开 Storyboard，并拖放一个按钮到 View Controller 上。我们打算让这个按钮按下去后打开相机，拍照后保存为文件。

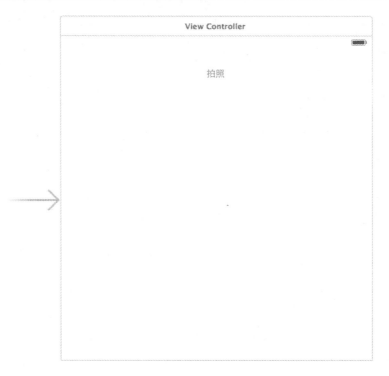

步骤 04　打开 ViewController.h，这个类需要符合 UINavigationControllerDelegate 与 UIImagePickerControllerDelegate 这两个协议的规范。

```
#import <UIKit/UIKit.h>

@interface ViewController : UIViewController
    <UINavigationControllerDelegate, UIImagePickerControllerDelegate>

@end
```

步骤 05　在 View Controller.m 中设置按钮的 IBAction 方法，在这个方法中打开 iOS 设备内置的相机拍照程序。

```
- (IBAction)buttonPress:(id)sender
{
    // 先检查设备是否配备相机
    if ([UIImagePickerController isSourceTypeAvailable:
                        UIImagePickerControllerSourceTypeCamera]) {
        UIImagePickerController *imagePicker =
                        [[UIImagePickerController alloc] init];
        // 设置照片来源为设备上的相机
        imagePicker.sourceType =
                        UIImagePickerControllerSourceTypeCamera;
        // 设置 imagePicker 的 delegate 为 ViewController
        imagePicker.delegate = self;
        // 打开相机拍照界面
        [self presentViewController:imagePicker animated:YES completion:nil];
    }
}
```

步骤 06 相机打开后，用户可以选择拍照或是取消，如果用户按下拍照按钮拍一张照片，imagePickerController:didFinishPickingMediaWithInfo:方法会被调用，刚刚拍的照片也会通过参数 info 传进来。

```
-(void)imagePickerController:(UIImagePickerController *)picker
            didFinishPickingMediaWithInfo:(NSDictionary *)info
{
    // 取得用户拍摄的照片
    UIImage *image = [info
                valueForKey:UIImagePickerControllerOriginalImage];
    // 保存文件
    UIImageWriteToSavedPhotosAlbum(image, nil, nil, nil);
    // 关闭拍照程序
    [self dismissViewControllerAnimated:YES completion:nil];
}
```

步骤 07 在 ViewController.m 中实现 imagePickerControllerDidCancel:方法，当用户按下取消按钮结束拍照时，必须在这个方法中关闭内置的相机拍照程序。

```
-(void)imagePickerControllerDidCancel:(UIImagePickerController *)picker
{
    // 当用户按下取消按钮后关闭拍照程序
    [self dismissViewControllerAnimated:YES completion:nil];
}
```

步骤 08 运行查看结果。拍完照后可以在 iOS 内置的"照片"App 中找到刚刚拍摄的照片。

7-4 从相册中挑选一张照片

难易度 ★★★

> 预备知识：无   > Framework：AssetsLibrary.framework、MobileCoreServices.framework

在过去，如果我们打算让用户从移动设备现有的相册中挑选一张照片，然后传进 App 中处理的话，我们必须在程序中判断用户的移动设备是 iPhone 还是 iPad。这是因为 iPad 比 iPhone 的屏幕大，因此，Apple 强制 iPad 程序必须先打开一个小窗口，称为 popover 窗口，然后将照片浏览画面放到那个小窗口中让用户挑选。现在我们不用这么麻烦了，不论是 iPhone 还是 iPad，我们在程序中一律打开 popover 窗口，相关的类对象会自动判断现在是 iPhone 还是 iPad，然后调整成最适合的显示模式，为了达到这个目的，现在有一个崭新的类来取代旧有的 UIPopoverController 类，名称为 UIPopoverPresentationController，以后我们只要使用 UIPopoverPresentationController，就不用再去判断用户到底拿的是 iPhone 还是 iPad 了。

步骤与说明

步骤 01 打开 Single View Application 项目。

步骤 02 将 AssetsLibrary.framework 与 MobileCoreServices.framework 加到项目中。

步骤 03　打开 Storyboard，在 View Controller 上添加一个按钮组件以及一个 Image View 组件。记得将这两个组件的 Contraints 设置好，确保不同分辨率的屏幕布局不会乱掉。按钮增加"上、左、右"，Image View 除了增加"上、左、右"外再增加 Aspect Ratio。

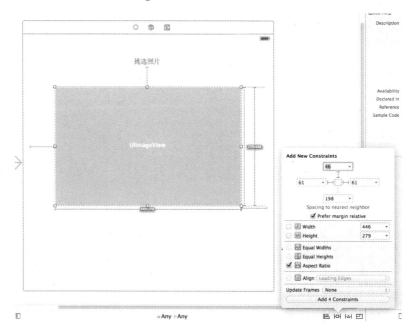

步骤 04　打开 ViewController.h，这个类需要符合 UINavigationControllerDelegate 与 UIImagePickerControllerDelegate 这两个协议的规范。最后设置 Image View 的 IBOutlet 变量名称为 myImg，特别提醒读者，myImg 所在的这一行程序代码是 Xcode 帮我们产生的，不是人为输入的，方法请见"3-1 我的第一个 App——Hello World"。

```
#import <UIKit/UIKit.h>

@interface ViewController : UIViewController <UINavigationControllerDelegate,
UIImagePickerControllerDelegate>

@property (weak, nonatomic) IBOutlet UIImageView *myImg;

@end
```

步骤 05　打开 View Controller.m，设置按钮的 IBAction 方法，在这个方法中我们设置 UIImagePickerController 类的数据来源为"相册"，然后设置 popover 相关的参数，之后在启动 UIImagePickerController 时，popover 窗口就会自动根据用户的移动设备类型来决定画面呈现方式。我们可以看到，程序代码非常简洁。

```
- (IBAction)buttonPress:(UIButton *)sender
{
    UIPopoverPresentationController *popover;
    UIImagePickerController *imagePicker = [UIImagePickerController new];
```

```objc
// 设置照片的来源为移动设备内的相册
imagePicker.sourceType = UIImagePickerControllerSourceTypePhotoLibrary;
imagePicker.delegate = self;

// 设置显示模式为popover
imagePicker.modalPresentationStyle = UIModalPresentationPopover;
popover = imagePicker.popoverPresentationController;
// 设置popover窗口与哪一个view组件有关联
popover.sourceView = sender;
// 以下两行处理popover的箭头位置
popover.sourceRect = sender.bounds;
popover.permittedArrowDirections = UIPopoverArrowDirectionAny;

[self presentViewController:imagePicker animated:YES completion:nil];
}
```

步骤06 实现 imagePickerController:didFinishPickingMediaWithInfo:方法,在这个方法中取得用户单击的照片并显示在 Image View 组件上。值得一提的是,如果用户在popover窗口上放弃选取照片,iOS 会自动关闭 popover 窗口,因此在单击"取消"按钮后我们不需要通过任何方法来做其他动作。

```objc
-(void)imagePickerController:(UIImagePickerController              *)picker
didFinishPickingMediaWithInfo:(NSDictionary *)info
{
    UIImage *image = [info valueForKey:UIImagePickerControllerOriginalImage];
    self.myImg.image = image;
    [self dismissViewControllerAnimated:YES completion:nil];
}
```

步骤07 运行查看结果。左图是 iPhone,右图是 iPad,可以发现在 iPad 中启动了 popover 窗口。

7-5 一次取得相册中的所有照片

难易度 ★★

> 预备知识：无　　> Framework：AssetsLibrary.framework

如果想要编写一个类似 Photos Gallery 之类的 App，我们就必须一次取得相册中的所有照片后进行展示，而不是让用户逐一挑选照片。

步骤与说明

步骤 01 创建 Single View Application 项目。

步骤 02 将 AssetsLibrary.framework 加到项目中。

步骤 03 打开 ViewController.h，先导入 AssetsLibrary.h 头文件，然后声明两个变量，library 负责读取照片，imageArray 则用来存储取出的照片。

```objc
#import <UIKit/UIKit.h>
#import <AssetsLibrary/AssetsLibrary.h>

@interface ViewController : UIViewController
{
    ALAssetsLibrary *library;
    NSMutableArray *imageArray;
}
@end
```

步骤 04 打开 ViewController.m，在 viewDidLoad 方法中读取照片。取出照片的过程是使用异步的方式，也就是 iOS 会使用另一个线程读取照片。

```objc
- (void)viewDidLoad
{
    [super viewDidLoad];

    library = [[ALAssetsLibrary alloc] init];

    // 使用参数 ALAssetsGroupSavedPhotos 取出所有存储的照片
    [library enumerateGroupsWithTypes:ALAssetsGroupSavedPhotos
                usingBlock:^(ALAssetsGroup *group, BOOL *stop) {
        NSMutableArray *tempArray = [[NSMutableArray alloc] init];
        if (group != nil) {
            [group enumerateAssetsUsingBlock:^(ALAsset *result,
                            NSUInteger index, BOOL *stop) {
                if (result != nil) {
                    [tempArray addObject:result];
                }
            }];
            // 保存结果
            imageArray = [tempArray copy];
            NSLog(@"取出照片共 %d 张", [imageArray count]);
```

```
        }
    } failureBlock:^(NSError *error) {
        // 读取照片失败
    }];
}
```

步骤 05 操作完成，运行结果如下。

```
GetAllPhotos[7263:907] 取出照片共 271 张
```

7-6 播放 App 内置的音乐

难易度 ★★★

预备知识：无　　Framework：AVFoundation.framework

播放项目中的音乐文件，注意此音乐文件并不是已经存在于移动设备内的音乐，而是跟随着项目，也就是说如果用户删除此 App，音乐就跟着被删除。

步骤与说明

步骤 01 创建 Single View Application 项目。

步骤 02 将 AVFoundation.framework 加到项目中，并且在项目中加入一个 music.mp3 的音乐文件。

步骤 03 打开 ViewController.h，先导入 AVFoundation.h 头文件以及让这个类符合 AVAudioPlayerDelegate 协议的规范，除此之外，再声明一个 AVAudioPlayer 类型的变量 audioPlayer 来播放音乐。

```
#import <UIKit/UIKit.h>
#import <AVFoundation/AVFoundation.h>

@interface ViewController : UIViewController <AVAudioPlayerDelegate>
{
    AVAudioPlayer *audioPlayer;
}
@end
```

步骤 04 打开 ViewController.m，在 viewDidLoad 方法中先初始化 audioPlayer 变量，并设置代理人为 ViewController，目的是在音乐播放过程中被某些因素中断时（例如电话铃响），程序可以响应这个中断状况，并且当中断因素结束后，我们可以再恢复音乐播放。这些都准备就绪后，就可以播放音乐了。

```
- (void)viewDidLoad
{
    [super viewDidLoad];
    
    // 找到music.mp3的路径
    NSString *filePath = [[NSBundle mainBundle] pathForResource:@"music"
                            ofType:@"mp3"];
```

```
NSData *fileData = [NSData dataWithContentsOfFile:filePath];

// 初始化 audioPlayer
audioPlayer = [[AVAudioPlayer alloc] initWithData:fileData
            error:nil];
// 设置代理人
audioPlayer.delegate = self;

// 检查是否一切就绪，如果没问题就播放音乐
if (audioPlayer != nil) {
    if ([audioPlayer prepareToPlay])
        [audioPlayer play];
}
```

步骤 05 实现 audioPlayerBeginInterruption: 方法，这个方法是当音乐被中断时调用。

```
-(void)audioPlayerBeginInterruption:(AVAudioPlayer *)player
{
    // 音乐被系统中断，例如有电话进来
    NSLog(@"音乐中断");
}
```

步骤 06 实现 audioPlayerEndInterruption:withOptions:方法，这个方法是当音乐中断因素结束后调用，我们可以在这个方法中恢复音乐播放。

```
-(void)audioPlayerEndInterruption:(AVAudioPlayer *)player
                       withOptions:(NSUInteger)flags
{
    // 音乐中断因素结束，通过 flags 参数判断音乐中断时的状态
    NSLog(@"音乐中断结束");
    if (flags == AVAudioSessionInterruptionOptionShouldResume)
        [player play];
}
```

步骤 07 运行查看结果。

7-7 显示目前音乐播放进度

难易度 ★★

> 预备知识：7-6 播放 App 内置的音乐、14-7 定时器   > Framework：AVFoundation.framework

在播放音乐的时候，可以利用一个长条图来显示目前音乐播放的进度并且可以让音乐直接跳到某个特定的时间去播放。

步骤与说明

步骤 01 根据预备知识 1 创建 Single View Application 项目。

步骤 02 打开 Storyboard，我们从组件库中拖放一个 Slider 到 View Controller 上。在这里我们不用 Progress View 组件的原因是 Slider 组件上有个指示器，我们要让用户可以移动

这个指示器来改变音乐的播放位置。

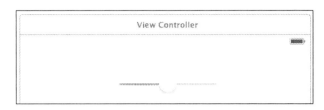

步骤 03　打开 ViewController.h，除了根据预备知识 1 所声明的 audioPlayer 变量外，另外再根据预备知识 2 声明一个 NSTimer 类的实例变量 timer 以及 ticker:方法。最后还要设置 Slider View 的 IBOutlet 变量。

```
#import <UIKit/UIKit.h>
#import <AVFoundation/AVFoundation.h>

@interface ViewController : UIViewController <AVAudioPlayerDelegate>
{
    AVAudioPlayer *audioPlayer;
    NSTimer *timer;
}
@property (weak, nonatomic) IBOutlet UISlider *slider;

-(void)ticker:(NSTimer *)theTimer;
@end
```

步骤 04　打开 ViewController.m，在 viewDidLoad 方法中，先设置 slider 的最小值、最大值与当前值。其中最大值当然是设置成与音乐的播放时间长度一样，最小值与当前值都设置为 0。当音乐开始播放后，我们启动定时器（参考预备知识 2），设置每隔 1 秒钟触发一次 ticker:即可。

```
- (void)viewDidLoad
{
    [super viewDidLoad];
    
    // 找到music.mp3的路径
    NSString *filePath = [[NSBundle mainBundle] pathForResource:@"music"
                    ofType:@"mp3"];
    NSData *fileData = [NSData dataWithContentsOfFile:filePath];
    
    // 初始化audioPlayer
    audioPlayer = [[AVAudioPlayer alloc] initWithData:fileData
            error:nil];
    // 设置代理人
    audioPlayer.delegate = self;
    
    // 检查是否一切就绪，如果没问题就播放音乐
    if (audioPlayer != nil) {
        if ([audioPlayer prepareToPlay]) {
```

```objc
        // 设置slider的最小值
        self.slider.minimumValue = 0;
        // 将slider的最大值设置成与音乐的总播放时间一样
        self.slider.maximumValue = audioPlayer.duration;
        // 设置目前slider的值为0，音乐默认是从头播放
        self.slider.value = 0;

        [audioPlayer play];

        // 启动定时器
        timer = [NSTimer scheduledTimerWithTimeInterval:1.0
                                    target:self
                                    selector:@selector(ticker:)
                                    userInfo:nil
                                    repeats:YES
                       ];
    }
  }
}
```

步骤 05 实现 ticker:方法，这个方法是当计数器被触发后调用的。根据上一步定时器的设置，这个方法每 1 秒钟会被调用一次，因此在这个方法中我们更新 slider 的当前值，让它与音乐当前的播放进度一致就可以了。

```objc
-(void)ticker:(NSTimer *)theTimer
{
   self.slider.value = audioPlayer.currentTime;
}
```

步骤 06 设置 Slider View 的 IBAction 方法，拦截的事件为 Touch Up Inside，我们希望用户可以去调整 slider 的当前值，然后同步改变音乐的播放进度。

```objc
- (IBAction)changePlayTime:(id)sender
{
    audioPlayer.currentTime = self.slider.value;
}
```

步骤 07 运行查看结果。

7-8 播放已经存在的音乐

难易度 ★★★

> 预备知识：无　　 Framework：MediaPlayer.framework

在大部分的情况下，我们的 iPhone 或 iPad 中已经存储了许多的音乐，现在要来播放这些音乐。

步骤与说明

步骤 01 创建 Single View Application 项目。

步骤 02 将 MediaPlayer.framework 加到项目中。

步骤 03 打开 Storyboard，拖放一个按钮到 View Controller 上，这个按钮的目的是按下去后可以显示音乐列表，让用户选取想要播放的歌曲。

步骤 04 打开 ViewController.h，导入 MediaPlayer.h 头文件。

```
#import <UIKit/UIKit.h>
#import <MediaPlayer/MediaPlayer.h>

@interface ViewController : UIViewController
                        <MPMediaPickerControllerDelegate>

@end
```

步骤 05 在 ViewController.m 中创建按钮的 IBAction 方法，当按下按钮后，打开音乐文件列表。我们不用花费时间去设计列表的画面，因为 iOS 会调用系统内置的列表来显示。

```
- (IBAction)buttonPress:(id)sender
{
    MPMediaPickerController *mediaPicker = [[MPMediaPickerController
            alloc] initWithMediaTypes:MPMediaTypeAnyAudio];
    mediaPicker.delegate = self;
    // 设置可以多选
    mediaPicker.allowsPickingMultipleItems = YES;
    // 打开音乐文件列表窗口
    [self presentViewController:mediaPicker animated:YES
                                            completion:nil];
}
```

步骤 06 在 ViewController.m 中实现 mediaPicker:didPickMediaItems:方法，这个方法是当用户从音乐列表上选取了音乐后调用的。用户选取的音乐会放在 mediaItemCollection 参数中传进来。MPMusicPlayerController 有两个方法：applicationMusicPlayer 与 iPodMusicPlayer，这两个方法都可以让 iPhone 或 iPad 播放音乐，区别在于使用 applicationMusicPlayer 来播放音乐时，相关的控制是在 App 中；如果是 iPodMusicPlayer 则启动系统的音乐播放程序，音乐开始播放时与 App 无关。可以做个简单的测试，当我们写的 App 开始播放音乐后，按下 HOME 键将 App 放到后台去运行，如果是 applicationMusicPlayer，音乐会停止，而 iPodMusicPlayer 不会。

```
-(void)mediaPicker:(MPMediaPickerController *)mediaPicker
    didPickMediaItems:(MPMediaItemCollection *)mediaItemCollection
{
    // 用户选择了音乐后会调用此方法
    MPMusicPlayerController *musicPlayer = [MPMusicPlayerController
                                applicationMusicPlayer];
    [musicPlayer setQueueWithItemCollection:mediaItemCollection];
    [musicPlayer play];

    [self dismissViewControllerAnimated:YES completion:nil];
```

}

步骤 07 实现 mediaPickerDidCancel:方法，这个方法是当用户在音乐列表上按取消按钮后会调用的方法，因此要在这个方法中关闭音乐列表窗口。

```
-(void)mediaPickerDidCancel:
    (MPMediaPickerController *)mediaPicker
{
    // 用户取消选取后会调用此方法
    [self dismissViewControllerAnimated:
        YES completion:nil];
}
```

步骤 08 运行查看结果，这个 App 需要在实体机器上运行。

7-9 取得目前播放中的歌曲信息

难易度 ★★

> 预备知识：无   > Framework：MediaPlayer.framework

当播放设备内已经存在音乐时，可以取得目前播放中的歌曲信息。

步骤与说明

步骤 01 创建 Single View Application 项目。

步骤 02 将 MediaPlayer.framework 加到项目中。

步骤 03 打开 Storyboard，需要的画面稍微有一点复杂。先拖放 7 个标签组件、1 个 Image View 组件与 1 个按钮。标签组件中的 4 个组件只是单纯地显示文字而已，另外 3 个是之后要用来显示歌曲名称、专辑名称与歌手姓名用的。Image View 用来显示专辑封面照片，按钮是用来跳到下一首歌。

> **步骤 04** 打开 ViewController.h，先导入 MediaPlayer.h 头文件，然后声明一个 MPMusicPlayerController 的实例变量 musicPlayer。接下来设置3个标签与 Image View 的 IBOutlet 变量。

```
#import <UIKit/UIKit.h>
#import <MediaPlayer/MediaPlayer.h>

@interface ViewController :
UIViewController <MPMediaPickerControllerDelegate>
{
    MPMusicPlayerController *musicPlayer;
}

// 专辑封面
@property (weak, nonatomic) IBOutlet UIImageView *artworkImage;
// 歌曲名称
@property (weak, nonatomic) IBOutlet UILabel *titleLabel;
// 专辑名称
@property (weak, nonatomic) IBOutlet UILabel *albumLabel;
// 歌手姓名
@property (weak, nonatomic) IBOutlet UILabel *artistLabel;

@end
```

> **步骤 05** 打开 ViewController.m，在 viewDidLoad 中使用 MPMediaQuery 类的 songsQuery 方法一次将设备内所有的歌曲加到播放列表中。然后利用 KVO（Key-Value Observing）技术设置当播放的歌曲变换时会发送通知到我们指定的方法。最后要记得调用 MPMusicPlayerController 类的 beginGeneratingPlaybackNotifications 方法，这样才会让播放的状态发出信息。

```objc
- (void)viewDidLoad
{
    [super viewDidLoad];

    musicPlayer = [MPMusicPlayerController applicationMusicPlayer];
    // 将设备内所有的歌曲放到播放列表中
    [musicPlayer setQueueWithQuery:[MPMediaQuery songsQuery]];

    // 设置信息通知
    NSNotificationCenter *notice = [NSNotificationCenter defaultCenter];
    // 当播放的歌曲改变时要通知我们（调用 nowPlayingItemChanged:方法）
    [notice addObserver:self
            selector:@selector(nowPlayingItemChanged:)
            name:MPMusicPlayerControllerNowPlayingItemDidChangeNotification
            object:musicPlayer
    ];

    // 要求歌曲播放时发送一些状态信息
    [musicPlayer beginGeneratingPlaybackNotifications];

    // 播放音乐
    [musicPlayer play];
}
```

步骤 06 在 ViewController.m 中实现 nowPlayingItemChanged: 方法，这个方法就是上一步利用 KVO 技术注册的方法。在这个方法中，取得目前播放列表中的歌曲信息，这个信息会被封装在 MPMediaItem 类中。我们只取出其中 4 个信息：专辑封面图片、歌曲名称、专辑名称与歌手姓名。

```objc
-(void) nowPlayingItemChanged:(id)notification
{
    // 当播放的歌曲改变时会调用此方法
    MPMediaItem *item = [musicPlayer nowPlayingItem];

    // 取得专辑封面图片
    MPMediaItemArtwork *artwork = [item valueForProperty:
                                    MPMediaItemPropertyArtwork];
    if (artwork)
        self.artworkImage.image=[artwork imageWithSize:CGSizeMake(130, 130)];

    // 取得歌曲名称
    self.titleLabel.text = [item valueForProperty:MPMediaItemPropertyTitle];
    // 取得专辑名称
    self.albumLabel.text =
    [item valueForProperty:MPMediaItemPropertyAlbumTitle];
    // 取得歌手姓名
    self.artistLabel.text =
    [item valueForProperty:MPMediaItemPropertyArtist];
}
```

步骤07 在 ViewController.m 中设置按钮的 IBAction 方法,在这个方法中调用 skipToNextItem 来跳到下一首歌曲。同样地,可以调用 skipToPreviousItem 回到上一首歌,调用 skipToBeginning 让现在播放的歌曲再从头开始播。

```
- (IBAction)nextSong:(id)sender
{
    // 下一首歌曲
    [musicPlayer skipToNextItem];
    [musicPlayer play];
}
```

步骤08 运行查看结果。

第8章 手势

iPhone 或 iPad 屏幕具备触控的功能，因此操作 iPhone 或 iPad 时不需要使用鼠标或是键盘，只要使用我们的手指就可以操作。通过手指在屏幕上滑来滑去来与 App 互动，这样的操作方式既直观又方便。iPhone 或 iPad 所使用的触控屏幕为电容式，电容式的触控屏幕表面有微小的电流，当手指碰上去的时候，因为人体导电的关系，所以会改变屏幕表面的电流状态，经过计算就可以知道手指碰触的位置。相较于电阻式触控屏幕必须在屏幕表面产生压力才能检测手指位置，电容式的反应与灵敏度都要比电阻式来得好。

在 Xcode 中某些可视化组件本身已经允许用户通过简单的手势（通过手指操作 App 的方式）来操作，例如按钮组件，它可以接受用户的手指在上面"点一下"（点一下也是一种手势）。但这里所谈的手势远比用一根手指在按钮上点一下来得复杂。手指与屏幕基本上有两种互动方式：一个是点一下，另一个则是滑动。点一下与滑动这两个操作组合起来就会有许多不一样的变化，例如点下去后一段时间不松手，就会触发"长按"手势；或是点下去后快速滑动，这样就会触发"左右滑动"手势。除了一根手指外，手势还可以包含两根以上的手指，例如使用两根手指来"缩放"或是"旋转"图片。使用 iPad 的用户最喜欢的就是用 4 根手指往上推屏幕来显示目前有哪些 App 是打开的，或是 5 根手指快速"抓"一下屏幕，相当于关掉这个 App。

iOS 定义了 6 种不同的手势，分别为轻按（Tap）、捏合缩放（Pinch）、旋转（Rotation）、左右滑动（Swipe）、移动（Pan）与长按（Long Press），分别说明如下。

- 轻按：功能就如同在按钮上点一下，只是有些需要点一下的地方并不是按钮，需要用户在这个地方点一下时，轻按手势就可以派上用场。例如希望用户在标签组件上点一下时，使用轻按手势就可以让标签组件收到轻按信息，而给予用户适当的响应。
- 捏合缩放：捏合缩放手势经常用在放大、缩小的操作上，利用两根手指，例如大拇指与食指"缩放"某个对象，来实际放大或缩小这个对象（例如将图片放大或缩小）。
- 旋转：旋转手势是让用户可以通过两根手指压在某个对象上（例如图片），然后旋转手指来旋转这张图片。
- 左右滑动：左右滑动手势可以快速地移至某一个方向。
- 移动：移动手势是让手指在屏幕上用较慢的速度移动。例如某个绘图的 App，手指在屏幕上滑动，画布上（即屏幕上）就跟着画出了漂亮的线条，表示这个App的画布组件支持移动手势。
- 长按：长按手势，顾名思义就是手指长时间按在某一个对象上，而且长按的时间是可以设置的，例如长按2秒或5秒。

对于以上这6种手势 Xcode 提供了相对应的手势组件，程序员只要将适当的手势组件拖放到想要使用手势操作的 View 组件上，基本上就完成了一大半的事情，剩下的事就是编写当该手势被触发时的 IBAction 方法。在这6种手势中，一部分手势还可以设置操作时最少需要几根手指，或是需要触碰屏幕几次才会被触发。

8-1 使用 Tap 手势

一根手指或多根手指在屏幕上敲击的手势称为 Tap 手势。

步骤与说明

步骤 01 创建 Single View Application 项目。

步骤 02 打开 Storyboard，从组件中拖放"Tap Gesture Recognizer"组件到 View Controller 上。在 Attributes 面板上设置 Tap 手势的触发条件为"4根指头点击1下"。

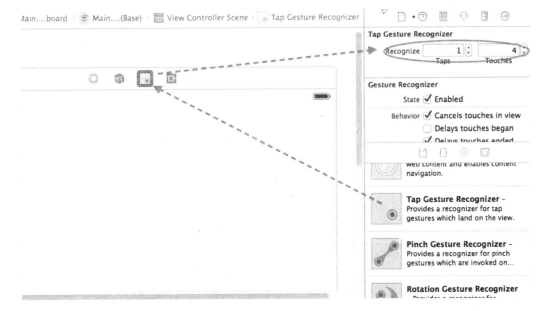

步骤 03 打开 Assistant edit 模式，在 ViewController.m 中设置 Tap 手势的 IBAction 方法。注意，要将 sender 的参数类型由 id 改为 UITapGestureRecognize。当这个方法被触发时，代表有4根手指在屏幕上同时点击了一下。通过 locationOfTouch:inView 方法可以得知每一根手指在屏幕上的点击坐标。

```
- (IBAction)handleTap:(UITapGestureRecognizer *)sender
{
    for (int i = 0; i < sender.numberOfTouches; i++) {
        CGPoint touchPoint = [sender locationOfTouch:i
                                              inView:sender.view];
        NSLog(@"第%d 根手指的位置为%@", (i + 1),
              NSStringFromCGPoint(touchPoint));
    }
}
```

步骤 04 运行查看结果。

```
TapGesture[4888:907] 第1根手指的位置为{245, 350}
TapGesture[4888:907] 第2根手指的位置为{14.5, 75}
TapGesture[4888:907] 第3根手指的位置为{96.5, 195.5}
TapGesture[4888:907] 第4根手指的位置为{228, 52.5}
```

8-2 使用 Pinch 手势

> 预备知识：无   > Framework：无

使用两根手指在屏幕上"捏合缩放"的手势称为 Pinch 手势，一般使用在某个画面想要放大、缩小时。

步骤与说明

步骤 01 创建 Single View Application 项目。

步骤 02 打开 Storyboard，从组件库中拖放一个 Pinch Gesture Recognizer 组件到 View Controller 上。

步骤 03 打开 Assistant editor 模式，在 ViewController.m 中设置 Pinch 组件的 IBAction 方法。在这个方法中，通过 sender 的 scale 属性就可以得到 Pinch 手势的缩放比例。其中如果 scale 大于 1，代表放大；如果小于 1，代表缩小。

```
- (IBAction)handlePinch:(UIPinchGestureRecognizer *)sender
{
    if (sender.state == UIGestureRecognizerStateBegan) {
        // 开始缩放手势
    } else if (sender.state == UIGestureRecognizerStateChanged) {
        if (sender.scale >= 1) {
            // 放大
        } else if (sender.scale < 1) {
            // 缩小
        }
        NSLog(@"%f", sender.scale);
    } else if (sender.state == UIGestureRecognizerStateEnded) {
        // 结束缩放手势
    }
}
```

步骤 04 运行查看结果。

```
PinchGesture[5607:907] 0.757596
PinchGesture[5607:907] 0.757596
```

8-3 使用 Rotation 手势

> 预备知识：无　　Framework：无

使用两根手指在屏幕上旋转的手势称为 Rotation 手势，一般使用在想要旋转某样物品时。

步骤与说明

步骤 01　创建 Single View Application 项目。

步骤 02　打开 Storyboard，从组件库中拖放 Rotation Gesture Recognizer 组件到 View Controller 上。

步骤 03　打开 Assistant editor 模式，在 ViewController.m 中实现 Rotation 手势的 IBAction 方法。记得将传进来的参数 sender 的类型改为 UIRotationGesture-Recognizer。在这个方法中，通过 sender.rotation 就可以知道目前两根手指在屏幕上旋转的弧度是多大，我们顺便也把角度算出来，方便读者应用。在转换公式中，M_PI 为内置的圆周率常量，公式为：角度 = 弧度 × 180 / π。

```
- (IBAction)handleRotation:(UIRotationGestureRecognizer *)sender
{
    float rad = sender.rotation;
    float deg = sender.rotation * 180 / M_PI;

    if (rad > 0) {
        // 顺时针旋转
    } else {
        // 逆时针旋转
    }

    NSLog(@"弧度:%f, 角度:%f", rad, deg);
}
```

步骤 04　运行查看结果。如果取得的弧度大于 0，代表顺时针旋转；如果小于 0，代表逆时针旋转。

```
RotationGesture[5811:907] 弧度:0.268455, 角度:15.381341
RotationGesture[5811:907] 弧度:0.273968, 角度:15.697199
```

8-4 使用 Swipe 手势

> 预备知识：无　　Framework：无

当一根手指或多根手指在屏幕上往某个方向快速移动（左右滑动）时，此手势称为 Swipe 手势。Swipe 手势可以利用 direction 属性来设置移动方向；使用 numberOfTouchesRequired 属性来设置需要多少根手指。由于一个左右滑动的手势组件只能处理一个方向，所以如果要处理两个以上方向的话，必须再新增 Swipe 手势组件。

步骤与说明

步骤 01 创建 Single View Application 项目。

步骤 02 打开 Storyboard，从组件库中拖放一个 Swipe Gesture Recognizer 组件到 Vew Controller 上。在 Attributes 面板中设置 Swipe 手势的方向（默认是 right）以及需要多少根手指触发。

步骤 03 打开 Assistant editor 模式，在 ViewController.m 中设置 Swipe 手势的 IBAction 方法。当 Swipe 手势往设置的方向移动时会触发这个方法。

```objc
- (IBAction)handleSwipe:(UISwipeGestureRecognizer *)sender
{
    switch (sender.direction) {
        case UISwipeGestureRecognizerDirectionRight:
            NSLog(@"right");
            break;
            
        case UISwipeGestureRecognizerDirectionDown:
            NSLog(@"down");
            break;
            
        case UISwipeGestureRecognizerDirectionLeft:
            NSLog(@"left");
            break;
            
        case UISwipeGestureRecognizerDirectionUp:
            NSLog(@"up");
            break;
    }
}
```

步骤 04 运行查看结果，让手指在屏幕上快速向右滑动。

```
SwipeGesture[6043:907] right
SwipeGesture[6043:907] right
```

8-5 使用 Pan 手势

难易度 ★★★

预备知识：无　　Framework：无

当一根手指或多根手指在屏幕上移动（dragging）时，此手势称为 Pan 手势。被触发后，通过传进来的参数可以得到每根手指所在位置的坐标。

步骤与说明

步骤 01 创建 Single View Application 项目。

步骤 02 打开 Storyboard,从组件库中拖放 Pan Gesture Recognizer 组件到 View Controller 上。在 Attributes 面板上可以设置 Pan 手势默认的手指数,默认最小为 1 根手指,最多是无上限。在这里我们设置 2 根手指。

步骤 03 打开 Assistant editor 模式,在 ViewController.m 中设置 Pan 手势的 IBAction 方法。在这个方法中我们利用循环来取得每一根手指的坐标。

```
- (IBAction)handlePan:(UIPanGestureRecognizer *)sender
{
    for (int i = 0; i < sender.numberOfTouches; i++) {
        CGPoint point = [sender locationOfTouch:i inView:sender.view];
        NSLog(@"第%d手指的位置在%@", (i + 1), NSStringFromCGPoint(point));
    }
}
```

步骤 04 运行查看结果。

```
PanGesture[6076:907] 第1手指的位置在{236, 136.5}
PanGesture[6076:907] 第2手指的位置在{120.5, 310.5}
PanGesture[6076:907] 第1手指的位置在{237.5, 136.5}
PanGesture[6076:907] 第2手指的位置在{120, 310.5}
```

8-6 使用 Long Press 手势

> 预备知识:无   > Framework:无

当一根手指或多根手指在屏幕上长按后触发相关动作时,此手势称为 Long Press 手势。

步骤与说明

步骤 01 创建 Single View Application 项目。

步骤 02 打开 Storyboard,先从组件库中拖放一个 View 组件到 View Controller 上,调整大小后把背景颜色改为别的颜色。然后拖放一个 Long Press Gesture Recognizer 组件到这个有颜色的 View 上。

步骤 03 在 View Controller 上单击 Long Press 图标,在 Attributes 面板上可以看到 Long Press 手势有 4 个参数可以设置。Press Duration 对应到 Long Press 的 minimumPressDuration 属性,这个值是手指长按多少秒之后会触发手势组件的 IBAction 方法,默认是 0.5 秒。Recognize 中的 Taps 与 Touches 分别为 numberOfTapsRequired 与 numberOfTouchesRequired 属性,代表了需要多少根手指触击屏幕多少次后会触发 IBAction 方法。最后一个 Tolerance 对应到 allowableMovement 属性,意思是在触发 IBAction 方法前允许手指移动多少个 pixel,若手指移动超过这个数字就会让手势失败,默认值为 10 个 pixel。

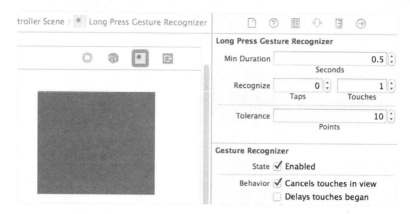

步骤 04 打开 Assistant editor 模式，在 ViewController.m 中设置 Long Press 手势的 IBAction 方法。传进来的参数 sender 类型要改为 UILongPressGesture-Recognizer。

```
- (IBAction)handleLongPressGesture:(UILongPressGestureRecognizer *)sender
{
    for (int i = 0; i < sender.numberOfTouchesRequired; i++) {
        CGPoint point = [sender locationOfTouch:i inView:sender.view];
        NSLog(@"第%d 根手指的位置在%@", (i + 1), NSStringFromCGPoint(point));
    }
}
```

步骤 05 运行查看结果。手指要在画面中间有颜色的矩形范围内长按 0.5 秒后才会触发。

```
LongPressGesture[6164:907] 第1根手指的位置在{16.5, 173}
LongPressGesture[6164:907] 第1根手指的位置在{16, 173}
```

第9章 传感器

iPhone 或 iPad 最有趣的地方就是它们内置了一堆的传感器，让移动设备可以得知外在环境的变化，例如加速器、磁力仪、三轴陀螺仪、距离传感器等。其中应用最多的应该算是三轴陀螺仪了。大部分的读者都知道"陀螺"的样子，陀螺虽然只有一只脚，但是只要它转起来就不会倒。除了传统的陀螺外，另外还有一种陀螺是被固定在一个边框中，然后陀螺就在这个框中转动，边框最下方有个角，这个角可以卡在一根绳子上，当陀螺转动时，不论绳子如何倾斜，只要陀螺不从绳子上滑掉，陀螺都会在绳子上转得好好的。如果手边有陀螺，我们仔细观察一下它转起来的样子，会发现陀螺转动时倾斜的角度是固定的，这就是角动量守恒的原理。旋转中的物体，其转动轴的倾斜角度是固定的。脚踏车只有两个轮子却不会倒，也是这个原理。现在我们想象一下，将陀螺固定在某一个设备上并且让它维持等速度转动，然后我们去测量陀螺的偏移角度并记录下来，之后只要这个角度有所变化，就代表了设备本身的倾斜角度有所变化，因为只要陀螺的转速不变，它的倾斜角应该是一致的，也就是说，陀螺的角度变化代表了固定陀螺的设备改变了它本身的角度。陀螺仪就是具备这种功能的一个设备，通过陀螺仪返回的数值，我们就可以知道搭载陀螺仪的物体与陀螺仪之间的角度变化。在很多飞机、航舰等需要导航、定位的系统上，都可以看到陀螺仪的影子。

我们很难想象如何把一个不断旋转的物体放进 iPhone 或 iPad 中，但工程师就是有办法把陀螺仪塞进 iPhone 与 iPad 中。在 2010 年 Apple 的开发者大会上发表的 iPhone 4 手机，除了一堆崭新的功能外，最吸引眼球的就是三轴陀螺仪的展示，因为这让 iPhone 成为全球第一支内置陀螺仪的智能手机。这种极度微小的电子设备有个专有名词，称之为"微机电系统"，英文为 Micro-Electro-Mechanical Systems（MEMS）。它是一种结合信息科技与纳米科技的机电系统，iPhone 中的极微小陀螺仪就属于微机电系统。

除了三轴陀螺仪外，iPhone 与 iPad 还搭载了一个加速器。虽然名字称为加速器，但是它是用来计算设备的倾斜角度，而不是用来计算加速度的，所以请读者不要被"加速"这两个字给弄糊涂了。除了 iPhone 4 之前与第一代的 iPad 只有加速器没有陀螺仪外，新的 iPhone 与 iPad 都搭载了加速器与陀螺仪。如果只是想检测设备的倾斜角度，只要打开加速器就可以，不需要杀鸡用牛刀地打开陀螺仪，国外有人测试过，打开陀螺仪比打开加速器要消耗较多的电力。除此之外，还有一个磁力仪也被设置在 iPhone 与 iPad 上，这是用来计算磁北方向，也就是计算目前面向哪个方向用的，想要开发一个指南针 App 就要靠它了。只是磁力仪利用地磁变化也就是指南针的原理来检测方位，很容易受到其他具有磁性物体的干扰，而使得检测数据不够精确。

虽然加速器、陀螺仪与磁力仪都可以单独使用，但是 iOS SDK 中另有一套 Device Motion 服务，可以将这三个传感器的数据整合起来提供给用户更完整的信息，例如设备的姿势（attitude）、重力方向（gravity）、用户所给予的加速度（user acceleration）、角速度（rotation rate）以及磁场状况（magnetic field）等。Device Motion 服务让程序员不用编写一堆的数学公式来得知设备的状况，只要几行程序代码就可以搞定了。想象一下我们坐在一张可以转动的椅子上，手上拿着 iPhone 并且固定将 iPhone 面向正前方，然后让椅子转动一圈，这时通过 Device Motion 返回的数据，可以得知椅子转了一圈。这个功能非常有用，因为现在可以处理 iPhone 或 iPad 更细微的动作变化，例如游戏或是很多 360º 全景拍摄的 App 已经使用这项功能了。

事实上，通过 Device Motion 得到的数据，远比单一传感设备返回的原始数据要来得丰富。这时我们会问，这样是否意味着以后只要使用 Device Motion 去取得数据就好了，不必再特别处理单一传感器返回的数据。这样的想法并不是正确的，原因是打开 Device Motion 的结果就是增加耗电量（国外有人统计出会增加 15%的电力消耗）。根据这样的结果，如果我们想要取得的数据是某个单一传感器就可以得到的，那么不需要使用 Device Motion。举个例子，如果我们只是想要通过 iOS 设备的左右旋转来控制赛车游戏的方向盘，那我们只要打开加速器就好，并不需要使用到 Device Motion。

iPhone 还设置了一个距离传感器，目的是检测人脸是否贴近 iPhone。打电话时屏幕会暂时关闭，避免脸颊误触屏幕上的按钮，这个功能就是距离传感器发挥作用的缘故。距离传感器的位置位于 iPhone 正面的最上方，如下图所示。iPad 因为没有电话功能，所以没有搭载距离传感器。

这些传感器开起来都会消耗电力，因此不用的时候要关闭它。除了通过程序去关闭之外，当使用传感器的 App 进入后台运行的时候（用户按下 HOME 键或设备进入上锁状态时），iOS 也会自动关闭它们以减少电力消耗，所以这个部分 iOS 已经帮我们处理完了，就不用再费心处理 App 进入台后是否要关闭传感器的问题了。当然也可以通过设置，让这些传感器在后台运行，这部分请参考第 15 章的"后台运行"。

9-1 读取加速器数据

> 预备知识：无　　> Framework：CoreMotion.framework

通过加速器的数值，我们可以得知目前 iOS 设备在 X、Y 与 Z 轴方向的倾斜状况，然后设计出许多有趣的 App。例如在赛车游戏中，玩家可以将 iOS 设备往左边旋转或右边旋转来控制游戏中的赛车方向盘。

下表列出 iOS 设备的 6 个方位变化，所看到的图像都是从上方往下看，也就是眼睛往桌面的方向看。举例来说，编号 1 的图相当于把 iPhone 平放在桌面上，并且正面朝上，此时加速器返回的（X, Y, Z）数值为（0, 0, -1）；再例如编号 3 代表将 iOS 侧立在桌面且 HOME 键在右方时，（X, Y, Z）数值为（1, 0, 0）。加速器返回的数字范围为-1~+1 的浮点数，所以借助（X, Y, Z）的改变就可以得知 iOS 设备目前在 X、Y、Z 三个轴上的动作变化。

编号	图标	X、Y、Z 值
1		X = 0 Y = 0 Z = -1
2		X = 0 Y = 0 Z = 1
3		X = 1 Y = 0 Z = 0
4		X = -1 Y = 0 Z = 0
5		X = 0 Y = 1 Z = 0
6		X = 0 Y = -1 Z = 0

步骤与说明

步骤 01 创建 Single View Application 项目。

步骤 02 将 CoreMotion.framework 加到项目中。

步骤 03 打开 ViewController.h，开始先导入 CoreMotion.h 头文件，然后声明一个 CMMotionManager 类型的变量，负责打开、接收与关闭加速器。

```
#import <UIKit/UIKit.h>
#import <CoreMotion/CoreMotion.h>

@interface ViewController : UIViewController
{
    CMMotionManager *mm;
}
@end
```

步骤 04 打开 ViewController.m，在 viewDidLoad 方法中打开加速器。由于加速器的数值更新非常快速，为了避免影响主线程的运行效率，因此需要打开一个新线程来读取加速器数据。

```
- (void)viewDidLoad
{
    [super viewDidLoad];
    
    mm = [[CMMotionManager alloc] init];
    NSOperationQueue *q = [[NSOperationQueue alloc] init];
    
    [mm startAccelerometerUpdatesToQueue:q
                    withHandler:^(CMAccelerometerData
                     *accelerometerData, NSError *error) {
                        NSLog(@"x = %f",
                            accelerometerData.acceleration.x);
                        NSLog(@"y = %f",
                            accelerometerData.acceleration.y);
                        NSLog(@"z = %f",
                            accelerometerData.acceleration.z);
                    }];
}
```

步骤 05 记住不用时要关闭加速器，免得消耗系统电力资源，我们在 viewDidDisappear: 中关闭它，iOS 也会在 App 进入后台时自动关闭。

```
-(void)viewDidDisappear:(BOOL)animated
{
    // 不用时要关闭加速器
    [mm stopAccelerometerUpdates];
}
```

步骤 06 运行查看结果。

```
Accelemeter[6484:5b03]  x = -0.010971
Accelemeter[6484:5b03]  y = -0.001312
Accelemeter[6484:5b03]  z = -1.029114
Accelemeter[6484:5b03]  x = -0.010849
Accelemeter[6484:5b03]  y = 0.001617
Accelemeter[6484:5b03]  z = -1.032028
```

9-2 读取陀螺仪数据

难易度 ★☆☆

> 预备知识：无　　> Framework：CoreMotion.framework

陀螺仪是一种根据角动量守恒原理设计出来可以高速旋转的机械设备，当陀螺仪转动的时候，如果没有外力的影响，根据惯性，陀螺仪的旋转轴方向是固定的。可能很多人小时候都玩过陀螺仪（如右图所示），当它高速旋转时，可以把它放在一条细细的绳子或手心上，陀螺仪都不会倒下来，并且倾斜角度不会因为绳子或是手掌倾斜而改变，因此陀螺仪常用于飞机或船只的导航系统中。我们骑脚踏车时不会摔倒，也是运用了陀螺仪的原理。

从 iPhone 4 开始，陀螺仪就出现在其中，从陀螺仪中得到的数据为 X、Y、Z 三个轴的角速度，配合原来的加速器，我们可以更精确地得知 iOS 设备的转动方向。

步骤与说明

步骤 01　创建 Single View Application 项目。

步骤 02　将 CoreMotion.framework 加到项目中。

步骤 03　打开 ViewController.h，需要导入 CoreMotion.h 头文件。然后声明一个 CMMotionManager 类型的变量，负责打开、接收与关闭陀螺仪。

```
#import <UIKit/UIKit.h>
#import <CoreMotion/CoreMotion.h>

@interface ViewController : UIViewController
{
    CMMotionManager *mm;
}
@end
```

步骤 04　打开 ViewController.m，在 viewDidLoad 方法中打开陀螺仪。由于陀螺仪的数值更新非常快速，为了避免影响主线程的运行效率，因此需要打开一个新线程来读取陀螺仪数据。

```
- (void)viewDidLoad
{
    [super viewDidLoad];
    
    mm = [[CMMotionManager alloc] init];
```

```
            NSOperationQueue *q = [[NSOperationQueue alloc] init];

            [mm startGyroUpdatesToQueue:q
                    withHandler:^(CMGyroData *gyroData, NSError *error) {
                        NSLog(@"x = %f", gyroData.rotationRate.x);
                        NSLog(@"y = %f", gyroData.rotationRate.y);
                        NSLog(@"z = %f", gyroData.rotationRate.z);
                    }];
}
```

步骤 05 不用时记得关闭陀螺仪，免得消耗系统电力资源。App 进入后台运行后，iOS 会自动停止数据接收，我们不需要特别检测是否进入后台并编写程序代码。

```
-(void)viewDidDisappear:(BOOL)animated
{
    // 不使用时停止接收数据
    [mm stopGyroUpdates];
}
```

步骤 06 运行查看结果。

```
Gyroscope[6503:8603] x = -0.711503
Gyroscope[6503:a703] y = 0.072321
Gyroscope[6503:8603] z = -0.736911
Gyroscope[6503:a703] x = 0.422168
Gyroscope[6503:a703] y = 0.591916
Gyroscope[6503:a703] z = -1.347785
```

难易度 ★☆☆ 9-3 读取磁力仪数据

预备知识：无　　Framework：CoreMotion.framework

　　iOS 设备上的磁力仪负责检测 X、Y、Z 三个轴的磁感应强度，读取出来的数值单位为特斯拉（micro tesla）。

🍎 步骤与说明

步骤 01 创建 Single View Application 项目。

步骤 02 在项目中加入 CoreMotion.framework。

步骤 03 打开 ViewController.h，导入 CoreMotion.h 头文件，然后声明一个 CMMotionManager 变量，用于打开、接收与关闭磁力仪。

```
#import <UIKit/UIKit.h>
#import <CoreMotion/CoreMotion.h>

@interface ViewController : UIViewController
{
    CMMotionManager *mm;
}
```

```
@end
```

步骤04 打开 ViewController.m，在 viewDidLoad 方法中打开磁力仪。由于磁力仪的数值更新非常快速，为了避免影响主线程的运行效率，因此需要打开一个新线程来读取磁力仪数据。

```
- (void)viewDidLoad
{
    [super viewDidLoad];

    mm = [[CMMotionManager alloc] init];
    NSOperationQueue *q = [[NSOperationQueue alloc] init];

    [mm startMagnetometerUpdatesToQueue:q
                         withHandler:^(CMMagnetometerData
                           *magnetometerData, NSError *error) {
                             NSLog(@"x = %f",
                               magnetometerData.magneticField.x);
                             NSLog(@"y = %f",
                               magnetometerData.magneticField.y);
                             NSLog(@"z = %f",
                               magnetometerData.magneticField.z);
                         }];
}
```

步骤05 记得不用时要关闭磁力仪，免得消耗系统电力资源。这里我们在 viewDidDisappear: 中关闭它，iOS 也会在 App 进入后台后自动关闭。

```
-(void)viewDidDisappear:(BOOL)animated
{
    // 不用时关闭更新
    [mm stopMagnetometerUpdates];
}
```

步骤06 运行查看结果。

```
Magnetometer[6524:4507] x = -368.062500
Magnetometer[6524:4507] y = 384.904663
Magnetometer[6524:4507] z = -333.379700
Magnetometer[6524:4507] x = -363.461731
Magnetometer[6524:4507] y = 385.259766
Magnetometer[6524:4507] z = -329.332031
```

9-4　读取 Device Motion 数据

> 预备知识：14-4 使用 Main 派遣队列　　Framework：CoreMotion.framework

Device Motion 并不是一种感测设备，它只是将加速器、陀螺仪以及磁力仪这三种传感器的原始数据，经过一些复杂的数学公式运算之后，返回更多的信息给程序员使用，例如移动设备目前的姿势（attitude）、重力方向（gravity）、用户所给予的加速度（user acceleration）、角速度（rotation rate）以及磁场状况（magnetic field）等。

Device Motion 中有三个属性很重要，分别为 Pitch、Roll 与 Yaw。这三个属性值的变化分别代表了 iOS 设备在 X、Y、Z 三个轴上的转动状况，如右图所示。

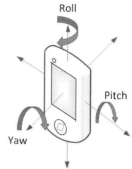

为了让读者可以拿着 iOS 设备通过"移来移去"观察这三个值的变化，我们特别将这三个值显示在三个标签组件上，而不是如同本书大部分的章节将结果利用 NSLog 显示在 XCode 的 debug console 中。虽然这样会多一些程序代码与概念，但是却可方便读者的观察与测试。

步骤与说明

步骤 01 创建 Single View Application 项目。

步骤 02 在项目中加入 CoreMotion.framework。

步骤 03 打开 Storyboard，并且从组件库中拖放 6 个标签组件，其中三个将标识文字改为 Pitch、Roll 与 Yaw，另外三个标签不用修改。

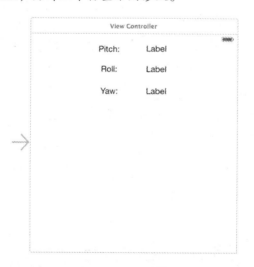

步骤 04 打开 ViewController.h 后引入 CoreMotion.h 头文件，然后声明一个 CMMotionManager 变量，用于打开、接收与关闭 Device Motion。除此之外，设置 View Controller 上显示 Label 字样的三个标签组件的 IBOutlet 变量。

```
#import <UIKit/UIKit.h>
#import <CoreMotion/CoreMotion.h>

@interface ViewController : UIViewController
{
    CMMotionManager *mm;
}
```

```
@property (weak, nonatomic) IBOutlet UILabel *pitchLabel;
@property (weak, nonatomic) IBOutlet UILabel *rollLabel;
@property (weak, nonatomic) IBOutlet UILabel *yawLabel;

@end
```

步骤 05 打开 ViewController.m，在 viewDidLoad 方法中打开 Device Motion。由于 Device Motion 的数值更新非常快速，为了避免影响主线程的运行效率，因此需要打开一个新线程来读取 Device Motion 数据。除此之外，由于数值最后是显示在标签组件上，因此相关的程序代码必须放在主线程中才能正常运行。需要特别注意的是，Pitch、Roll 与 Yaw 属性值为弧度，我们将它转换成大家熟悉的"角度"以方便观察，转换公式为：弧度 × 180 / π。

```
- (void)viewDidLoad
{
    [super viewDidLoad];

    mm = [[CMMotionManager alloc] init];
    NSOperationQueue *q = [[NSOperationQueue alloc] init];

    [mm startDeviceMotionUpdatesToQueue:q
                    withHandler:^(CMDeviceMotion *motion,
                       NSError *error) {
                        dispatch_async
                          (dispatch_get_main_queue(), ^{
                            float pitch = motion.attitude.pitch;
                            float roll = motion.attitude.roll;
                            float yaw = motion.attitude.yaw;

                            self.pitchLabel.text = [[NSString
                              alloc] initWithFormat:@"%2.0f",
                              pitch * 180 / M_PI];
                            self.rollLabel.text  = [[NSString
                              alloc] initWithFormat:@"%2.0f",
                              roll * 180 / M_PI];
                            self.yawLabel.text   = [[NSString
                              alloc] initWithFormat:@"%2.0f",
                              yaw * 180 / M_PI];
                        }); // for dispatch_async
                    }]; // for startDeviceMotionUpdatesToQueue
}
```

步骤 06 记得不用时要关闭 Device Motion，免得消耗系统电力资源。App 进入后台后，iOS 也会自动关闭。

```
-(void)viewDidDisappear:(BOOL)animated
{
    // 不用时关闭更新
    [mm stopDeviceMotionUpdates];
}
```

步骤 07 运行查看结果。请坐在一个可以旋转的椅子上，将 iOS 设备拿稳，在手上不要动，然后将椅子旋转 360° 观察数值的变化。

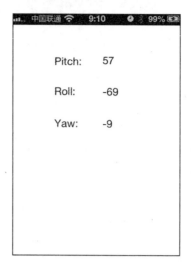

9-5 检测设备摇晃

难易度 ★★★

> 预备知识：无   > Framework：无

如果能够得知用户正在"晃动"手上的移动设备，我们可以做一些有趣的事情，例如换下一首音乐，或是将音量切换成静音等。

步骤与说明

步骤 01 创建 Single View Application 项目。

步骤 02 打开 ViewController.m，实现 motionBegan:withEvent:。

```
-(void)motionBegan:(UIEventSubtype)motion withEvent:(UIEvent *)event
{
    if (event.subtype == UIEventSubtypeMotionShake) {
        NSLog(@"摇晃中");
    }
}
```

步骤 03 在 ViewController.m 中实现 canBecomeFirstResponder 方法，否则 motionBegan:withEvent:接收不到任何事件。

```
-(BOOL)canBecomeFirstResponder
{
    return YES;
}
```

第 9 章 传感器

> 步骤 04　运行查看结果。Xcode 模拟器也可以模拟摇晃动作。

```
ShakeDevice[6208:907] 摇晃中
ShakeDevice[6208:907] 摇晃中
```

9-6　使用加速器来控制赛车的方向盘

难易度 ★★★

> 预备知识：4-20 旋转图片、9-1 读取加速器数据、14-4 使用 Main 派遣队列
> Framework：CoreMotion.framework、QuartzCore.framework

在很多游戏中都可以看到利用旋转 iOS 设备来操控游戏，最常见的是操控赛车游戏中的方向盘。当用户将 iOS 设备向左旋转时，方向盘也会跟着向左旋转；若 iOS 设备向右旋转时，方向盘也跟着向右旋转。通过这种方式加强了用户与游戏间的互动性，让游戏变得更有趣。

通过检测 iOS 设备的状态来控制 UI 组件所需要的概念比较多，除了需要了解如何读取加速器的值、相关 UI 组件的运行原理，更重要的是多线程的概念，建议读者先了解线程原理后再来看本节内容会比较容易理解。

步骤与说明

> 步骤 01　创建 Single View Application 项目。
> 步骤 02　将 CoreMotion.framework 与 QuartzCore.framework 加入项目中，并且再加入一张代表方向盘的图片，文件名为 circle.png。
> 步骤 03　既然是赛车游戏，那 iOS 设备（通常是 iPhone）应该在开始的时候画面就是横向的。这有两个地方需要设置：一个在项目的 General 页面，必须将画面限制为只有 Landscape Right，其他都关闭；另一个要打开 Storyboard，设置 ViewController 的 Orientation 属性为 Landscape。

183

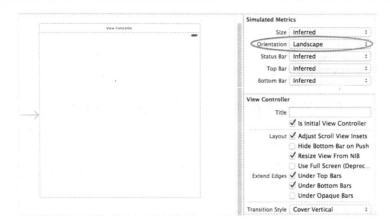

步骤 04 打开 ViewController.h 后导入需要的头文件，并且声明加载图片需要的 layer 以及管理加速器所需要的变量。

```
#import <UIKit/UIKit.h>
#import <CoreMotion/CoreMotion.h>
#import <QuartzCore/QuartzCore.h>

@interface ViewController : UIViewController
{
    CALayer *layer;
    CMMotionManager *mm;
}
@end
```

步骤 05 打开 ViewController.m，在 viewDidLoad 方法中加载图片以及设置加速器。属性 accelerometerUpdateInterval 是用来设置加速器返回数值的间隔时间，为了让方向盘图片的旋转能够与 iOS 设备的旋转同步，我们需要设置一个长一些的间隔时间，否则原本默认的间隔时间过短，快速读取加速器值的结果是 CPU 负荷量太大，最后图片旋转的速度反而跟不上设备旋转的速度。在这里我们用 0.15 秒的间隔时间即可。

```
- (void)viewDidLoad
{
    [super viewDidLoad];
    
    // 加载方向盘图片
    UIImage *image = [UIImage imageNamed:@"streeting.png"];
    layer = [CALayer layer];
    layer.frame = CGRectMake(150, 50, 200, 100);
    layer.contents = (id)image.CGImage;
    [self.view.layer addSublayer:layer];
    
    // 设置加速器
    mm = [[CMMotionManager alloc] init];
    // 每0.15秒更新一次数据
    mm.accelerometerUpdateInterval = 0.15;
    NSOperationQueue *q = [[NSOperationQueue alloc] init];
```

```
            [mm startAccelerometerUpdatesToQueue:q
                        withHandler:^(CMAccelerometerData
                *accelerometerData, NSError *error) {
                    // rotateStreetingWheel:为自己定义的方法
                    // 因为画面为 landscape，所以取得 Y 轴的变化就可以了
                    [self rotateStreetingWheel:
                        accelerometerData.acceleration.y];
                }];
}
```

步骤 06 实现 rotateStreetWheel:这个自定义的方法。这个方法的主要目的是旋转代表方向盘的图片。假设我们希望方向盘的转动角度为-90°～+90°，因此我们将传进来的 Y 轴变化量参数乘以 90，再乘以-1（因为我们设置 Landscape 的方向为 RIGHT，也就是 HOME 键在右边，如果在左边就不用乘以-1 了），这样才能让方向盘转动的方向跟 iOS 设备一致。需要特别注意的是，rotateStreetWheel:函数所在的线程并非主线程，而在此函数中 rotateStreetWheel:中的程序代码需要更改图片旋转的角度，我们知道跟 UI 组件打交道的程序代码都位于主线程中，因此，为了让图片可以及时地旋转不延迟，我们就必须利用 dispatch_get_main_queue()函数取得主线程，然后将旋转相关的程序代码放在主线程中，如果不这样做，图片旋转的延迟时间会慢到无法让人接受。

```
@interface ViewController ()
-(void)rotateStreetingWheel:(float)angle;
@end

-(void)rotateStreetingWheel:(float)angle
{
    // 乘以90是让方向盘转动角度由-90°～+90°
    // 乘以-1是为了让方向盘转动方向跟 iOS 设备转动方向一致
    float radians = -1 * angle * 90.0 / 180.0 * M_PI;
    
    dispatch_async(dispatch_get_main_queue(), ^{
        CGAffineTransform rotation =
                    CGAffineTransformMakeRotation(radians);
        [layer setAffineTransform:rotation];
    });
}
```

步骤 07 在 ViewController.m 的 shouldAutorotateToInterfaceOrientation:方法中，将画面锁定在 landscacpe 状态，不要因为用户将 iOS 设备改为直着拿而让画面旋转 90°。

```
- (BOOL)shouldAutorotateToInterfaceOrientation:(UIInterfaceOrientation)
        interfaceOrientation
{
    return (interfaceOrientation ==
                    UIInterfaceOrientationLandscapeRight);
}
```

步骤 08　不用时将加速器关闭。App 进入后台后，iOS 也会自动关闭。

```
-(void)viewDidDisappear:(BOOL)animated
{
    [mm stopAccelerometerUpdates];
}
```

步骤 09　运行查看结果（图片是模拟器画面，但是需要在实际设备上运行才有效果）。

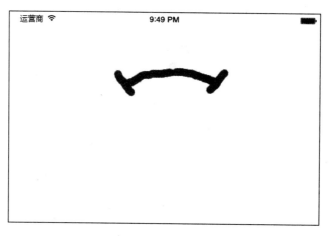

9-7　使用距离传感器

难易度 ★★★　预备知识：无　　Framework：无

iPhone 在最上缘接近耳朵的部分有一个距离传感器，当物体接近时会关闭屏幕，远离时会再打开。这个功能主要应用于接听电话时，为了避免脸颊误按到屏幕上的按钮（例如挂断电话），所以当 iPhone 检测到目前脸颊是贴在 iPhone 上时就会关闭屏幕。

步骤与说明

步骤 01　创建 Single View Application 项目。

步骤 02　打开 Storyboard，拖放一个 Switch 组件到 View Controller 上并将默认值改为 Off。

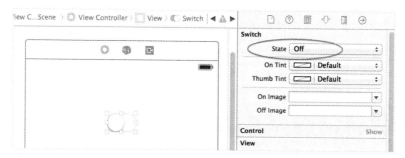

步骤 03　打开 ViewController.h，声明两个方法 proximateSensorOn 与 proximate-SensorOff，负

186

责处理距离传感器的开关。另外声明一个 proximity-SensorChange:方法，此方法负责处理物体接近或离开后要做的事情。

```objc
#import <UIKit/UIKit.h>

@interface ViewController : UIViewController

-(void)proximateSensorOn;
-(void)proximateSensorOff;

-(void)proximitySensorChange:(id)notification;

@end
```

步骤 04 实现 proximateSensorOn 方法，在此方法中打开距离传感器。若要判断设备上是否安装了距离传感器，只要先设置距离传感器为 YES 状态，然后判断它是否为 YES，如果是，就代表设备上已安装距离传感器，然后使用信息通知的方式当距离传感器发生变化时调用 proximitySensorChange:这个自定义的方法。

```objc
-(void)proximateSensorOn
{
    // 启动距离传感器
    [[UIDevice currentDevice] setProximityMonitoringEnabled:YES];
    
    if ([UIDevice currentDevice].proximityMonitoringEnabled == YES) {
        NSNotificationCenter *notice = [NSNotificationCenter
                            defaultCenter];
        [notice addObserver:self
                selector:@selector(proximitySensorChange:)
                    name:UIDeviceProximityStateDidChangeNotification
                  object:nil
        ];
    }
}
```

步骤 05 实现 proximateSensorOff，这个方法用来关闭距离传感器。

```objc
-(void)proximateSensorOff
{
    // 关闭距离传感器
    if ([UIDevice currentDevice].proximityMonitoringEnabled == YES) {
        NSNotificationCenter *notice = [NSNotificationCenter
                                defaultCenter];
        [notice removeObserver:self
                    name:UIDeviceProximityStateDidChangeNotification
                  object:nil
        ];
    }
    [[UIDevice currentDevice] setProximityMonitoringEnabled:NO];
}
```

步骤 06 实现 proximitySensorChange:，这个方法是当距离传感器发生变化时，通过信息通知的方式调用此方法。

```
-(void)proximitySensorChange:(id)notification
{
    static BOOL flag;

    flag = !flag;
    if (flag) {
        // 当物体接近传感器时
        NSLog(@"接近");
    } else {
        // 当物体离开传感器时
        NSLog(@"离开");
    }
}
```

步骤 07 设置 Switch 组件的 IBAction 方法，在这个方法中根据 Switch 组件的 On / Off 状态来开关距离传感器。

```
- (IBAction)switchChanged:(UISwitch *)sender
{
    if (sender.isOn)
        [self proximateSensorOn];
    else
        [self proximateSensorOff];
}
```

步骤 08 运行查看结果。

第10章 绘图

Quartz 2D 是 iOS 的 2D 绘图引擎,提供各种各样的绘图函数,因此能够处理非常多样化的图形输出,包含了画线、画圆、阴影、图层、Bitmap 图形处理与文字显示等。除此之外,也包含了设置图形的颜色、透明度、线条粗细等。

使用 Quartz 2D 绘图时要先取得 GC(Graphics Context)。GC 包含了 Quartz 引擎用来绘图时,图案所在"目的地"的参数信息。目的地的意思是:在什么地方要显示所画的图形。换句话说,绘图时要将图形画在 GC 上,此时如果 GC 等于屏幕,屏幕上就会出现所画的图形;如果 GC 等于打印机,那么所画的图形就会从打印机打印;如果 GC 等于 PDF 文件,绘图的结果就会产生 PDF 文件。除了以上这三项之外,GC 还可以等于 Bitmap 图形文件以及 Layer(图层)。

在绘图时,Quartz 的坐标系统与 UIKit(即可视化组件)是不一样的,UIKit 的坐标原点是屏幕的左上角,但是 GC 的坐标系统原点在左下角,因此如果使用 GC 绘图前没有经过坐标系统的转换,图形画出来后会呈现颠倒的状态。这样的转换还解决了另一项重要的问题,就是不能因为设备分辨率的不同使得绘出的图形变得太大或太小。例如屏幕分辨率每英寸不会超过 96 点,但是一台打印机最少有 300 点,因此 GC 的坐标系统转换必须将用户看到的坐标系统(称为 user space)对应到输出设备(称为 device space)。

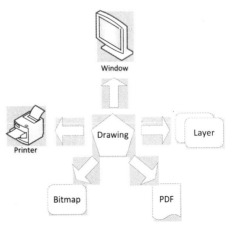

Quartz 引擎使用了线性代数中的仿射变换函数(Affine Transform)来做这件事情。除此之外,仿射变换还有另外一项功能,就是如果要将图形旋转某一个角度后再画出(例如旋转 45º),

也是使用仿射变换函数。

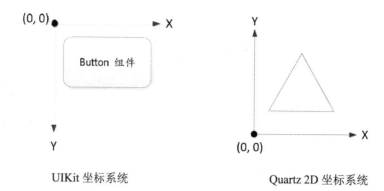

UIKit 坐标系统　　　　　　　Quartz 2D 坐标系统

除了绘制几何图形之外，Quartz 2D 也可以将一张 JPEG 格式的图片转换成 Bitmap 格式后画到 GC 上。其目的是为了之后的图像处理，例如可以合成图片、裁剪区域或是调整颜色等，甚至可以使用屏蔽，让图片加个边框，或者输入文字。在 GC 中输入文字也是 Quartz 2D 提供的功能之一，由于文字是"画"的，所以可以显示一些不同样式的文字，例如空心字或是用不同颜色的文字边线，当然也可以将文字旋转某个角度。

10-1　取得绘图区域

难易度 ★★★　　预备知识：无　　Framework：QuartzCore.framework

使用 Quartz 2D 引擎开始绘图前，必须先取得一个绘图区域（Graphics Context），然后才能在这个绘图区域上开始绘图。除了画线、画圆、画矩形区域外，也可以设置颜色、线条粗细或是区间是否涂满等。

步骤与说明

步骤 01　创建 Single View Application 项目，将 QuartzCore.framework 加入项目中。

步骤 02　在项目中新增一个继承于 UIView 类的自定义 Objective-C 类，类名称为 MyCanvas。

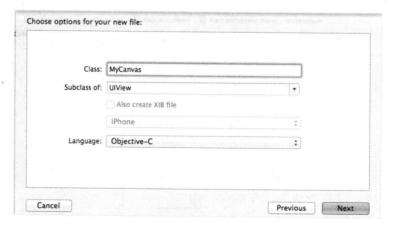

步骤 03　打开 Storyboard，单击 View Controller 上的 View 组件，在 Identity inspector 面板中

将这个 View 组件的 Class 设置为 MyCanvas。

步骤 04　打开 MyCanvas.m，实现 drawRect:方法。Xcode 已经在 MyCanvas.m 中产生这个方法了，将这个方法的注释移除即可。在这个方法中，首先使用 UIGraphicsGetCurrentContext 来取得现有的绘图区域，每一个绘图区域都拥有一个堆栈，用来存储绘图区域的状态。这些状态包含了坐标系统、颜色、画笔宽度、线条类型、字体等。使用 CGContextSaveGState 将状态存入堆栈，使用 CGContextRestoreGState 复原之前的状态。

```
- (void)drawRect:(CGRect)rect
{
    // 取得一个绘图区域
    CGContextRef context = UIGraphicsGetCurrentContext();
    // 保存现有绘图区域状态
    CGContextSaveGState(context);

    // 设置绘图区域坐标，将(0, 0)改为左下角
    CGAffineTransform t = CGContextGetCTM(context);
    t = CGAffineTransformInvert(t);
    CGContextConcatCTM(context, t);

    // 开始绘图

    // 还原绘图区域状态
    CGContextRestoreGState(context);
}
```

步骤 05　操作完成。

10-2　在绘图区域上画线

> 预备知识：10-1 取得绘图区域　　　　Framework：QuartzCore.framework

在绘图区域上设置画笔粗细、颜色以及画出实线与虚线。

 步骤与说明

步骤 01　根据预备知识创建 Single View Application 项目。

步骤 02　打开 MyCanvas.m，在 drawRect:方法中使用 CGContextSetLineWidth 设置线条粗细，线条的颜色则使用 CGContextRGBStrokeColor 来设置。CGContextRGBStrokeColor

的第 2~4 个参数为红色、绿色与蓝色的代表值（范围为 0~1 的小数）。若值为 1，代表该颜色强度最强，0 则代表强度最弱。最后一个参数 alpha 则是设置透明度，1 代表不透明，0 代表全透明。使用 CGContextMoveToPoint 将画笔移到某个坐标，不要忘记(0, 0)在左下角。使用 CGContextAddLineToPoint 从现在画笔的位置画一条线到新的位置，并且同时将画笔移到新的位置去。最后调用 CGContextDrawPath 将线条画到屏幕上。如果要画虚线，则使用 CGContextSetLineDash，其中第 2 个参数设置距离线条开始处多远才开始画虚线，如果是 0，代表一开始就画虚线。第 3 个参数为一个数组，数组中的数据，例如{10, 10}，表示先画 10 个单位的实线，再画 10 个单位的空白。如果是{6, 6, 2, 3}，表示先画 6 个单位的实线，再画 6 个单位的空白，接着画 2 个单位的实线，最后画 3 个单位的空白。第 4 个参数为数组的数据记录数，直接使用 sizeof 函数来计算出数组的数据记录数。

```objc
- (void)drawRect:(CGRect)rect
{
    // 取得一个绘图区域
    CGContextRef context = UIGraphicsGetCurrentContext();
    // 保存现有绘图区域状态
    CGContextSaveGState(context);
    
    // 设置绘图区域坐标，将(0, 0)改为左下角
    CGAffineTransform t = CGContextGetCTM(context);
    t = CGAffineTransformInvert(t);
    CGContextConcatCTM(context, t);
    
    // 开始绘图
    CGContextSetLineWidth(context, 15);
    CGContextSetRGBStrokeColor(context, 0, 0, 1, 1);
    
    // 画一条实线
    CGContextMoveToPoint(context, 10, 100);
    CGContextAddLineToPoint(context, 200, 100);
    CGContextDrawPath(context, kCGPathStroke);
    
    // 画一条等宽虚线
    CGFloat dashes[] = { 10, 10 };
    CGContextSetLineDash(context, 0, dashes, sizeof(dashes) /
                    sizeof(CGFloat));
    CGContextMoveToPoint(context, 10, 150);
    CGContextAddLineToPoint(context, 200, 150);
    CGContextDrawPath(context, kCGPathStroke);
    
    // 画一条花式虚线
    CGFloat dashes2[] = { 6, 6, 2, 3 };
    CGContextSetLineDash(context, 0, dashes2, sizeof(dashes2) /
                    sizeof(CGFloat));
    CGContextMoveToPoint(context, 10, 200);
    CGContextAddLineToPoint(context, 200, 200);
```

```
    CGContextDrawPath(context, kCGPathStroke);

    // 还原绘图区域状态
    CGContextRestoreGState(context);
}
```

步骤 03　运行查看结果。

10-3　在绘图区域绘制多边形

难易度
★★★

> 预备知识：10-1 取得绘图区域、10-2 在绘图区域上画线
> Framework：QuartzCore.framework

多边形由多条直线组合而成，例如三角形是由三条直线组合而成，但是实际在绘图时，我们也可以使用两条线，只要设置画线的开始与结束，iOS 就会自动补上最后一条线。

🍎 步骤与说明

步骤 01　根据预备知识 1 创建 Single View Application 项目。

步骤 02　打开 MyCanvas.m，在 drawRect: 方法中使用 CGContextBeginPath 与 CGContextEndPath 来设置连续直线的开始与结束，这样只需要画两条线，iOS 会自动补上第三条线形成一个三角形。如果没有使用 CGContextEndPath 的话，就只会画出两条线而已。除此之外，使用 CGContextSetRGBFillColor 来设置三角形内部的颜色。最后将三角形画到屏幕中时，使用 kCGPathFillStroke 来让三角形内部填满指定的颜色（其他程序代码请参考预备知识 2）。

```
- (void)drawRect:(CGRect)rect
{
    // 取得一个绘图区域
```

```
CGContextRef context = UIGraphicsGetCurrentContext();
// 保存现有绘图区域状态
CGContextSaveGState(context);

// 设置绘图区域坐标,将(0, 0)改为左下角
CGAffineTransform t = CGContextGetCTM(context);
t = CGAffineTransformInvert(t);
CGContextConcatCTM(context, t);

// 开始绘图
// 设置线条颜色
CGContextSetRGBStrokeColor(context, 0, 0, 1, 1);
// 设置填满颜色
CGContextSetRGBFillColor(context, 0.6, 1, 1, 1);
// 设置线条粗细
CGContextSetLineWidth(context, 15);

// 设置路线开始
CGContextBeginPath(context);
CGContextMoveToPoint(context, 30, 30);
CGContextAddLineToPoint(context, 200, 30);
CGContextAddLineToPoint(context, 200, 250);
// 设置路线结束
CGContextClosePath(context);

CGContextDrawPath(context, kCGPathFillStroke);

// 还原绘图区域状态
CGContextRestoreGState(context);
}
```

步骤 03 运行查看结果。

10-4 在绘图区域绘制矩形

> 预备知识：10-1 取得绘图区域　　▶ Framework：QuartzCore.framework

只要给定坐标与长宽大小就可以在屏幕上绘制出一个矩形。

 步骤与说明

步骤 01 根据预备知识创建 Single View Application 项目。

步骤 02 打开 MyCanvas.m，在 drawRect:方法中使用 CGContextAddRect 类并且给定一个坐标以及长宽为 CGRect 类型的参数，就可以画出一个矩形区域。通过颜色设置，我们为第二个矩形设置透明度，并且让第二个矩形跟第一个矩形重叠，观察一下透明的效果。

```
- (void)drawRect:(CGRect)rect
{
    // 取得一个绘图区域
    CGContextRef context = UIGraphicsGetCurrentContext();
    // 保存现有绘图区域状态
    CGContextSaveGState(context);

    // 设置绘图区域坐标，将(0, 0)改为左下角
    CGAffineTransform t = CGContextGetCTM(context);
    t = CGAffineTransformInvert(t);
    CGContextConcatCTM(context, t);

    // 开始绘图
    CGContextSetRGBFillColor(context, 1, 0, 0, 1);
    CGContextAddRect(context, CGRectMake(30, 30, 100, 100));
    CGContextDrawPath(context, kCGPathFill);

    CGContextSetRGBFillColor(context, 0, 1, 0, 0.4);
    CGContextAddRect(context, CGRectMake(80, 80, 200, 200));
    CGContextDrawPath(context, kCGPathFill);

    // 还原绘图区域状态
    CGContextRestoreGState(context);
}
```

步骤 03 运行查看结果。

10-5 在绘图区域绘制弧线

> 预备知识：10-1 取得绘图区域　　Framework：QuartzCore.framework

给定圆心坐标、半径、开始与结束弧度，以及顺时针还是逆时针就可以在屏幕上画出弧线。

步骤与说明

步骤 01 根据预备知识创建 Single View Application 项目。

步骤 02 打开 MyCanvas.m，在 drawRect: 方法中设置好线条颜色与宽度后，使用 CGContextAddArc 类画出弧线。CGContextAddArc 的第 2 个与第 3 个参数代表圆心的坐标，第 4 个参数为半径，第 5 个与第 6 个参数代表起始弧度与终止弧度，最后一个参数 clockwise 代表绘制方向，如果是 1，则代表顺时针，如果是 0，则代表逆时针。我们相信大部分的读者对"角度"比"弧度"更熟悉，所以我们以角度进行说明，并且用公式将角度转换成弧度，公式为角度×π/180。在 context graphic 中，0° 位于正右方，90° 位于正上方，正左方为 180°，正下方为 270°。

```
- (void)drawRect:(CGRect)rect
{
    // 取得一个绘图区域
    CGContextRef context = UIGraphicsGetCurrentContext();
    // 保存现有绘图区域状态
    CGContextSaveGState(context);

    // 设置绘图区域坐标，将(0, 0)改为左下角
    CGAffineTransform t = CGContextGetCTM(context);
    t = CGAffineTransformInvert(t);
    CGContextConcatCTM(context, t);
```

```
    // 开始绘图
    CGContextSetLineWidth(context, 10);
    CGContextSetRGBStrokeColor(context, 0, 0, 1, 1);
    
    // 半径比较小的弧线
    CGContextAddArc(context, 200, 150, 50, 0, 90 * M_PI / 180, 0);
    // 半径比较大的弧线
    CGContextAddArc(context, 200, 300, 100, 270 * M_PI / 180, 90 * M_PI
                    / 180, 1);
    
    CGContextDrawPath(context, kCGPathStroke);
    
    
    // 还原绘图区域状态
    CGContextRestoreGState(context);
}
```

步骤03 运行查看结果。

10-6 在绘图区域绘制椭圆形

难易度 ★★★

预备知识：10-1 取得绘图区域   Framework：QuartzCore.framework

绘制椭圆或是正圆形都是先设置一个矩形区域，然后画出这个矩形区域的内接圆。

步骤与说明

步骤01 根据预备知识创建 Single View Application 项目。

步骤02 打开 MyCanvas.m，在 drawRect:方法中使用 CGContextAddEllipseInRect 并且给定一

个矩形区域后（左下角的X、Y坐标与长、宽），屏幕上会出现这个矩形区域的内接圆。

```objc
- (void)drawRect:(CGRect)rect
{
    // 取得一个绘图区域
    CGContextRef context = UIGraphicsGetCurrentContext();
    // 保存现有绘图区域状态
    CGContextSaveGState(context);
    
    // 设置绘图区域坐标，将(0, 0)改为左下角
    CGAffineTransform t = CGContextGetCTM(context);
    t = CGAffineTransformInvert(t);
    CGContextConcatCTM(context, t);
    
    // 开始绘图
    CGContextSetRGBFillColor(context, 0, 0, 1, 0.7);
    
    // 椭圆
    CGContextAddEllipseInRect(context, CGRectMake(40, 40, 200, 80));
    CGContextDrawPath(context, kCGPathFill);
    
    // 正圆
    CGContextAddEllipseInRect(context, CGRectMake(0, 200, 150, 150));
    CGContextDrawPath(context, kCGPathFill);
    
    // 还原绘图区域状态
    CGContextRestoreGState(context);
}
```

步骤 03 运行查看结果。

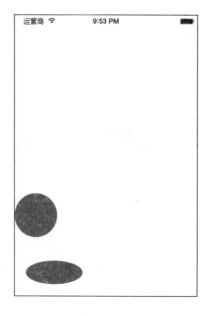

10-7 在绘图区域绘制曲线

难易度 ★☆☆

预备知识：10-1 取得绘图区域　　Framework：QuartzCore.framework

QuartzCore 2D 绘图引擎提供了两种绘制曲线的方式：三次贝兹曲线与二次贝兹曲线。三次贝兹曲线由两个控制点加上一个结束点来控制曲线弧度；二次贝兹曲线则由一个控制点加上一个结束点来决定曲线弧度。

步骤与说明

步骤 01 根据预备知识创建 Single View Application 项目。

步骤 02 打开 MyCanvas.m，在 drawRect:方法中使用 CGContextAddCurveToPoint，给定两组控制点坐标以及最后一组结束点坐标后，绘制出三次贝兹曲线图。二次贝兹曲线的绘制同样使用 CGContextAddQuadCurveToPoint 方法，只是这时只输入一组控制点坐标即可。这个方法只用来输入控制点与结束点坐标，开始点坐标则一律使用 CGContextMoveToPoint 方法进行设置。

```
- (void)drawRect:(CGRect)rect
{
    // 取得一个绘图区域
    CGContextRef context = UIGraphicsGetCurrentContext();
    // 保存现有绘图区域状态
    CGContextSaveGState(context);

    // 设置绘图区域坐标，将(0, 0)改为左下角
    CGAffineTransform t = CGContextGetCTM(context);
    t = CGAffineTransformInvert(t);
    CGContextConcatCTM(context, t);

    // 开始绘图
    CGContextSetRGBStrokeColor(context, 1, 0, 0, 1);
    CGContextSetLineWidth(context, 3);

    // 三次贝兹曲线
    CGContextMoveToPoint(context, 70, 100);
    CGContextAddCurveToPoint(context, 100, 300, -80, 100, 250, 100);
    CGContextDrawPath(context, kCGPathStroke);

    // 二次贝兹曲线
    CGContextMoveToPoint(context, 200, 300);
    CGContextAddQuadCurveToPoint(context, -100, 300, 100, 200);
    CGContextDrawPath(context, kCGPathStroke);

    // 还原绘图区域状态
    CGContextRestoreGState(context);
}
```

步骤 03　运行查看结果。

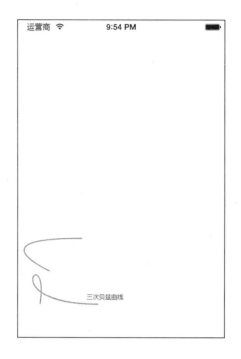

10-8　在绘图区域显示图片

难易度 ★★☆

> 预备知识：10-1 取得绘图区域　　　Framework：QuartzCore.framework

在绘图区域显示图片的目的是为了做更多的处理，例如图像处理或是放大缩小特定区域等。这里我们加载一张分辨率较大的图片，然后在 GC 上除了显示完整的图片外，再显示一张局部范围的图片。

步骤与说明

步骤 01　根据预备知识创建 Single View Application 项目。

步骤 02　添加一张 JPEG 图片到项目中。

步骤 03　打开 MyCanvas.m，在 drawRect:方法中使用 UIImage 类的 imageNamed:方法加载图形文件，然后使用 CGImage 属性取得我们要在绘图区显示图片的数据。在这个地方我们特别取出原始图片的部分区域，然后将其显示出来，让读者了解如何在绘图区域对图片进行额外的处理。

```
- (void)drawRect:(CGRect)rect
{
    // 取得一个绘图区域
    CGContextRef context = UIGraphicsGetCurrentContext();
    // 保存现有绘图区域状态
    CGContextSaveGState(context);
```

```
    // 设置绘图区域坐标，将(0，0)改为左下角
    CGAffineTransform t = CGContextGetCTM(context);
    t = CGAffineTransformInvert(t);
    CGContextConcatCTM(context, t);

    // 开始绘图
    // 将UIImage加载的JPG图形文件转换成CGImageReg格式
    CGImageRef image = [UIImage imageNamed:@"sample.jpg"].CGImage;
    // 在坐标(30, 30)以及长240、高180的矩形区域内显示图片
    CGContextDrawImage(context, CGRectMake(30, 30, 240, 180), image);

    // 设置原始图片的子区域范围 (550, 150)由图片的左上角开始计算
    CGRect subRect = CGRectMake(550, 150, 240, 180);
    // 取得原始图片的区域部分
    CGImageRef subImage = CGImageCreateWithImageInRect(image, subRect);
    // 在(30, 250)的位置显示子图片
    CGContextDrawImage(context, CGRectMake(30, 250, 240, 180), subImage);

    // 还原绘图区域状态
    CGContextRestoreGState(context);
}
```

步骤 04　运行查看结果。

第11章 文件管理

iOS 的文件系统是用来负责存储与管理所有在 iOS 中运行的文件，包含了 App 本身。iOS 是一个属于 UNIX 系列的操作系统，各种权限设置与文件操作基本上与 UNIX 相同，但是因为 iOS 属于个人使用，因此在 UNIX 上对文件的一些权限设置，在 iOS 上就不需要了。

iOS 使用了沙盒（sand box）机制，这个机制除了让每个 App 都有各自独立的目录结构外，相关的 iOS SDK 所能触及的范围也都只能在这个 App 的沙盒中。例如某个 App 打算打开一个文件，通过 iOS SDK 所能打开的文件就只有这个 App 中所创建的文件而已，无法打开另一个 App 所创建的文件。沙盒机制有效地确保了每个 App 的数据不会被其他的 App 偷走，当然这是在没有 JB（经由破解的方式取得 iOS 最高管理权限）的情况下。

当 App 下载完成并安装后，iOS 会为每个 App 创建一个专用的 Home Directory（主目录），除了将 App 放到他们自己的 Home Directory 外，还会在这个 Home Directory 下创建几个重要的目录：Documents、tmp 与 Library，而每个 App 就只能在自己的沙盒中访问数据。

每个 App 只能在 Home Directory 的三个特定目录中写入数据或是创建文件夹，它们是：

- /Documents
- /tmp
- /Library/Caches

这三个目录在使用上的差异在于 Documents 是用来存储用户自己创建的数据，例如用户打印的文章，或是拍摄的照片等。tmp 与 Caches 经常用来存储过渡性的数据，例如，从网络上抓下来的数据，或是临时产生的中继文件。存储在 Caches 中的数据与存储在 tmp 中的数据特性差不多，差别在于当 App 处于非活动状态且设备存储空间严重不足时，iOS 会主动将 Caches 中的数据清除以便释放宝贵的存储空间，但是 tmp 中的数据就必须依赖程序员自己去删除。

我们都知道，iPhone 或是 iPad 可以将数据通过 iTunes 备份在 iCloud 或是计算机上。不知道各位读者有没有发现一件有趣的事情：iCloud 的默认空间只有 5GB，但是一个已经快达到存储空间极限的 iPhone 或是 iPad，居然还是可以在 iCloud 中备份，不会出现存储空间不足的情况，原因就在于 iTunes 备份的时候，并不会备份 tmp 或 Caches 目录中的数据。这样除了备份的数据比较少之外，也节省了备份的时间。除此之外，虽然 Documents 中的数据默认是会备份的，但是可以通过修改文件属性的方式告诉 iTunes，在 Documents 目录下的某些文件可以不用备份。这一点很重要，因为在 Apple 的 iOS Data Storage Guidelines 上架规定中指出，不是由用户创建的内容都不需要备份，如果违反这一条，你的 App 将会被拒绝上架。

我们可以用几种方式取得 Home Directory 或是其中某些目录的绝对路径。

- 使用 NSTemporaryDirectory()这个 C 函数，它将返回 App home directory 下的 tmp 目录所在的路径。返回的绝对路径字符串最后会以"/"结尾。
- 使用 NSHomeDirectory()这个 C 函数，它将返回 App 的 home directory 所在路径。返回的绝对路径字符串最后并不会以"/"结尾。

除了使用上述的两个 C 函数外，还可以使用 NSFileManager 类提供的 URLsForDirectory:inDomains:方法取得更多的目录路径，例如要取得 Home Directory 下的 Documents 目录，可以使用这样的程序代码：

```
NSFileManager *fm = [NSFileManager defaultManager];
// NSUserDomainMask 代表用户的 home directory
NSArray *urls = [fm URLsForDirectory:NSDocumentDirectory inDomains:
                      NSUserDomainMask];
if ([urls count] > 0)
    NSLog(@"%@", urls[0]); // 此为 home directory 所在的绝对路径
```

除了 NSDocumentDirectory 参数外，我们再列出几个其他经常用到的参数：NSLibraryDirectory 用于取得 Library 目录；NSCachesDirectory 用于取得 Caches 目录，剩下的大部分都是编写 Mac OS X 才会用到，就请各位读者自行查看 online help 了。

在上述的程序代码中，可以看到 NSFileManager *fm = [NSFileManager defaultManager]这一行。NSFileManager 类中包含了各式各样跟目录或文件有关的方法，例如创建与删除目录、文件，或是设置权限等。defaultManager 会返回一个系统共享的 file manager 对象，当然也可以使用[NSFileManager new]或是[[NSFileManager alloc] init]来产生一个新的实体。如果打算使用 NSFileManager 的 delegate 来处理一些事情，则建议新产生一个实体而不要使用 defaultManager。

11-1 创建目录与文件

难易度 ★★★

> 预备知识：无   > Framework：无

这个单元的目的是在 App 的 Home Directory 中的 Documents 目录下创建一个新的目录，然后创建一个文件并且放在新创建的目录下。我们使用了一些错误检查机制来确认目录或是文件是否创建成功。另外，特别提醒读者的是，我们创建目录所使用的方法为 NSFileManager 类中的 createDirectoryAtPath:withIntermediateDirectories:attributes:error: ，其中如果 withIntermediateDirectories 参数为 YES，则要创建的目录不论是否已经存在，都会返回成功创建的信息。但如果填入的是 NO，则当要创建的目录已经存在时，系统会返回创建失败的信息。另外一点也要特别注意，假设要创建的目录为/Documents/data/word，而 data 目录尚不存在，在

withIntermediateDirectories 为 YES 的情况下，iOS 会先创建 data 目录，然后再创建 word 目录。

步骤与说明

步骤 01 创建 Single View Application 项目。

步骤 02 打开 ViewController.m，在 viewDidLoad 方法中编写相关的程序代码。我们打算在 Documents 目录下创建一个 data 目录，并且在 data 目录中再创建 mydata.txt 文件。先使用 NSHomeDirectory() 这个 C 函数取得这个 App 的 Home Directory 路径，然后补上 /Documents/data 就成为我们需要创建目录的绝对路径。

```objc
- (void)viewDidLoad
{
    [super viewDidLoad];
 // Do any additional setup after loading the view, typically from a nib.

    NSFileManager *fm = [NSFileManager defaultManager];
    NSString *dir = [NSHomeDirectory() stringByAppendingString:
                                       @"/Documents/data"];
    NSString *file = [dir stringByAppendingString:@"/mydata.txt"];

    NSError *error = nil;

    // 在 Documents 下创建 data 目录
    BOOL success = [fm createDirectoryAtPath:
dir withIntermediateDirectories:YES attributes:nil error:&error];
    if (success) {
        NSLog(@"目录创建成功");
    } else {
        NSLog(@"目录创建失败");
    }

    // 在 data 目录下创建 mydata.txt 文件
    success = [fm createFileAtPath:file contents:nil attributes:nil];
    if (success) {
        NSLog(@"文件创建成功");
    } else {
        NSLog(@"文件创建失败");
    }
}
```

步骤 03 运行查看结果。

11-2 复制、移动与删除

难易度 ★★★

预备知识：无 Framework：无

若对象是目录，则复制就是将整个目录（包含子目录与其中的文件）复制一份，而移动则是将目录移动到另外一个路径中去，如果要更改目录名称，则同样是使用移动目录的指令。特别提醒读者的是，使用 removeItemAtPath:error:方法删除目录时，如果该目录内有其他的文件或是目录存在，照样可以删除，并不需要先清空该目录。若对象是文件，则复制、移动与删除针对的仅是文件。

步骤与说明

步骤 01 创建 Single View Application 项目。

步骤 02 打开 ViewController.m，在 viewDidLoad 方法中编写相关的程序代码。假设在 Documents 目录下已经存在 image 这个目录，我们想要将 image 这个目录复制成 picture 与 picture.tmp 目录，复制完后再将 image 目录更改为 image.backup，最后将 picture.tmp 删除。

```objc
- (void)viewDidLoad
{
    [super viewDidLoad];
// Do any additional setup after loading the view, typically from a nib.

    NSFileManager *fm = [NSFileManager defaultManager];
    NSString *srcPath = [NSHomeDirectory() stringByAppendingString:
                                          @"/Documents/image"];
    NSString *desPath1 = [NSHomeDirectory() stringByAppendingString:
                                           @"/Documents/picture"];
    NSString *desPath2 = [NSTemporaryDirectory() stringByAppendingString:
                                                @"picture.tmp"];
    NSString *desPath3 = [NSHomeDirectory() stringByAppendingString:
                                           @"/Documents/image.backup"];

    // 复制目录。将 image 复制为 picture
    [fm copyItemAtPath:srcPath toPath:desPath1 error:nil];
    // 将 image 复制到/tmp 下，并且改名称为 picture.tmp
    [fm copyItemAtPath:srcPath toPath:desPath2 error:nil];

    // 移动目录或将目录改名字。将 image 改名为 image.backup
    [fm moveItemAtPath:srcPath toPath:desPath3 error:nil];

    // 删除目录。将./tmp/picture.tmp 目录删除
    [fm removeItemAtPath:desPath2 error:nil];
}
```

步骤 03 运行查看结果。运行完后在 Documents 下的目录中会包括 picture 与 image.backup。

11-3 检查目录或文件是否存在

> 预备知识：无　　Framework：无

在 UNIX 系统上（iOS 也属于 UNIX 的一个分支），目录与文件在某些地方是差不多的，例如权限的设置，甚至有些时候可以把目录视为一个特殊的文件来看待。iOS 在检查某个目录

或是文件是否存在时，使用的命令只有一种，就是 NSFileManager 类中的 fileExistsAtPath:方法。通过这个方法的返回值，就可以知道某个目录或是文件是否存在。

步骤与说明

步骤 01 创建 Single View Application 项目。

步骤 02 打开 ViewController.m，在 viewDidLoad 方法中编写相关的程序代码。假设我们要检查 Documents 目录下的 image 目录是否已经存在，其程序代码如下：

```
- (void)viewDidLoad
{
    [super viewDidLoad];
// Do any additional setup after loading the view, typically from a nib.

    NSFileManager *fm = [NSFileManager defaultManager];
    NSString *path = [NSHomeDirectory() stringByAppendingString:
                                    @"/Documents/image"];
    BOOL isExist = [fm fileExistsAtPath:path];
    if (isExist) {
        NSLog(@"目录或文件存在");
    } else {
        NSLog(@"目录或文件不存在");
    }
}
```

步骤 03 运行查看结果。

11-4 区分目录与文件

> 预备知识：11-3 检查目录或文件是否存在　　　　Framework：无

在 iOS 中要区分某个文件到底是文件还是目录，是在检查目录或文件是否存在的同时，顺便取得它到底属于目录或是文件。

步骤与说明

步骤 01 创建 Single View Application 项目。

步骤 02 打开 ViewController.m，在 viewDidLoad 方法中编写相关的程序代码。

```
- (void)viewDidLoad
{
    [super viewDidLoad];
// Do any additional setup after loading the view, typically from a nib.

    NSFileManager *fm = [NSFileManager defaultManager];
    NSString *path = [NSHomeDirectory() stringByAppendingString:
                                    @"/Documents/image"];
    BOOL isDir, isExist;
```

第 11 章　文件管理

```
    isExist = [fm fileExistsAtPath:path isDirectory:&isDir];

    if ((isExist) && (isDir)) {
        NSLog(@"此为目录");
    } else if ((isExist) && (!isDir)) {
        NSLog(@"此为文件");
    } else if (!isExist) {
        NSLog(@"目录或文件不存在");
    }
}
```

步骤 03　运行查看结果。

难易度 ★★★　11-5　列出目录下的所有文件

> 预备知识：11-4 区分目录与文件　　　Framework：无

要列出某个目录下所有的文件，并且区分出它们是目录还是真正的文件，虽然是一件很容易的事情，但是有个地方要特别注意，就是不可以使用 NSFileManager 类的 contentsOfDirectoryAtPath:error:方法来取得某个目录下的所有文件（包含子目录），而要改用 contentsOfDirectoryAtURL:includingPropertiesForKey:options:error: 方法才可以。原因在于 contentsOfDirectoryAtPath 所返回的数据只有文件名称，并没有包含它们的绝对路径，所以在接下来判定这个文件是真正的文件还是目录时会判断错误。如果使用 contentsOfDirectoryAtURL 则会取得每一个文件（包含子目录）的绝对路径。

返回的数据会存储在 NSArray 数组中，然后通过一个循环列举出这个数组的所有数据，并使用 fileExistsAtPath:isDirectory:来判断是目录还是文件就可以了。

步骤与说明

步骤 01　创建 Single View Application 项目。

步骤 02　打开 ViewController.m，在 viewDidLoad 方法中编写相关的程序代码。假设我们想要列出 Documents 下的所有文件（包含目录），并且能够区分出哪些是目录，哪些是文件。

```
- (void)viewDidLoad
{
    [super viewDidLoad];
    // Do any additional setup after loading the view, typically from a nib.

    NSFileManager *fm = [NSFileManager defaultManager];
    NSArray *arr = [fm URLsForDirectory:NSDocumentDirectory inDomains:
                                        NSUserDomainMask];
    NSURL *url = arr[0];

    // includingPropertiesForKey: 表示要列出具备哪些属性的文件，
    //nil 表示所有属性都要的意思
```

```
            // option：目前可以使用的参数是 NSDirectoryEnumerationSkipsHiddenFiles
            // 代表不要列出隐藏文件
            // 如果要连隐藏文件都列出
            // 则使用!NSDirectoryEnumerationSkipsHiddenFiles
            // UNIX 的隐藏文件是以"."开头的文件
            NSArray *fileList = [fm contentsOfDirectoryAtURL:url
                          includingPropertiesForKeys:nil
                          options:NSDirectoryEnumerationSkipsHiddenFiles
                          error:nil
                      ];

            BOOL isDir;
            for (NSURL *p in fileList) {
                // NSURL 类包含了文件的绝对路径（以 URI 的格式呈现）
                // .lastPathComponent 则是 URI 中文件名的部分
                if ([fm fileExistsAtPath:p.path isDirectory:&isDir] && isDir)
                    NSLog(@"%@ 是目录.", p.lastPathComponent);
                else
                    NSLog(@"%@ 是文件.", p.lastPathComponent);
            }
        }
```

步骤 03 运行查看结果

```
Simulate_ls[1393:a0b] a 是目录.
Simulate_ls[1393:a0b] aa 是文件.
Simulate_ls[1393:a0b] b 是目录.
Simulate_ls[1393:a0b] bb 是文件.
Simulate_ls[1393:a0b] c 是目录.
Simulate_ls[1393:a0b] cc 是文件.
```

11-6 设置文件不要备份属性

难易度 ★★★

> 预备知识：无   > Framework：无

在本章开始我们曾经提及，iOS 的备份机制默认会将 Documents 下的所有数据备份起来，只有 tmp 与 Library/Caches 中的数据不会备份。有时我们希望 Documents 下的数据不要备份的话，就必须设置一个属性，告诉 iOS 这个文件是不用备份的。

步骤与说明

步骤 01 创建 Single View Application 项目。

步骤 02 打开 ViewController.m，并且找到 viewDidLoad 方法。我们先在 Documents 目录下创建 mydata.txt 文件，然后设置这个文件的属性为"不要备份"。由于"不要备份"这个属性被定义在 NSURL 对象中，所以根据文件的绝对路径来产生一个 NSURL 对象。

```
- (void)viewDidLoad
```

```
{
    [super viewDidLoad];
    // Do any additional setup after loading the view, typically from a nib.
    
    NSFileManager *fm = [NSFileManager defaultManager];
    NSString *path = [NSHomeDirectory() stringByAppendingString:
                                        @"/Documents/mydata.txt"];
    [fm createFileAtPath:path contents:nil attributes:nil];
    
    // 设置文件不要备份属性，必须根据文件的绝对路径来产生 NSURL 对象
    NSURL *url = [NSURL fileURLWithPath:path];
    NSError *error = nil;
    // 设置文件的不要备份属性为 YES
    // 在下一行设置断点，用 ls -l@命令查看文件属性的前后变化
    BOOL success = [url setResourceValue:[NSNumber numberWithBool:YES]
    forKey:NSURLIsExcludedFromBackupKey error:&error];
    if (success ) {
        NSLog(@"Success for marking \"do not backup\"");
    } else {
        NSLog(@"Error: %@", error);
    }
    
}
```

步骤 03 运行查看结果。让这个项目在模拟器中运行，这样才能通过终端机下的"ls –l@"命令查看文件属性的变化。

```
Ckk-Macmini:Documents ckk$ #App 运行前
Ckk-Macmini:Documents ckk$ ls -l@
total 0
-rw-r--r--  1 ckk  staff  0  6 25 11:19 mydata.txt
Ckk-Macmini:Documents ckk$ #App 运行后
Ckk-Macmini:Documents ckk$ ls -l@
total 0
-rw-r--r--@ 1 ckk  staff  0  6 25 11:19 mydata.txt
 com.apple.metadata:com_apple_backup_excludeItem     22
Ckk-Macmini:Documents ckk$
```

11-7 文字类型的文件 I/O

难易度 ★★★

预备知识：无　　Framework：无

NSString 类中包含了将字符串写入文件或是从文件中读出字符串的方法，因此我们可以很容易地访问文件。

步骤与说明

步骤 01 创建 Single View Application 项目。

步骤 02 打开 ViewController.m，在 viewDidLoad 方法中先将某个字符串写入文件中，然后将

该文件中的数据读出来。当使用 writeToFile:atomically: encoding:error:方法写入数据前，该文件不用事先存在，iOS 会自动帮我们创建。atomically 参数为 YES 时，写入数据的文件会先创建一个临时盘，然后将这个临时盘移动到正确的路径中去。其目的是为了保证数据可以写到文件中，避免因为某些原因导致数据写不进去而造成数据丢失。如果参数为 NO，则直接产生文件并将数据写进去。如果没有特别原因，建议此参数为 YES。

```objc
- (void)viewDidLoad
{
  [super viewDidLoad];
 // Do any additional setup after loading the view, typically from a nib.

    NSString *path = [NSHomeDirectory() stringByAppendingString:
                                       @"/Documents/mydata.txt"];
    // 将数据写入文件中
    [@"Hello World\n" writeToFile:path
              atomically:YES
              encoding:NSUTF8StringEncoding
              error:nil
     ];

    // 从文件读出数据
    NSString *text= [[NSString alloc] initWithContentsOfFile:path
                              encoding:NSUTF8StringEncoding
                              error:nil
                  ];

    NSLog(@"%@", text);
}
```

步骤 03　运行查看结果。

11-8　数组类型的文件 I/O

难易度 ★★★

预备知识：无　　Framework：无

除了 NSString 类中包含了将数据写入文件（writeToFile）或是从文件中读出数据（initWithContentsOfFile）的方法外，NSArray（数组）类也具备这两个方法，因此，我们可以直接将数组存到文件中，或是从文件中读取数组。特别需要注意的地方是，数组中所存储的数据，其数据类型只有是 NSString、NSArray、NSDictionary、NSData、NSNumber 与 NSDate 这几个类型时，才能将数组内容存到文件中去。

步骤与说明

步骤 01　创建 Single View Application 项目。

步骤 02　打开 ViewController.m，在 viewDidLoad 方法中编写相关的程序代码。如果直接打开存盘的内容，会发现数组数据是以 XML 格式存储的。

```
- (void)viewDidLoad
{
   [super viewDidLoad];
// Do any additional setup after loading the view, typically from a nib.

   NSString *path = [NSHomeDirectory() stringByAppendingString:@"/Documents/save.dat"];
   NSArray *array = @[@"A", @"B", @"C", @"D"];

   // 将数组数据写入文件
   [array writeToFile:path atomically:YES];

   // 从文件中读取数组数据
   NSArray *readArray = [[NSArray alloc] initWithContentsOfFile:path];
   for (id p in readArray) {
      NSLog(@"%@\n", (NSString*)p);
   }
}
```

步骤 03 运行查看结果。以下列出 save.dat 文件的内容，请读者参考。

```xml
<?xml version="1.0" encoding="UTF-8"?>
<!DOCTYPE plist PUBLIC "-//Apple//DTD PLIST 1.0//EN"
       "http://www.apple.com/DTDs/PropertyList-1.0.dtd">
<plist version="1.0">
<array>
 <string>A</string>
 <string>B</string>
 <string>C</string>
 <string>D</string>
</array>
</plist>
```

11-9 将图片存入文件

难易度 ★★★

预备知识：无　　Framework：无

要将图片存入文件，必须先将图片转换成 NSData 格式。iOS SDK 提供了两个 C 函数进行这样的转换：一个是 UIImageJPEGRepresentation()；另一个则是 UIImagePNGRepresentation()。通过这两个函数的名字就能知道，如果图形文件格式为 JPEG 或是 PNG，处理起来就很容易。本节将两张图片先存储在数组中，然后将这个数组存盘。

步骤与说明

步骤 01 创建 Single View Application 项目。

步骤 02　在项目中插入两张 JPEG 图片文件，文件名分别叫做 1.jpg 与 2.jpg。

步骤 03　打开 ViewController.m，并且找到 viewDidLoad 方法。我们先将这两张图片转换成 NSData 格式并且放到数组中，然后将这个数组内容存放到 Documents 目录下的 photos.dat 文件中。

```objc
- (void)viewDidLoad
{
    [super viewDidLoad];
    // Do any additional setup after loading the view, typically from a nib.
    
    NSString *path = [NSHomeDirectory() stringByAppendingString:@"/Documents/photos.dat"];
    UIImage *img1 = [UIImage imageNamed:@"1.jpg"];
    UIImage *img2 = [UIImage imageNamed:@"2.jpg"];
    
    // 1.0代表了压缩后的图片质量，因为我们不想改变太多，所以这里填入最高质量1.0
    NSData *img1Data = UIImageJPEGRepresentation(img1, 1.0);
    NSData *img2Data = UIImageJPEGRepresentation(img2, 1.0);
    
    // 将这两张图片放到数组中
    NSArray *array = [[NSArray alloc] initWithObjects:img1Data, img2Data, nil];
    if ([array writeToFile:path atomically:YES]) {
        NSLog(@"图片存盘成功");
    } else {
        NSLog(@"失败");
    }
}
```

步骤 04　运行查看结果。

11-10　delegate 的用法

> 预备知识：11-5 列出目录下的所有文件　　　Framework：无

NSFileManager 类可以设置 delegate，分别使用在复制、移动、删除与连接（Symbolic Link）时。将要使用 delegate 的类必须符合 NFFileManagerDelegate 协议的规范，然后实现相关的方法，并且在这些方法中返回 YES 或是 NO 来确定复制、移动等动作是否要运行。本节主要的目的是展示如何删除 Documents 目录下的所有隐藏文件，包含目录。

 步骤与说明

步骤 01　创建 Single View Application 项目。

步骤 02　打开 ViewController.h，让 ViewController 类符合 NSFileManagerDelegate 协议的规范。

```objc
#import <UIKit/UIKit.h>

@interface ViewController : UIViewController <NSFileManagerDelegate>
```

```
@end
```

步骤 03 打开 ViewController.m，在 viewDidLoad 方法中，先列举 Documents 下的所有文件（包含目录），注意我们使用~NSDirectoryEnumerationSkipsHiddenFiles 参数，让所有的隐藏文件都在列举范围内。

```
- (void)viewDidLoad
{
    [super viewDidLoad];
// Do any additional setup after loading the view, typically from a nib.

    NSFileManager *fm = [NSFileManager new];
    NSArray *arr = [fm URLsForDirectory:NSDocumentDirectory inDomains:
                                  NSUserDomainMask];
    NSURL *url = arr[0];   NSArray *fileList =
    [fm contentsOfDirectoryAtURL:url
                  includingPropertiesForKeys:nil
                  options:~NSDirectoryEnumerationSkipsHiddenFiles
                  error:nil];

    fm.delegate = self;

    for (NSURL *p in fileList) {
        [fm removeItemAtURL:p error:nil];
    }
}
```

步骤 04 实现 fileManager:shouldRemoveItemAtURL:方法，在这个方法中我们检查每一个文件是否以"."开头，如果是，代表其是隐藏文件，于是返回 YES，否则返回 NO。

```
// 删除文件时会调用此方法
-(BOOL)fileManager:(NSFileManager *)fileManager shouldRemoveItemAtURL:
    (NSURL *)URL
{
    // 如果文件名是以"."开头，则返回 YES，否则返回 NO
    return [URL.lastPathComponent hasPrefix:@"."];
}
```

步骤 05 运行查看结果。

第12章 结构化数据访问

当数据量越来越大时,已经不能仅仅将数据任意存储在文件中,一旦数据非常多时,修改或取得所要的数据将会是非常困难并且耗时的一项工作。为了解决大量数据处理的问题,我们需要一套严谨的数据管理制度来存储与查询这些庞大的数据。在 iOS 中,除了最基本的打开文件、读取文件、存盘等这些没有明确管理机制的方式来存储数据外,iOS 还提供了另外几种重要的数据存储方式。虽然这些方式最后还是将数据存储在文件中,但是 iOS 以一套系统性有制度的方式来管理这些数据,让数据不再是"散乱"地存储在文件中。如此一来,我们很容易处理大量的数据,并且同时兼顾性能。我们在这里介绍 3 种方式:(1)PLIST 文件;(2)SQLite 数据库;(3)Core Data。以下分别说明这三种类型的特点。

1. PLIST 文件

这是一种以 XML 格式存储的文本文件。如果要存储的数据具备类似于面向对象世界中常见的"属性名称与属性值"这样的形式,举例来说,一件绿色的 T 恤有两个属性:颜色与样式。颜色这个属性的值为绿色,而样式的属性为 T 恤。如果数据具有这样的特性而且数据量不大的时候,就非常适合使用 PLIST 文件来存储这些数据。PLIST 文件基本上由<key>标签与<string>标签配对组成,<key>标签存放的是属性名称,而<string>标签用来存储与 <key>标签对应的内容,也就是属性值。<key>标签与<string>标签是成对的,有<key>标签就一定会有对应的<string>标签。例如下图的 PLIST 文件以及所对应的 XML 内容。

Key	Type	Value
▼ Root	Dictionary	(3 items)
Name	String	My App
Version	String	1.0.3
Release Date	Date	2012/8/18 下午11:15:55

```
<?xml version="1.0" encoding="UTF-8"?>
<!DOCTYPE plist PUBLIC "-//Apple//DTD PLIST 1.0//EN"
          "http://www.apple.com/DTDs/PropertyList-1.0.dtd">
<plist version="1.0">
<dict>
    <key>Name</key>
    <string>My App</string>
```

```
    <key>Version</key>
    <string>1.0.3</string>
    <key>Release Date</key>
    <date>2012-08-18T15:15:55Z</date>
</dict>
</plist>
```

2. SQLite 数据库

SQLite 数据库是一种标准的数据库系统，虽然小，但是具备了绝大部分的数据库特性。如果读者已经熟悉数据库系统的操作，使用 SQLite 将会非常轻松、愉快。SQLite 本身并没有一个图形化的管理接口，所有的数据库管理方式都必须依靠 SQL Command。如果读者不想通过命令来创建数据库的话，建议可以在网络上查找一些第三方开发的图形化管理接口，可以很快地创建复杂的数据库系统。

Mac OS 与 iOS 内置了 SQLite 数据库引擎，程序员可以通过 Objective-C 来与数据库打交道。读者并不需要因为这部分语法很复杂而心生畏惧，事实上在使用 Objective-C 操作数据库的过程中，我们只需要专注在 SQL Command 上即可。操作数据库中的数据几乎都是 SQL Command 的事情，程序语言（Objective-C）在这里只是一个载体，目的是把 SQL Command 送进数据库去运行，然后取得运行结果后输出而已。基本上，在 Objective-C 的部分，其语法与逻辑顺序都是固定的，只有第一次写的时候比较辛苦，需要多输入几个字，以后相同的案例都用复制的方法即可。

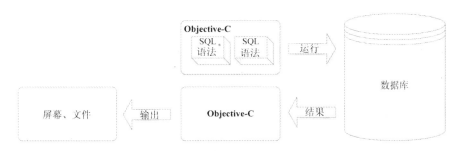

为了让还不熟悉数据库的读者能够快速上手，在本书的附录中，我们对数据库的重要概念与 SQL Command 语法做一些简单的介绍，希望能够对想要了解这部分的读者有所帮助。

3. Core Data

Core Data 算是 Apple 工程师将标准的数据库进行了一些变形，它隐藏了 SQL Command。变形后的数据库让程序员在面对复杂数据管理的时候，不用再额外去学习 SQL Command 语法。Core Data 将许多数据库的特性重新封装，原本需要"手动"处理的部分，现在变成系统自动去维护，其中与数据

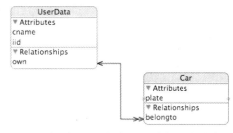

库最大的差异就在于要处理数据表与数据表之间的关联性时，技术上变得很不一样。除此之

外，数据表的主键也没了。这些改变让原本熟悉数据库的人在一开始接触 Core Data 时会很不习惯，甚至完全搞不清楚它的逻辑在哪里。不过等到上手之后就会发现，只要学会一种语言就可以管理与操作数据库了，不再像之前直接使用 Objective-C 连接数据库一样，除了 Objective-C 语法外，还要熟悉 SQL Command。

虽然 Core Data 将数据库的概念重新包装过，但骨子里仍然是数据库，如果读者在 Mac 上打开终端器，路经切换到 iPhone 的模拟器下，然后找到使用 Core Data 的那个 App 目录，应该可以发现在该目录的 Documents 文件夹下存在一个 SQLite 数据库文件，这个数据库文件其实就是 Core Data 正在使用的数据库，所以万变不离其宗，数据到最后还是存储在数据库中。至于读者要直接使用 SQLite 或是使用 Core Data 来存储与管理数据，基本上看读者各人的喜好，无所谓谁优、谁劣。

12-1 访问 PLIST 文件

难易度 ★★

> 预备知识：无　　> Framework：无

PLIST 为 Property List 的缩写，是扩展名为.plist 的文件，其内容为 XML 格式，并且以<key>与<string>这两个标签构成主要的内容。其中<key>标签表示属性的名称，而<string>标签存储属性值。因此，如果我们想要存储的数据，其类型具有属性与属性值这样的配对关系，那么我们可以使用 PLIST 文件来存储。当然，iOS SDK 已经提供了适当的 API 来访问这个文件，我们不需要辛苦地去解析 XML 内容。

创建项目时，Xcode 会为每一个项目自动创建一个 PLIST 文件，名称为：[项目名称]-Info.plist，放在项目的 Supporting Files 文件夹中。这个 Xcode 预先创建的 plist 文件用于存储与这个项目有关的重要参数，例如 App 在移动设备上所显示的名称、显示的图标或是这个 APP 是否可以在后台运行等。如果我们打算将自己的数据放入 PLIST 文件中，创建一个新的 PLIST 文件是比较好的做法。

步骤与说明

步骤 01　创建 Single View Application 项目。

步骤 02　新增自定义的 plist 文件。在项目导航窗口中单击 Supporting Files 文件夹，然后单击下拉菜单 File→New→File→iOS/Resource→Property List。如果文件名为默认值的话，完成后在 Supporting Files 文件夹中会多一个名称为 Property List.plist 的文件。

步骤 03　在 Property List.plist 文件中按 ⊕ 按钮添加一条数据。添加的这一条数据，我们将 Key 的名称改为 Color，Type 设置为 String，Value 则填入 Red。

Key	Type	Value
▼ Root	Dictionary	(1 item)
Color	String	Red

步骤 04 由于 iOS 的沙盒机制，每个 App 所在的目录下只有三个文件夹具备写入权限。如果会有数据要写入这个 .plist 文件，那么必须在 App 运行后将.plist 文件移动到具有写入权限的文件夹中。在大部分的情况下，我们会使用 Documents 这个文件夹，并且会在程序开始运行时，就把文件复制到正确的位置中去。可以使用 NSHomeDirectory() 这个标准的 C 函数取得 App 所在的"家"目录，而 Documents 就位于这个主目录下。只要在第一次运行程序时执行复制的动作即可，以后每次运行这个 App 时只要检查一下 Documents 中有没有之前复制过的.plist 文件，如果有就不需要再复制了，以免之前存入的数据被覆盖。这段程序代码可以写在 AppDelegate.m 的 application:didFinishLaunchingWithOptions:中，让程序开始运行时就判断是否需要复制文件。

```
- (BOOL)application:(UIApplication *)application
        didFinishLaunchingWithOptions:(NSDictionary *)launchOptions
{
    NSFileManager *fm = [[NSFileManager alloc] init];

    // 取得 Property List.plist 在项目中的路径
    NSString *src = [[NSBundle mainBundle] pathForResource:@"Property
        List" ofType:@"plist"];
    // 取得要复制到的目的路径
    NSString *dst = [NSString stringWithFormat:@"%@/Documents/Property
        List.plist", NSHomeDirectory()];

    //检查目的路径的 Property List.plist 文件是否已经存在，如果不存在则复制文件
    if ( ! [fm fileExistsAtPath:dst]) {
        [fm copyItemAtPath:src toPath:dst error:nil];
    }

    return YES;
}
```

步骤 05 之前我们在 Property List.plist 中先添加了一条数据 Color，其值为 Red，现在我们要将这条数据读出来，程序代码可以放在 ViewController.m 中的 viewDidLoad 方法中。做法是使用 NSMutableDirectionary 类的 dictionaryWithContentsOfFile: 方法将.plist 文件内容一次全部读出，读出后如果内容有更新，更新完后保存文件即可。我们先处理读出的部分。

```
// 取得已经复制到主目录下 Documents 文件夹中的 Property List.plist 路径
NSString *path = [NSString stringWithFormat:@"%@/Documents/Property
    List.plist", NSHomeDirectory()];

// 将 Property List.plist 文件内容全部读出放到 plist 变量中
```

```
    NSMutableDictionary *plist = [NSMutableDictionary
        dictionaryWithContentsOfFile:path];
    // 从 plist 变量中取得 key 名称为 Color 的值
    NSString *color = [plist objectForKey:@"Color"];
    NSLog(@"The color is %@", color);
```

步骤 06 接下来修改一下 Color 的内容，将值改为 Green（绿色），并且记住最后要将修改后的结果写回 Property List.plist 文件。存盘使用的是 NSMutableDirectionary 类的 writeToFile:atomically:方法。其中如果 atomically 参数是 YES，表示 iOS 会先将数据写入一个辅助文件中，然后将这个文件改为最后真正的目的文件；如果是 NO，代表不产生辅助文件，直接写回目的文件。辅助文件的目的是为了防止在写入数据的时候系统崩溃或因任何原因无法写入导致数据丢失，所以建议这个参数使用 YES 比较好。

```
    // 将 plist 变量中的 Color 值改为 Green（绿色）
    [plist setValue:@"Green" forKey:@"Color"];
    // 将修改完的值写回 Property List.plist 文件
    [plist writeToFile:path atomically:YES];
```

步骤 07 运行查看结果。

```
2012-06-16 18:17:14.904 Plist[4122:10103] The color is Red
```

步骤 08 再运行一次，看看 Color 是否变成 Green。

```
2012-06-16 18:17:32.631 Plist[4129:10103] The color is Green
```

12-2 创建 SQLite 数据库

难易度 ★★

预备知识：无　　Framework：无

iOS 内置的数据库为 SQLite。除了一些第三方工具外，SQLite 本身的操作方式只能依靠文字命令，换句话说，SQLite 并不具备一个人性化的图形接口，让用户可以很容易操作。如果读者对于 SQLite 的操作命令熟悉的话，可以直接在终端机模式下输入 sqlite3 命令来启动 SQLite shell，接下来就是通过 SQL Command 来完成数据库的所有管理与操作。如果读者对数据库操作命令不熟悉或者还是习惯于一个图形化接口可以对整个数据库结构一目了然，建议读者寻找一个好用的图形化接口来操作数据库。如果手边有 Firefox 浏览器，可以安装一个称为 SQLite Manager 的附加组件，这两项都是免费的，如此就可以轻松地创建一套复杂的数据库系统。

步骤与说明

步骤 01 在 Mac OS 下打开终端机程序，然后输入 sqlite3 mydb.sqlite 命令。这个命令会进入 SQLite 管理系统（sqlite shell），3 代表这个管理系统是第三版。参数 mydb.sqlite 的的意思是如果 mydb.sqlite 文件已经存在，SQLite 引擎会加载这个文件；如果不存在，则会新建。

步骤 02 如果要创建数据表的话，可以在 sqlite shell 下输入 CREATE TABLE 命令创建数据表，例如创建名称为 UserData 的数据表。CREATE TABLE 就是 SQL Command。这一行代码运行完后除了会创建一个名称为 UserData 的数据表外，这个数据表还有两个字段：iid 与 cname。这两个字段的数据类型都是字符串，并且 iid 还被设置为主键，代表 iid 的值是不可以重复的（例如客户编号是不可以重复的）。由于 SQL Command 语法非常庞大且具规模性，建议读者多利用第三方开发的具有图形接口的管理工具来创建数据表，可以省掉很多工作。

```
CREATE TABLE UserData (iid TEXT PRIMAR KEY, cname TEXT);
```

步骤 03 在 sqlite shell 下输入 .quit 后离开，再将 Xcode 的项目中加入 mydb.sqlite，即可通过 Objective-C 程序代码让开发的 App 使用这个数据库。

12-3 连接 SQLite 数据库

难易度 ★★★

> 预备知识：12-2 创建 SQLite 数据库　　Framework：libsqlite3.dylib

如果要通过 Objective-C 访问 SQLite 数据库中的数据，首先第一步就是要创建与数据库的连接，然后通过这个连接将 SQL Command 送进数据库中去运行，最后关闭连接。需要注意的是，与数据库创建连接（或称打开数据库）这件事是非常耗用资源的，因此在整个程序运行的过程中，最好不要经常开关数据库，这样会让系统运行效率变得很差。打个比方，如果有人打算从天津到北京，因此政府创建了一条高速公路，但不会因为一个人到了北京后，政府就把这条高速公路拆掉，等到还有人想要从天津到北京再建，这太不符合经济效益了，因为一条高速公路可以服务很多人。利用 Objective-C 创建的数据库连接就相当于那条高速公路，在上面跑的车子就相当于 SQL Command。因此，在程序结束的时候再把这条连接关闭，并释放资源是比较好的做法。

步骤与说明

步骤 01 创建 Single View Application 项目。在项目中加入 libsqlite3.dylib 函数库。除了 libsqlite3.0.dylib 之外，读者应该可以发现还有一个名称为 libsqlite3.dylib 的函数库，这两个有什么不同呢？事实上是一样的。libsqlite3.0.dylib 只是一个 UNIX 系统中常见的 symbolic link，指向 libsqlite3.dylib，这两个文件可以在 /usr/lib 下找到，如下所示。建议使用 libsqlite3.dylib 比较好。

```
Ckk-Macmini:usr ckk$ cd /usr/lib
Ckk-Macmini:lib ckk$ ls -l libsql*
```

```
lrwxr-xr-x 1 root wheel 16 7 3  2011 libsqlite3.0.dylib → libsqlite3.dylib
-rwxr-xr-x 1 root wheel 2350672 1 21 15:46 libsqlite3.dylib
```

步骤 02 在项目中加入已经存在的 SQLite 数据库文件（参考预备知识），例如 mydb.sqlite。

步骤 03 在 AppDelegate.h 中导入 sqlite3.h 头文件，并且声明一个数据类型为 sqlite3 的变量以及一个可以返回这个变量的方法 getDB。getDB 方法的目的是为了让这个项目的其他地方需要使用数据库时，不需要再创建数据库连接。只要调用 AppDelegate 中的 getDB 方法就可以返回数据库连接，这样避免将数据库连接不停地开关，从而影响系统的运行效率。当然，要直接访问 db 这个成员变量也可以。

```
#import <UIKit/UIKit.h>
#import <sqlite3.h>

@interface AppDelegate : UIResponder <UIApplicationDelegate>
{
    sqlite3 *db;
}
-(sqlite3 *) getDB;

@property (strong, nonatomic) UIWindow *window;

@end
```

步骤 04 在 AppDelegate.m 中实现 getDB 方法，其实就是返回数据库连接而已。

```
-(sqlite3 *)getDB
{
    return db;
}
```

步骤 05 打开 AppDelegate.m，我们将 App 与数据库连接的程序代码写在 application:didFinishLaunchingWithOptions:方法中，这样 App 运行起来就可以与数据库连接。我们先用注释的方式标识出程序的每个区块，然后再依据区块分别说明。

```
- (BOOL)application:(UIApplication *)application
    didFinishLaunchingWithOptions:(NSDictionary *)launchOptions
{
    // 将数据库文件复制到具有写入权限的目录

    // 检查目的文件是否存在，如果不存在则复制数据库

    // 与数据库连接，并将连接结果存入 db 变量中

    return YES;
}
```

步骤 06 将数据库复制到这个 App 专用的主目录的 Documents 文件夹后，这个文件夹才具备可写入的权限，否则不论如何将数据写入数据库都不会有任何作用。iOS 为了安全因素采用了沙盒机制，只允许 App 所在路径下的三个文件夹具有可写入权限，一般来说 Documents 是最常用的。

```
// 将数据库文件复制到具有写入权限的目录
NSFileManager *fm = [[NSFileManager alloc] init];
NSString *src = [[NSBundle mainBundle] pathForResource:@"mydb"
    ofType:@"sqlite"];
NSString *dst = [NSString
    stringWithFormat:@"%@/Documents/mydb.sqlite", NSHomeDirectory()];

// 检查目的文件是否存在，如果不存在则复制数据库
if ( ! [fm fileExistsAtPath:dst]) {
    [fm copyItemAtPath:src toPath:dst error:nil];
}
```

步骤07　数据库连接（或称为打开数据库），再次提醒，要打开的数据库必须是 App 所在主目录下的 Documents 文件夹，这样数据才能写进去。打开后 db 变量会指向这个数据库连接，以后只要通过 db 就可以访问数据库数据。

```
// 与数据库连接，并将连接结果存入 db 变量中
if (sqlite3_open([dst UTF8String], &db) != SQLITE_OK) {
    db = nil;
    NSLog(@"数据库连接失败");
}
```

步骤08　程序结束后，记住将数据库连接关闭，以释放数据库连接所占用的系统资源。这段程序代码可以写在 AppDelegate.m 文件中的 applicationWillTerminate: 内。

```
- (void)applicationWillTerminate:(UIApplication *)application
{
    // 关闭数据库连接
    sqlite3_close(db);
}
```

步骤09　操作完成。

如果编译时找不到 mydb.sqlite 的路径，请到 Build Phases 将 mydb.sqlite 加入 Copy Bundle Resources 中。

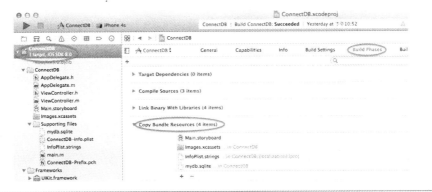

12-4 查询数据库中的数据

难易度 ★★

> 预备知识：12-3 连接 SQLite 数据库
> Framework：libsqlite3.dylib

查询数据库中的数据所需要使用的 SQL Command 语法为以 SELECT 开头的语法，例如 SELECT * FROM UserData WHERE iid = '王大明'。查询出来的结果会放在一个变量中，然后利用循环（通常都是 while 循环，因为不知道查询的结果有多少条数据）将这个变量中所有的数据取出，并进行后续的处理就可以了。

步骤与说明

步骤 01 根据预备知识创建 Single View Application 项目。

步骤 02 打开 ViewController.h，导入 AppDelegate.h 头文件。

```
#import <UIKit/UIKit.h>
#import "AppDelegate.h"

@interface ViewController : UIViewController

@end
```

步骤 03 查询数据库数据的步骤，基本上分为：（1）连接数据库；（2）运行 SQL Command；（3）取得运行结果。在这里，我们将这 3 个步骤都写在 ViewController.m 的 viewDidLoad 方法中。根据预备知识，连接数据库的程序代码已经写在 AppDelegate.m 中，我们只要调用 AppDelegate 的 getDB 方法即可。

```
- (void)viewDidLoad
{
    [super viewDidLoad];
    
    // 取得已打开的数据库连接变量
    AppDelegate *delegate = (AppDelegate *)[[UIApplication
        sharedApplication] delegate];
    sqlite3 *db = [delegate getDB];
    
    if (db != nil) {
        // 准备好查询的 SQL command
    }
}
```

步骤 04 接着上述步骤的程序代码，准备好查询用的 SQL Command，并且运行此 SQL Command。这部分的程序代码放在上述步骤最后的注释之后。

```
// 准备好查询的 SQL command
const char *sql = "SELECT * FROM UserData";
// statement 用来存储运行结果
sqlite3_stmt *statement;
```

```
sqlite3_prepare(db, sql, -1, &statement, NULL);
```

步骤 05 上述步骤中的 statement 变量就是用来存储 SQL Command 运行后的结果。查询结果可能没有数据（因为查不到数据），也可能有一条或一条以上的数据，不论哪一种，我们都可以利用循环将其逐一读出。由于循环每运行一遍，就会处理存储在 statement 变量中的一条数据，因此利用 sqlite3_step() 函数判断 statement 的状态是否不等于常量 SQLITE_ROW，就知道是否已经处理到最后一条数据了。

```
// 利用循环取出查询结果
while (sqlite3_step(statement) == SQLITE_ROW) {
    char *iid = (char *)sqlite3_column_text(statement, 0);
    char *cname = (char *)sqlite3_column_text(statement, 1);

    NSLog(@"iid: %@", [NSString stringWithCString:iid
      encoding:NSUTF8StringEncoding]);
    NSLog(@"cname: %@", [NSString stringWithCString:cname
      encoding:NSUTF8StringEncoding]);
}
```

步骤 06 最后释放 statement 使用的资源。至于数据库连接资源的释放，程序代码已写在 AppDelegate.m 中，这样就可以当整个程序结束运行时再释放数据库连接所需的系统资源（参考预备知识）。

```
// 使用完毕，释放 statement
sqlite3_finalize(statement);
```

步骤 07 运行查看结果。假设数据库中已经存在一条 A01、王大明的数据，从数据库取出后输出到屏幕上。

```
SelectDB[4277:10103] iid: A01
SelectDB[4277:10103] cname: 王大明
```

如果 SQL Command 中带有参数，可用以下的程序代码转换处理。假设 iid 变量存放用户输入的数据，我们先将 iid 与 SQL Command 合成为 NSString 类型的字符串，然后使用 UTF8String 转换成 const char *类型的字符串。

```
NSString *iid = @"A03";
NSString *s = [[NSString alloc]
    initWithFormat:@"SELECT * FROM UserData WHERE iid = '%@'", iid];
const char *sql = [s UTF8String];
```

12-5 修改数据库中的数据

难易度 ★★

▶ 预备知识：12-3 连接 SQLite 数据库   ▶ Framework：libsqlite3.dylib

所谓的"修改"数据库中的数据，包含了插入一条新数据、更新数据与删除数据这三类。

所对应的 SQL Command 分别是 INSERT INTO、UPDATE 与 DELETE。修改数据与查询数据不一样的地方在于修改数据并不会有数据返回，因此在运行完 SQL Command 后的处理就不需要使用循环来取出结果，只要判断是否运行成功即可。此外，由于运行 INSERT INTO、DELETE 与 UPDATE 这三种 SQL Command 所需要编写的 Objective-C 程序代码都是一样的，因此本节仅使用 INSERT INTO 进行说明。

步骤与说明

步骤 01 根据预备知识创建 Single View Application 项目。

步骤 02 打开 ViewController.h，导入 AppDelegate.h 头文件。

```objc
#import <UIKit/UIKit.h>
#import "AppDelegate.h"

@interface ViewController : UIViewController

@end
```

步骤 03 修改数据库数据的步骤可以分为两个部分：(1)连接数据库；(2)运行 SQL Command。为了简化程序代码，我们将这两个步骤都写在 ViewController.m 的 viewDidLoad 方法中。参考预备知识，我们将第 1 部分连接数据库的程序代码写在 AppDelegate.m 中，在第 2 部分要运行 SQL Command 时，我们只要调用 AppDelegate 中的 getDB 方法即可取得已经打开的数据库连接。

```objc
- (void)viewDidLoad
{
    [super viewDidLoad];

    // 取得已打开的数据库连接变量
    AppDelegate *delegate = (AppDelegate *)[[UIApplication
        sharedApplication] delegate];
    sqlite3 *db = [delegate getDB];

    if (db != nil) {
        // 准备好插入数据的 SQL command
    }
}
```

步骤 04 接着上述步骤的程序代码，准备好添加数据用的 SQL Command，并且运行此 SQL Command。这些程序代码请放在上述步骤的程序代码中最后的注释下方。

```objc
    // 准备好插入数据的 SQL command
    const char *sql = "INSERT INTO UserData VALUES ('A03', '王小毛')";
    sqlite3_stmt *statement;
    // 运行
    sqlite3_prepare(db, sql, -1, &statement, NULL);
```

步骤 05 调用 sqlite3_step 函数并且传入 statement 参数后检查返回值是否为 SQLITE_DONE，

如果是，则代表 SQL Command 运行成功。

```
// 检查插入数据是否成功
if (sqlite3_step(statement) == SQLITE_DONE) {
    NSLog(@"成功插入一条数据");
} else {
    NSLog(@"插入一条数据失败");
}
```

步骤 06 最后释放 statement 所使用的资源。当然数据库连接的资源也要释放，不过这部分我们写在整个 App 结束时才释放（请参考预备知识）。

```
// 使用完毕，释放 statement
sqlite3_finalize(statement);
```

步骤 07 运行查看结果。

12-6 数据库访问图片

难易度 ★★☆

预备知识：12-3 连接 SQLite 数据库　　Framework：libsqlite3.dylib

虽然在大部分情况下图片都会存放在数据库外面，但还是有些情况会让图片存放在数据库里面，因为这样会让整个数据处理变得简单，例如会员数据中的会员大头照。如果 SQLite 数据库要存储图片，其字段类型需要设置为 BLOB。

步骤与说明

步骤 01 根据预备知识创建 Single View Application 项目。

步骤 02 打开 ViewController.h，导入 AppDelegate.h 头文件。

```
#import <UIKit/UIKit.h>
#import "AppDelegate.h"

@interface ViewController : UIViewController

@end
```

步骤 03 打开 ViewController.m，在 viewDidload 方法中将范例图片存储到数据库中，然后从数据库中将此图片读取出来并放到 Storyboard 上的 image 组件中。

```
- (void)viewDidLoad
{
    [super viewDidLoad];
    
    AppDelegate *delegate = (AppDelegate *)[[UIApplication sharedApplication] delegate];
    sqlite3 *db = [delegate getDB];
    
    if (db != nil) {
```

```objc
// 准备照片
UIImage *img = [UIImage imageNamed:@"sample.jpg"];
NSData *data = UIImageJPEGRepresentation(img, 1.0);

sqlite3_stmt *statement;

// (1, ?): 1所在的字段为 PK, 为图片编号
const char *sql = "insert into image_table values (1, ?)";
sqlite3_prepare(db, sql, -1, &statement, NULL);

// 将照片存入数据库
sqlite3_bind_blob(statement, 1, [data bytes], [data length], NULL);

if (sqlite3_step(statement) == SQLITE_DONE) {
    NSLog(@"success");
} else {
    NSLog(@"fail");
}
sqlite3_finalize(statement);

// 从数据库中取出照片
const char *sql1 = "select * from image_table";
sqlite3_prepare(db, sql1, -1, &statement, NULL);
while (sqlite3_step(statement) == SQLITE_ROW) {
    int length = sqlite3_column_bytes(statement, 1);
    data = [NSData dataWithBytes:sqlite3_column_blob(statement, 1)
        length:length];
    // 将图片放到 image 组件中
    self.myImg.image = [UIImage imageWithData:data];
}

sqlite3_finalize(statement);
    }
}
```

步骤 04 运行查看结果。

12-7 设计与规划 Core Data

难易度 ★★

> 预备知识：无   > Framework：无

当使用 Core Data 来访问数据时，必须要先设计数据的存放方式。在 Core Data 中，所有的数据都是存放在实体（entity）中，虽然实体的概念与数据库中的数据表（table）大同小异，但 Core Data 在整体概念上与数据库大不相同。不论如何，在打算使用 Core Data 访问数据前，必须先将实体以及实体间的关系设计出来。特别提醒读者的是，Core Data 最后存储数据的地方依然是数据库，使用的是 iOS 内置的 SQLite。但是既然已经使用 Core Data，那么传统数据库的概念，例如主键、外键与 SQL Command 语法这些东西，其实都可以不用理会了。

第 12 章 结构化数据访问

步骤与说明

步骤 01 创建 Single View Application 项目，并且将 Use Core Data 复选框勾选。

步骤 02 打开.xcdatamodeld 文件。这个文件的主要目的是以图形的方式设计实体以及设置实体与实体之间的关系，好让 App 在第一次运行时根据这个设置来产生数据库。除了设计实体与创建关系，这个文件还可以预先存储查询条件（下图中的 FETCH REQUESTS），以便让日后查询数据时减少一些重复的程序代码。

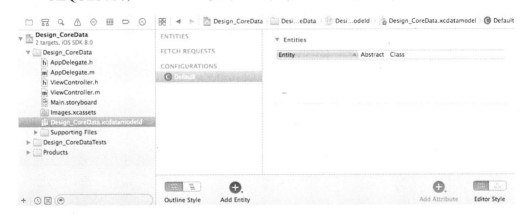

步骤 03 开始要设计实体了。单击下方的 Add Entity 按钮，添加两个 Entity，并且把 Entity 的名字改为 UserData 与 Car。我们打算用 Core Data 存储客户数据与 Car 间的关系。

步骤 04 在 UserData 上新增 iid 与 cname 这两个字段（也就是 Attribute），在 Car 上添加 plate 字段，并且将这些字段的数据类型都指定为 String。其中 iid 准备用来存储客户编号；cname 为客户姓名；plate 为车牌号码。特别需要注意的是，客户编号不使用 id 的原因是 id 为 Objective-C 保留字，不可以使用。

步骤 05 单击 UserData，添加一个 Relationship，并且将名字改为 own，这个关系是用来描述"谁拥有这辆车"的概念。在 Data Model Inspector 面板上将 Destination 设置为 Car，并且选择"To-Many c"Type，代表"一个人可以有很多车"。由于 Optional 的选项并没有取消，因此也表示"他可以没有车"。我们重新解释一下这个关系，它代表了一个客户可以没有车，也可以有一辆或一辆以上的车子。

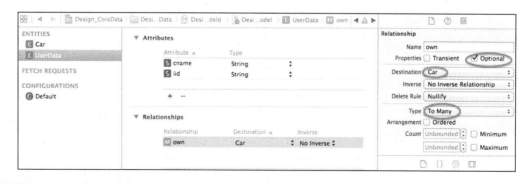

步骤 06 单击 Car，同样也新增一个 Relationship，名称为 belongto。这个关系用来描述"这辆车属于谁的"。同样在 Data Model Inspector 面板上将 Destination 设置为 UserData，Inverse 设置为 own 以及将 Optional 复选框的勾选取消。Optional 取消勾选的意思代表了"每辆车都一定要有拥有者"（也许这家公司生产的车子只有在有

客户下单的情况下才会生产，因此每辆车子都一定会有主人）。由于"To-Many" Type 选项没有被选取，因此从 Car 的角度来看，belongto 关系也描述了"一辆车子只能有一位拥有者"这样的规定。

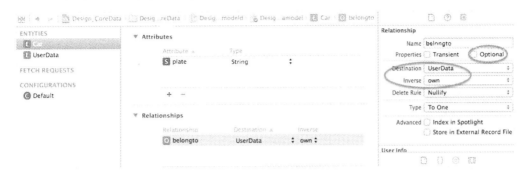

步骤 07 现在 Core Data 已经设计好了，我们将下方的"Editor Style"换成"Table, Graph"模式，就可以从图形化的接口来查看刚刚的设计，这个图非常类似于数据库里面的 E-R 图（Entity-Relation Diagram）。两个 entity 中间的那条线，表示了这两个数据表之间是有关联性的，线条两端的一个箭头与两个箭头分别代表"To-Many Relationship"复选框是否勾选。

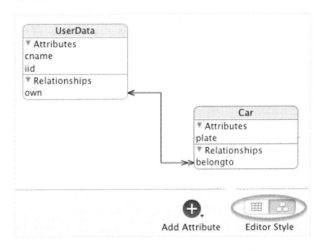

步骤 08 使用 Shift 键，将 UserData 与 Car 这两个 entity 都选中，然后在 Editor 菜单上选择 "Create NSManagedObject Subclass…"选项。单击 Create 按钮后，项目中会多 4 个文件：UserData.h 与 .m，以及 Car.h 与 .m 文件。观察 UserData.h 与 Car.h 的内容可以发现，这 4 个文件就是用来访问 Core Data 数据的关键文件。事实上通过这些文件，程序员可以节省很多程序代码，并且只要把心思花在数据本身的处理上即可。一般来说我们不需要去修改这 4 个文件的内容，如果在 .xcdatamodeld 文件中重新规划了 UserData 与 Car 这两个 Entity，只要再重新单击一次"Create NSManagedObject Subclass…"选项就可以了。

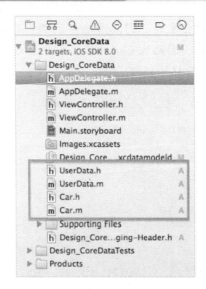

步骤09 操作完成。特别提醒读者的是，这个 App 运行后不会有任何结果，它必须配合其他与 Core Data 有关的 App 使用。

12-8 访问 Core Data 数据

难易度 ★★

> 预备知识：12-7 设计与规划 Core Data　　> Framework：无

虽然在上一节中设计了两个 entity，但是访问两个彼此间有关系的 entity 相对比访问单一 entity 要复杂，因此在本节中，先只处理单一 entity 的访问，让读者熟悉 Core Data 的基本使用方式，之后再遇到更复杂的状况时理解起来就会容易许多。

步骤与说明

步骤01 根据预备知识创建 Single View Application 项目。

步骤02 打开 AppDelegate.h，导入 UserData.h 与 Car.h 头文件。

```
#import <UIKit/UIKit.h>
#import <CoreData/CoreData.h>
#import "UserData.h"
#import "Car.h"

@interface AppDelegate : UIResponder <UIApplicationDelegate>
```

步骤03 根据预备知识，Core Data 中有个 UserData 实体。UserData 是设计存放客户数据的地方，它有两个字段：一个是 iid，存放的是客户编号；另一个是 cname，负责存储客户姓名。虽然还有另外一个 entity：Car，但是在这里我们先不用管它，因为暂时不会用到。由于 App 开始运行时 Core Data 的内容是空的，因此我们先存储两条数据，之后再把这两条数据读出来。为了说明方便，在不额外增加与此 App 无关的程序代码的情况下，我们将本节需要的程序代码全部写在 AppDelegate.m 的

application:didFinishLaunchingWithOptions: 中。特别要注意的地方是，调用 NSEntityDescription 类中的 insertNewObjectForEntityForName 后（目的是添加一条新数据），所返回的对象（UserData*）只对应到 entity 中的一条数据，事实上调用完后已经添加了一条空的数据，而这条数据目前暂时存储在内存中。接下来就是通过返回的 UserData*去修改各个字段的内容，例如 user.iid = @"A01"，就会将内存中对应到的 iid 字段内容填入 A01。由于这些修改只是改变了内存，所以如果最后忘了"存盘"，那么所有的修改都不会真正被存储起来，下次运行这个 App 时会发现，所有存储在 Core Data 中的数据都没有改变。

```
// 存储两条数据到"UserData" entity
UserData *user;

// 第一条数据
user = [NSEntityDescription
    insertNewObjectForEntityForName:@"UserData"
    inManagedObjectContext:self.managedObjectContext];
user.iid = @"A01";
user.cname = @"王大明";

// 第二条数据
user = [NSEntityDescription
    insertNewObjectForEntityForName:@"UserData"
    inManagedObjectContext:self.managedObjectContext];
user.iid = @"A02";
user.cname = @"李大妈";

// 真正将数据写入 "UserData"
[self.managedObjectContext save:nil];
```

步骤 04 接着第三步的程序代码，将刚刚存进 Core Data 的数据再取出来。在 Core Data 中获取数据的专有名词称为 fetch，所以只要看到 fetch 这个词就代表与读取数据有关。要 fetch 数据时，必须创建 fetch request，然后指定这个 fetch request 要从哪个 entity 取出数据。由于取出的数据可能不只一条，因此需要使用循环去调用整个 fetch 回来的数据。

```
// 取出数据
NSFetchRequest *fetch = [[NSFetchRequest alloc] init];
NSEntityDescription *entity = [NSEntityDescription
    entityForName:@"UserData"
    inManagedObjectContext:self.managedObjectContext];
[fetch setEntity:entity];

NSArray *allUsers = [self.managedObjectContext
    executeFetchRequest:fetch error:nil];
for (UserData *p in allUsers) {
    NSLog(@"%@, %@", p.iid, p.cname);
}
```

步骤 05 运行查看结果。

```
CoreData[1868:10403] A01, 王大明
CoreData[1868:10403] A02, 李大妈
```

12-9 查询 Core Data 时附带查询条件

难易度 ★★

> 预备知识：12-7 设计与规划 Core Data、12-8 访问 Core Data 数据　　Framework：无

根据上一节内容我们知道，查询 Core Data 中的数据要先创建 fetch 需求（fetch request）。创建好之后调用 executeFetchRequest 运行这个 fetch 需求就可以得到需要的数据。但如果每一次的 fetch 都是将数据全部从实体中"搬"出来，然后由程序去做筛选并取得真正想要的数据，这样做太没有效率了。想想看，如果 UserData 这个实体中有上百万条客户数据，而通常客服人员只是要查询某位客户的数据时，那么在 fetch 的过程中，是不是只要 fetch 到那位客户的数据就好？而不是每次查询都是把上百万条数据全部从 Core Data 移到程序代码中再去筛选，这样做绝对会让这个 App 性能差到令人抓狂的地步。

因此，fetch 需求是可以设置查询条件的，设置查询条件的目的是事先过滤掉不符合需求的数据。在 fetch 需求运行之前，我们就可以先设置一些查询条件，例如查询全部姓王的客户，或是编号为 A01 的客户，那么这个 fetch 需求在运行时就会根据这些条件找出符合的数据，然后返回来。除了可以设置查询条件之外，还可以设置如何排序返回的数据，例如根据客户编号排序，或是根据客户姓名排序。排序过后的数据将显得更有秩序与专业，也方便用户快速找到需要的数据。

 步骤与说明

步骤 01 根据预备知识创建 Single View Application 项目。

步骤 02 要使用查询条件或是设置排序，必须在 fetch 需求被运行之前完成，因此，在 AppDelegate.m 中找到 executeFetchRequest 这一行程序（参考预备知识 2），在这之前做如下的程序代码设置。查询条件语法请参考附录 B。

```
// 设置查询条件：所有姓王的客户
NSPredicate *predicate = [NSPredicate predicateWithFormat:@"cname
                    like '王*'"];
[fetch setPredicate:predicate];

// 设置排序：按照客户编号进行由小到大排序
NSSortDescriptor *sort = [[NSSortDescriptor alloc]
                    initWithKey:@"iid" ascending:YES];
NSArray *sortArray = [[NSArray alloc] initWithObjects:sort, nil];
[fetch setSortDescriptors:sortArray];

NSArray *allUsers = [self.managedObjectContext
                    executeFetchRequest:fetch error:nil];
```

步骤 03 运行查看结果。请读者在 Core Data 中自行增加几条姓王的数据，才能看出结果。

12-10 使用 Core Data 预存的 Fetch Requests

难易度 ★★★

> 预备知识：12-7 设计与规划 Core Data、12-8 访问 Core Data 数据   > Framework：无

Fetch Requests 在运行前必须先决定要 fetch 哪一个实体，可能还需要设置查询条件，或是设置数据的排序。这些设置不一定要写在 Objective-C 中，我们可以事先就将这些设置存在 Core Data 的 .xcdatamodeld 文件内，称为 Fetch Requests。每个 Fetch Requests 都需要一个名字，之后在 Objective-C 中只要加载适当的 Fetch Requests 后运行就可以了。Fetch Requests 可以让程序员简化一些程序代码。

步骤与说明

步骤 01 根据预备知识创建 Single View Application 项目。

步骤 02 打开 .xcdatamodeld 文件，在 add Entity 下拉菜单中单击 Add Fetch Request 选项，并将名字改为 Fetch_iid_is_A01，我们希望这个 fetch request 做到 "只查询客户编号为 A01 的客户数据"。命名完后在右边画面来设置此 fetch 的内容。修改相关字段成：Fetch all "UserData" objects where: "iid" "is" "A01"。

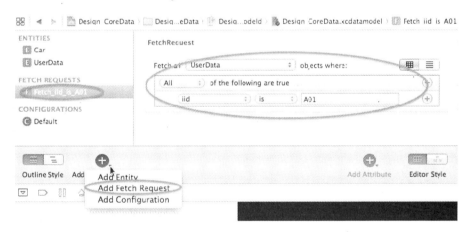

步骤 03 打开 AppDelegate.m，修改 fetch 相关的程序代码，原先的程序代码在不使用预存 Fetch Requests 的情况下会比使用 Fetch Requests 来得多（原先为 3 行，使用后只要 1 行），请参考预备知识。

```
//原先的程序代码:
  // 取出数据
  NSFetchRequest *fetch = [[NSFetchRequest alloc] init];
  NSEntityDescription *entity = [NSEntityDescription
      entityForName:@"UserData"
      inManagedObjectContext:self.managedObjectContext];
  [fetch setEntity:entity];
//取代原先程序代码使用 Fetch Requests 后的新程序代码
  // 取出数据
  NSFetchRequest *fetch = [self.managedObjectModel
```

```
                    fetchRequestTemplateForName:@"Fetch_iid_is_A01"];
```

步骤 04 运行查看结果。

```
FetchRequests_CoreData[3106:10403] A01, 王大明
```

12-11 在 Core Data 预存的 Fetch Requests 中增加变量

难易度 ★★★

> 预备知识：12-7 设计与规划 Core Data、12-8 访问 Core Data 数据   > Framework：无

在 Core Data 中预先创建的 Fetch Requests 是可以包含变量的，变量名称以 "$" 开头，之后在程序中改变这个变量值，就可以让预先存储的 fetch request 在使用上更具弹性。

步骤与说明

步骤 01 根据预备知识创建 Single View Application 项目。

步骤 02 打开 .xcdatamodeld 文件，在 Editor 下拉菜单中单击 "Add Fetch Request" 选项，并将名字改为 Fetch_by_cname。然后设置此 fetch 的条件参数："Fetch all UserData objects where: cname CONTAINS $CNAME"，其中 $CNAME 就是变量，整行代表的意思是"输入部分姓名查询客户数据"。

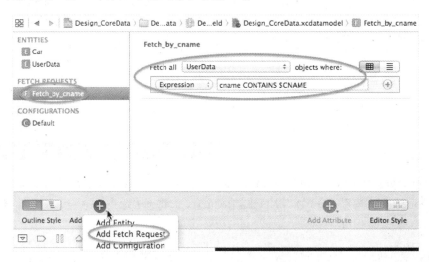

步骤 03 打开 AppDelegate.m，修改 fetch 相关的程序代码，原先的程序代码请参考预备知识创建。

```
//原先的程序代码
    // 取出数据
    NSFetchRequest *fetch = [[NSFetchRequest alloc] init];
    NSEntityDescription *entity =
    [NSEntityDescription entityForName:@"UserData"
    inManagedObjectContext:self.managedObjectContext];
```

```
[fetch setEntity:entity];
//取代原先程序代码，使用新程序代码
// 取出数据
NSFetchRequest *fetch = [self.managedObjectModel
fetchRequestFromTemplateWithName:@"Fetch_by_cname"
substitutionVariables:[NSDictionary dictionaryWithObject:@"大"
forKey:@"CNAME"]];
```

步骤 04 运行查看结果。

```
FatchRequests_With_Var[633:10403] A02，李大妈
FatchRequests_With_Var[633:10403] A01，王大明
```

12-12　删除 Core Data 中的数据

难易度 ★★★

预备知识：12-7 设计与规划 Core Data、12-8 访问 Core Data 数据、12-9 查询 Core Data 时附带查询条件　　Framework：无

要删除 Core Data 中的数据原理很简单，就是先 fetch 到要删除的数据，然后下命令删除即可。

步骤与说明

步骤 01 根据预备知识创建 Single View Application 项目。

步骤 02 打开 AppDelegate.m，fetch 到要删除的数据。

```
// 取出数据
NSFetchRequest *fetch = [[NSFetchRequest alloc] init];
NSEntityDescription *entity = [NSEntityDescription
    entityForName:@"UserData"
    inManagedObjectContext:self.managedObjectContext];
[fetch setEntity:entity];

// 设置查询条件：客户编号为A01的客户
NSPredicate *predicate = [NSPredicate predicateWithFormat:@"iid =
                    'A01'"];
[fetch setPredicate:predicate];

NSArray *allUsers = [self.managedObjectContext
                executeFetchRequest:fetch error:nil];
```

步骤 03 取出 fetch 到的数据后，执行删除命令。

```
for (UserData *p in allUsers) {
    // 从UserData中删除客户编号为A01的数据
    [self.managedObjectContext deleteObject:p];
}
// 存储结果到UserData
[self.managedObjectContext save:nil];
```

步骤 04　运行查看结果。

12-13　访问 Core Data 中的一对多关系

难易度 ★★★

> 预备知识：12-7 设计与规划 Core Data　　> Framework：无

在 Core Data 中的两个实体之间可能存在着"一对一"或是"一对多"的关联。根据预备知识，Core Data 中的 UserData 与 Car 描述了"一个人可以没有车或者有很多辆车，但每辆车都必须且只能属于一个人"这样的概念，因此这两个实体间存在着一对多的关联性，我们可以写成"UserData <--→>Car"。

Core Data 在处理两个实体的关联性部分，与所熟知的数据库是非常不同的。若读者已经熟悉数据库原理的话，在这里需要创建新的概念。在 Core Data 中，假设数据 A 与数据 B 有关联，程序员只要将数据 A 结构中的某个指针指向数据 B，或者换个叙述方式：将数据 B 塞进数据 A 的结构中，在存盘时，iOS 会自动创建数据 A 到数据 B 的关系。如果这个关系是具备 Inverse 的话（请参考本节预备知识），iOS 也会同时创建数据 B 到数据 A 的关系。

在查询数据的部分，请熟悉数据库的读者舍弃两个数据表先关联后查询的概念，因为在 Core Data 中，是先从某一个实体中查询出所要的数据后，再由查询出的数据找到另一个实体所关联的数据。

步骤与说明

步骤 01　根据预备知识创建 Single View Application 项目。

步骤 02　打开 AppDelegate.h，导入 UserData.h 与 Car.h 头文件。

```
#import <UIKit/UIKit.h>
#import <CoreData/CoreData.h>
#import "UserData.h"
#import "Car.h"

@interface AppDelegate : UIResponder <UIApplicationDelegate>
```

步骤 03　假设"客户王大明有一辆车，李大妈有两辆车"，我们在 AppDelegate.m 的 application:didFinishLaunchingWithOptions: 中将这两个客户的数据输入到 Core Data 内。创建王大明数据的程序代码如下：

```
UserData *user;
Car *car;

// 王大明的基本数据
user = [NSEntityDescription
    insertNewObjectForEntityForName:@"UserData"
    inManagedObjectContext:self.managedObjectContext];
user.iid = @"A01";
user.cname = @"王大明";
// 第一辆车的数据
```

```
car = [NSEntityDescription insertNewObjectForEntityForName:@"Car"
    inManagedObjectContext:self.managedObjectContext];
car.plate = @"AA-1111";
// 创建王大明与第一辆车的关系
[user addOwnObject:car];
```

步骤 04 创建李大妈数据的程序代码如下。

```
// 李大妈的基本数据
user = [NSEntityDescription
      insertNewObjectForEntityForName:@"UserData"
      inManagedObjectContext:self.managedObjectContext];
user.iid = @"A02";
user.cname = @"李大妈";
// 第二辆车的数据
car = [NSEntityDescription insertNewObjectForEntityForName:@"Car"
      inManagedObjectContext:self.managedObjectContext];
car.plate = @"BB-2222";
// 创建李大妈与第二辆车的关系
[user addOwnObject:car];
// 第三辆车的数据
car = [NSEntityDescription insertNewObjectForEntityForName:@"Car"
      inManagedObjectContext:self.managedObjectContext];
car.plate = @"CC-3333";
// 创建李大妈与第三辆车的关系
[user addOwnObject:car];
```

步骤 05 数据都处理完后记得存盘。

```
// 将上述数据存盘
[self.managedObjectContext save:nil];
```

步骤 06 接下来尝试将刚刚存进去的数据取出来。在一对多的关系下，将数据取出的方式是很特殊的：首先从某个实体中 fetch 到需要的数据（例如 UserData），然后利用关联性（例如 own）取得另一个实体的数据（例如 Car），最后通过两个循环将全部的数据输出。

```
// 取出数据：通过 UserData 查出每个客户所对应的所有车子数据
NSFetchRequest *fetch = [[NSFetchRequest alloc] init];
NSEntityDescription *entity = [NSEntityDescription
    entityForName:@"UserData"
    inManagedObjectContext:self.managedObjectContext];
[fetch setEntity:entity];

NSArray *allUsers = [self.managedObjectContext
    executeFetchRequest:fetch error:nil];
// 这个循环取得所有 UserData 数据
for (UserData *p in allUsers) {
    NSSet *set = p.own;
    NSArray *cars = [set allObjects];
```

```
    // 这个循环取得每个 user 所拥有的所有车子数据
    for (Car *c in cars) {
        NSLog(@"%@, %@", p.cname, c.plate);
    }
}
```

步骤07 运行查看结果。

```
To_Many_Relation[2334:10403] 李大妈, BB-2222
To_Many_Relation[2334:10403] 李大妈, CC-3333
To_Many_Relation[2334:10403] 王大明, AA-1111
```

12-14　Core Data 访问图片

> 预备知识：12-7 设计与规划 Core Data、12-8 访问 Core Data 数据　　> Framework：无

要在 Core Data 中访问图片只要将字段的数据类型设置成 Transformable 就可以了。

步骤与说明

步骤01 创建 Single View Application 项目，并且勾选 Core Data。

步骤02 将一张范例图片（sample.jpg）加入此 Xcode 项目中。

步骤03 在 .xcdatamodeld 文件中创建一个 entity（名称使用默认的 Entity 即可），然后给这个 entity 新增一个字段，字段名称为 image，数据类型为 Transformable。

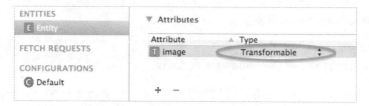

步骤04 根据 Entity 这个实体创建 Objective-C 类。选择菜单 Editor→CreateNSManagedObject Subclass…，然后打开 AppDelegate.m，导入 Entity.h 头文件。

```
#import "AppDelegate.h"
#import "Entity.h"
```

步骤05 将图片存入 Core Data 中。程序代码可写在 AppDelegate.m 的 application:didFinishLaunchingWithOptions:方法中。

```
UIImage *image = [UIImage imageNamed:@"sample.jpg"];
Entity *photo = [NSEntityDescription
 insertNewObjectForEntityForName:@"Entity"
 inManagedObjectContext:self.managedObjectContext
          ];
photo.image = image;
[self.managedObjectContext save:nil];
```

步骤06 从 Core Data 中取出图片。程序代码可接在上一步的程序代码后。

```
// 从 Core Data 中取出图片
NSFetchRequest *fetch = [NSFetchRequest new];
NSEntityDescription *entity = [NSEntityDescription
entityForName:@"Entity"

inManagedObjectContext:self.managedObjectContext
                  ];
[fetch setEntity:entity];
NSArray *all_photos = [self.managedObjectContext
executeFetchRequest:fetch error:nil];
UIImage *p = ((Entity *)[all_photos objectAtIndex:0]).image;

NSLog(@"图片长度 = %.0f, 图片宽度 = %.0f", p.size.height, p.size.width);
```

步骤07 运行查看结果。

第13章 云端存储

所谓的云端存储就是将原本该存储在本地计算机的文件改为存储在网络上,这样处理的好处是任何一台计算机连接这个网络后都可以把数据再抓下来(当然需要经过身份验证),修改完的文件也会自动同步到其他的计算机,省去了使用 U 盘、E-mail 或是 FTP 等文件交换的麻烦。目前市面上提供云端存储的公司很多,例如 Dropbox、Google Docs、SkyDrive、SugarSync、Box.net 等。当然苹果公司也有自己的云端存储服务,称为 iCloud。越来越多的云端存储系统被开发出来,大家也渐渐地开始习惯使用云端存储,因为使用上确实是简单方便。本章介绍两个云端存储系统的程序编写方式:一个是苹果公司的 iCloud,另一个是 Dropbox。

(图片摘自苹果公司开发者网站)

1. iCloud

iCloud 是苹果公司开发的一套云端存储系统,能够让各个设备之间(Mac、iPhone 与 iPad 等)通过这个系统共享文件。目前 iCloud 提供的功能比较简单,只是将文件存储在 iCloud 中,这些文件可以被其他设备下载但是不能分享,也就是说我们不能将 iCloud 中的某个文件设置权限后让其他人下载,只能够处理自己 iCloud 中的文件。

由于数据是存储在网络上,因此读写数据的速度势必会受到网络速度的影响,为了让用户在操作上不会因为保存文件或是打开文件后必须等待网络响应才能继续下一步，因此 iOS 使用了 iCloud daemon 来处理 iCloud 上的数据访问。当我们的 App 想要访问 iCloud 上的文件时，会使用特殊的类（例如 UIDocument）将文件的访问交给 iCloud daemon 处理，这样我们的 App 就不需要一直等待 iCloud 响应，直到 iCloud daemon 处理完后再通知 App 处理结果。

如果打算多个 App 共享 iCloud 上的数据也很容易，必须符合两个条件：第一个条件是这些 App 必须是同一个 Individual ID 开发出来的 App 才可以，所谓同一个 Individual ID 简单来说就是同一个开发者，也就是说同一个开发者开发出来的 App 才能共享同一个 iCloud 下的数据；除了第一个条件是必要条件之外，第二个条件是要共享数据的 App 在 Xcode 中必须被设置为同一个组 ID。由于一个 App 可以设置成属于很多个组，但是只有在同一个组内的 App 才能共享数据。

2. Dropbox

在早期众多云端存储方案中，Dropbox 可能算是前几个被大众接受并广泛使用的。使用 Dropbox 很简单，只要在 Dropbox 的网站上申请一个账号，就可以拥有 2GB 的免费存储空间。我们可以在想要分享数据的计算机上安装 Dropbox 客户端软件（支持 Windows、Mac、Linux 与各种平台的移动设备）后，让这些计算机之间同步共享文件。

为了让 App 可以使用 Dropbox 提供的服务，Dropbox 提供了 iOS 版的 SDK，以供 Xcode 使用。Dropbox SDK 基本上提供了三种服务：上传文件、下载文件与查询目录列表。创建 Dropbox App 之前必须先在 Dropbox 网站注册 App 的相关数据，并取得两组号码，之后在开发 App 时需要输入这两组号码来跟网站上注册的 App 连接。Dropbox App 需要经由 Dropbox 的审核才能正式使用，否则在审核之前除了开发者本人之外，只能再多允许 5 个人测试使用。全部流程分为 4 个步骤，如下图所示。

不论是 Dropbox 还是 iCloud，如果觉得免费版所提供的空间不够用，都可以通过付费方式取得更多的使用空间。

13-1 使用 iCloud 读写文件

难易度 ★★

> 预备知识：11-1 创建目录与文件、11-7 文字类型的文件 I/O　　　　> Framework：无

对文件 I/O 而言，iCloud 可以视为是一个网络存储空间，只要将存盘或是读取文件路径设置为 iCloud，其余的部分就跟普通文件 I/O 一样。

步骤与说明

步骤 01　创建 Single View Application 项目。

步骤 02　打开项目的 iCloud 功能，并且勾选 iCloud Documents。

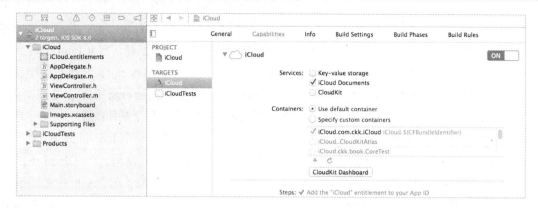

步骤 03 打开 ViewController.m，在 viewDidLoad 方法中判断用户是否将 iCloud 打开或是已经登录。在官方文件中，建议使用 ubiquityIdentityToken 这个方法来判断。

```
- (void)viewDidLoad
{
    [super viewDidLoad];
    // Do any additional setup after loading the view, typically from a nib.

    NSFileManager *fm = [NSFileManager defaultManager];
    id token = [fm ubiquityIdentityToken];

    // 检查用户是否打开 iCloud 功能
    if (token != nil) {
        NSOperationQueue *q = [NSOperationQueue new];
        [q addOperationWithBlock:^{
            // 进行 iCloud I/O
            [self iCloudIO];
        }];

    } else {
        NSLog(@"请先启用 iCloud");
    }
}
```

步骤 04 实现自定义的 iCloudIO 方法。

```
-(void)iCloudIO
{
    NSFileManager *fm = [NSFileManager defaultManager];
    NSURL *fileURL = [fm URLForUbiquityContainerIdentifier:nil];

    // 将存盘路径设置在 Documents 下
    fileURL = [fileURL URLByAppendingPathComponent:@"Documents"];

    if ([fm fileExistsAtPath:[fileURL path]] == NO) {
        // 如果 Documents 目录不存在，则创建这个目录
        [fm createDirectoryAtURL:fileURL withIntermediateDirectories:
            YES attributes:nil error:nil];
    }

    // 设置保存文件名为 mynote.txt
    fileURL = [fileURL URLByAppendingPathComponent:@"mynote.txt"];

    // 将数据写入 iCloud
    [@"hello world" writeToURL:fileURL atomically:YES
```

```
        encoding:NSUTF8StringEncoding error:nil];

    // 将数据从 iCloud 中读出
    NSString *str = [[NSString alloc]initWithContentsOfURL:fileURL
            encoding:NSUTF8StringEncoding error:nil];
    NSLog(@"%@", str);
}
```

步骤 05 运行查看结果。

13-2 使用 iCloud 读写 Key-Value 数据

难易度 ★☆☆

预备知识：13-1 使用 iCloud 读写文件　　Framework：无

每个 App 使用 iCloud 上的 key-value 存储空间总容量为 1MB，而每个 App 最多可以使用 1024 个 key。本节没有事先检查用户是否已经打开或是登录 iCloud，在正式系统上是需要先检查的，这部分请读者自行参考本节预备知识。

步骤与说明

步骤 01 创建 Single View Application 项目。

步骤 02 根据预备知识，在项目中打开 iCloud 功能，并且勾选 Key-value storage。

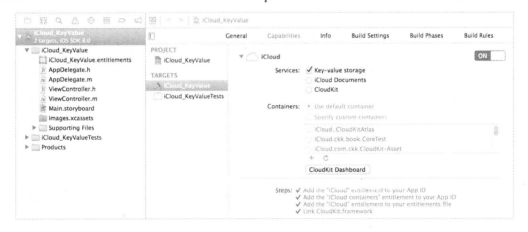

步骤 03 打开 ViewController.m，我们在 viewDidLoad 方法中访问 iCloud 上的 key-value 数据。数据变动后必须使用 synchronize 来同步数据的变动。特别需要注意的地方在于，使用 synchronize 后数据的更新时间是由 iOS 来决定的，并非调用 synchronize 方法后就会立刻更新数据。

```
- (void)viewDidLoad
{
    [super viewDidLoad];

    // 取得 iCloud 的门票
    NSUbiquitousKeyValueStore *keyStore = [NSUbiquitousKeyValueStore new];

    // 设置 key-value
    [keyStore setString:@"1234567" forKey:@"tel"];
```

```
    // 同步数据到 iCloud
    [keyStore synchronize];
    
    // 读取数据
    NSString *tel = [keyStore stringForKey:@"tel"];
    NSLog(@"%@", tel);
    
    
    // 删除 key-value
    [keyStore removeObjectForKey:@"tel"];
    // 同步数据到 iCloud
    [keyStore synchronize];
}
```

步骤 04 运行查看结果。

13-3 让两个 App 共享 iCloud 下的数据

难易度 ★☆☆

> 预备知识：无   > Framework：无

要让两个不同的 App 共享 iCloud 下的数据是很容易的，满足两个条件即可共享数据：（1）这两个 App 为同一个开发者开发的；（2）设置这两个 App 为同一个 containers。

步骤与说明

步骤 01 先打开项目的 iCloud 功能，然后勾选 iCloud Documents 服务，选择 Specify custom containers 后，再选择哪一个 container 要数据共享，这样使用同一个 container 的 App 就可以在同一个路径下共享数据了。

步骤 02 创建两个不同的 App 项目试试看。

13-4 注册 Dropbox App 及下载 SDK

难易度 ★★★

> 预备知识：无   > Framework：无

Dropbox 已经是目前非常普遍的云端文件存储服务，Dropbox 也提供了 SDK 给 iOS 上的开发者作为在程序中访问 Dropbox 文件服务的接口。在开始使用 Dropbox SDK 之前我们必须先遵循 Dropbox 对开发者的要求，进行一连串的注册与下载 SDK 动作，才能开始进行 Dropbox 程序的开发。本节将带领读者快速了解注册与下载 Dropbox SDK 的方法，为接下来的 Dropbox 程序开发做准备。

步骤与说明

步骤 01 登录 Dropbox 网站。

步骤 02 进入 Dropbox 的开发者网页。由于开发者网页的进入点可能会因为 Dropbox 公司调整网站画面而有所不同，因此请读者自行在 Dropbox 网站上找到开发者网页（英文为 Developers），或是直接输入网址：https://www.dropbox.com/developers。

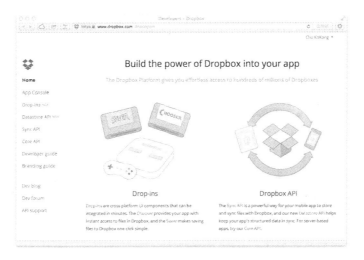

步骤 03 单击左边的 App Console，然后选择创建 Dropbox API App。

步骤 04 回答一些问题后输入 Dropbox app 的名字。需要注意的地方是 App name 不可以包含 Dropbox，并且也不可以以 Drop 开头或是读起来很像 Dropbox。如果设置 App 限制访问目录的话，默认的 App folder 会自动在 Dropbox 根目录下创建 Apps/[App name] 这个目录，而对于这个 App 而言，/Apps/[App name] 目录就是根目录。

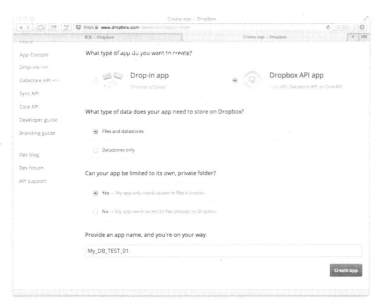

步骤 05　创建完成后可以看到 App key 与 App secret 这两组号码以及 App 可以访问的目录名称（App folder name）。以后我们的 Dropbox 程序在开发过程，会需要把这两个值放到我们的程序代码中。用户不需要特别记住这两个值，需要时可以在网页中查询到。

```
App key      fn92bkevmmgq6qr
App secret   adznwyf84hlx5lr
```

步骤 06　特别注意的是，完成这些动作之后，我们已经可以着手开发 Dropbox 的应用程序，但是需要记住此时这个应用程序仍然被 Dropbox 设置为"开发中"状态。一个开发中的 Dropbox 应用程序只能允许登录自己的 Dropbox 账号或是另外 5 个指定的 Dropbox 账号，意思是若将这个应用程序分享给指定的 5 个同伴之外的用户或直接在 App Store 上架，这些用户将不能用他们自己的账号登录到 Dropbox 并进行访问，当然用户的 Dropbox 程序也不能完成。因此，当用户开发的 App 已经完成，记住在 Dropbox 应用程序管理页面将 Dropbox 应用程序上传给 Dropbox 管理团队审核，一旦审核通过，用户的 App key 和 App secret 这两组号码就可以被解除限制，所有的用户都可以登录他们自己的 Dropbox 账号了。

```
Status              Development
Development users   Only you
Permission type     App folder
App folder name     My_DB_TEST_01
App key             wvqvt3kutulk8g9
App secret          zkfrfx12ibnc7ib
```

步骤 07　现在开始下载 Dropbox 的 iOS SDK。完成 Dropbox 应用程序项目的创建与设置后，接下来就可以下载 Dropbox SDK 进行真正的程序开发工作。在 Dropbox 开发者页面中，单击左侧的 Core API 即可切换到 Dropbox SDK 下载页面，单击 iOS 版本。

步骤 08　下载完成后会在用户的 Dropbox 目录中多了一个 dropbox-ios-sdk-[版本编号].zip 的文件。

13-5　在项目中安装与设置 Dropbox SDK

难易度 ★★

> 预备知识：13-4 注册 Dropbox App 及下载 SDK
> Framework：QuartzCore.framework、Security.framework、DropboxSDK.framework

App 要使用 Dropbox 的服务时最重要的是先通过 Dropbox 的验证程序，因此要先在 Xcoder 的项目中加入 DropboxSDK.framework，然后根据 Dropbox 开发网站上注册的 App、App key 与 App secret 取得验证。

步骤与说明

步骤 01　创建 Single View Application 项目。

步骤 02　根据预备知识，在 Dropbox 目录中将下载好的 Dropbox SDK 解开（原始 SDK 文件为 zip 格式），并且将其中的 DropboxSDK.framework 拖到项目中。除了 DropboSDK.framework 外，还要再加入 QuartzCore.framework 与 Security.framework 才不会在编译的时候出现 link 错误。

步骤 03　以 Source Code 的方式打开 Info.plist 文件。这个文件在 Supporting Files 这个目录下，单击鼠标右键后选择 Source Code 即可打开。打开后在<dict>下，加上以下的 XML 代码，并且将 db-APP_KEY 的 APP_KEY 部分换成在 Dropbox 上注册的 App key，注意"db-"必须保留。

```
<key>CFBundleURLTypes</key>
<array>
    <dict>
        <key>CFBundleURLSchemes</key>
        <array>
            <string>db-APP_KEY</string>
        </array>
    </dict>
</array>
```

步骤 04　打开 AppDelegate.h，先导入 DropboxSDK.h 头文件，并且让 AppDelegate 这个类符合 DBSessionDelegate 协议的规范。

```
#import <UIKit/UIKit.h>
#import <DropboxSDK/DropboxSDK.h>

@interface AppDelegate : UIResponder <UIApplicationDelegate,
                DBSessionDelegate>

@property (strong, nonatomic) UIWindow *window;
```

@end

步骤 05 打开 AppDelegate.m，在 application:didFinishLaunchingWithOptions:方法中利用 DBSession 类的 initWithAppKey:appSecret:root 方法来初始化与 Dropbox 的连接参数，其中前两个参数分别为 App key 与 App secret，这两个数值请参考 Dropbox 开发网页上的 My apps 设置。最后一个参数 root 可以选择 kDBRootAppfolde 或是 kDBRootDropbox，必须根据在 Dropbox 上设置的 App 访问目录的权限范围来设置，前者仅为特定的目录，后者为整个 Dropbox 目录。

```objc
- (BOOL)application:(UIApplication *)application
        didFinishLaunchingWithOptions:(NSDictionary *)launchOptions
{
    DBSession *session = [[DBSession alloc]
        initWithAppKey:@"aphrpgr2q9ei074" appSecret:@"1w1m3ed34g9rbo7"
        root:kDBRootAppFolder];
    session.delegate = self;
    [DBSession setSharedSession:session];

    return YES;
}
```

步骤 06 在 AppDelegate.m 中实现 sessionDidReceiveAuthorizationFailure:userId:方法，这个方法是当验证错误时将会调用的。

```objc
// 认证程序错误
-(void)sessionDidReceiveAuthorizationFailure:(DBSession *)session
userId:(NSString *)userId
{
    NSLog(@"dropbox 认证错误");
}
```

步骤 07 同样在 AppDelegate.m 中实现 application:openURL:sourceApplication:annotation:方法。当我们运行 Dropbox 认证时，流程会跳离现在的这个 App 至网页版的登录画面，当认证结束后要让流程再跳回我们的程序，所以需要在这个方法中加入处理的程序代码，完成这个步骤之后整个流程才会再回到我们的程序中。

```objc
// 打开登录验证程序画面后控制权必须再回到我们的 App 画面
-(BOOL)application:(UIApplication *)application openURL:(NSURL *)url
    sourceApplication:(NSString *)sourceApplication
    annotation:(id)annotation
{
    if ([[DBSession sharedSession] handleOpenURL:url]) {
        if ([[DBSession sharedSession] isLinked]) {
            NSLog(@"App linked successfully!");
        }
        return YES;
    }
    return NO;
}
```

步骤 08 打开 ViewController.h，导入 DropboxSDK.h 头文件。

```
#import <UIKit/UIKit.h>
#import <DropboxSDK/DropboxSDK.h>

@interface ViewController : UIViewController <DBRestClientDelegate>

@end
```

步骤 09 打开 ViewController.m，实现 viewDidAppear:方法，在这个方法中要启动 Dropbox 验证程序。如果移动设备上已经安装 Dropbox 官方 App，这时会调用这个 App 进行验证，如果没有安装，则会启动网页验证。调用验证程序时需要传入 View Controller 实体，这样在验证程序结束后才可以回到所指定的 View Controller。由于验证程序必须在 DBSession 初始化之后，因此建议将启动验证程序的程序代码放在某个按钮按下去后，或是写在 viewDidAppear: 方法中。请不要将打开验证程序写在 viewDidLoad 中，因为当 viewDidLoad 被调用时，DBSession 可能还没初始化完成，也不要将验证程序放在 DBSession 初始化之后，也就是 AppDelegate.m 中，因为此时 View Controller 实体可能还没有创建完成。

```
-(void)viewDidAppear:(BOOL)animated
{
    // 启动 Dropbox 登录验证程序
    if (![[DBSession sharedSession] isLinked]) {
        [[DBSession sharedSession] linkFromController:self];
    }
}
```

步骤 10 运行查看结果。

13-6 上传文件至 Dropbox

难易度 ★★

> 预备知识：13-4 注册 Dropbox App 及下载 SDK、13-5 在项目中安装与设置 Dropbox SDK
> Framework：QuartzCore.framework、Security.framework、DropboxSDK.framework

将文件发送到 Dropbox 目录，并且实时显示发送进度。

 步骤与说明

步骤 01 根据预备知识 2 创建 Single View Application 项目。

步骤 02 将 QuartzCore.framework、Security.framework 与 DropboxSDK.framework 加到项目中。

步骤 03 打开 Storyboard，拖放一个按钮在 View Controller 上，我们希望这个按钮按下去后会上传一个文件到 Dropbox。在 ViewController.m 中创建这个按钮的 IBAction 方法。另外，再拖放一个 Progress View,用来显示上传进度，在 Attributes 面板中将 Progress

View 的 Progress 值先由 0.5 改为 0，最后在 ViewController.h 中设置 Progress View 的 IBOutlet 变量为 uploadProgress。

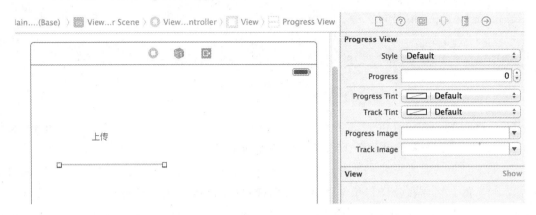

步骤 04 打开 ViewController.h，导入 DropboxSDK.h 头文件，并且声明一个 DBRestClient 的实体变量，这个变量指向了已经连接的 Dropbox 账号，我们要用这个变量来上传文件。再声明一个 restClient 方法，之后实现这个方法来取得与 Dropbox 的连接。除此之外，ViewController 类必须符合 DBRestClientDelegate 协议的规范。

```
#import <UIKit/UIKit.h>
#import <DropboxSDK/DropboxSDK.h>

@interface ViewController : UIViewController <DBRestClientDelegate>
{
    DBRestClient *restClient;
}
@property (weak, nonatomic) IBOutlet UIProgressView *uploadProgress;

- (DBRestClient *)restClient;
@end
```

步骤 05 打开 ViewController.m，实现 restClient 方法，在这个方法中要实际取得与 Dropbox 的连接指针。

```
- (DBRestClient *)restClient {
    if (!restClient) {
        restClient = [[DBRestClient alloc] initWithSession:[DBSession
                     sharedSession]];
        restClient.delegate = self;
    }
    return restClient;
}
```

步骤 06 在按钮的 IBAction 方法中，设置好要上传文件的文件名、本地路径与目的路径后，调用 DBRestClient 类的 uploadFile:withParentRev:fromPath:方法即可上传文件了。如果是上传一个新的文件，在 withParentRev 中填入 nil 即可。

```
- (IBAction)uploadButton:(id)sender
{
    NSString *localPath = [[NSBundle mainBundle]
        pathForResource:@"InfoPlist" ofType:@"strings"];
    NSString *filename = @"InfoPlist.strings";
    NSString *destDir = @"/";
    [[self restClient] uploadFile:filename toPath:destDir
        withParentRev:nil fromPath:localPath];
}
```

步骤 07 在 DBRestClientDelegate 协议中有几个有用的返回方法。当调用完 uploadFile:toPath:withParentRev:fromPath: 方法之后，文件开始上传；当 restClient:uploadedFile:from:metadata: 被调用时，代表文件上传结束。如果 restClient:uploadFileFailedWithError:被调用时，代表文件上传失败。最后我们可以实现 restClient:uploadProgress:forFile:from:方法来取得上传进度，progress 传入 0 代表没有进度，1.0 代表上传进度为 100%。

```
- (void)restClient:(DBRestClient*)client
  uploadedFile:(NSString*)destPath
        from:(NSString*)srcPath metadata:(DBMetadata*)metadata
{
    // 上传成功后会调用此方法
    NSLog(@"文件成功的上传到此路径: %@", metadata.path);
}

- (void)restClient:(DBRestClient*)client
  uploadFileFailedWithError:(NSError*)error
{
    // 上传失败后会调用此方法
    NSLog(@"文件上传失败 - %@", error);
}

-(void)restClient:(DBRestClient *)client uploadProgress:
 (CGFloat)progress forFile:(NSString *)destPath from:(NSString *)srcPath
{
    // 取得上传进度
    self.uploadProgress.progress = progress;
}
```

步骤 08 运行查看结果。

13-7 从 Dropbox 下载文件

> 预备知识：13-4 注册 Dropbox App 及下载 SDK、13-5 在项目中安装与设置 Dropbox SDK
> Framework：QuartzCore.framework、Security.framework、DropboxSDK.framework

从 Dropbox 目录下载文件到 iPhone 或 iPad 上。

步骤与说明

步骤 01 根据预备知识 2 创建 Single View Application 项目。

步骤 02 将 QuartzCore.framework、Security.framework 与 DropboxSDK.framework 加到项目中。

步骤 03 打开 MainStoryboard,在 View Controller 上拖放一个按钮,负责下载文件;一个 Progress View,用来显示下载进度;另外拖放一个 Image View,负责显示从 Dropbox 目录下载的图片。在 Attributes 面板中将 Progress View 的 Progress 值先由 0.5 改为 0,最后在 ViewController.h 中设置 Progress View 的 IBOutlet 变量为 downloadProgress,Image View 的 IBOutlet 变量为 myImg。

步骤 04 打开 ViewController.h,导入 DropboxSDK.h 头文件,并且声明一个 DBRestClient 的实体变量,这个变量指向了已经连接的 Dropbox 账号,我们要用这个变量来下载文件。除此之外,ViewController 类必须要符合 DBRestClientDelegate 协议的规范。最后声明一个 restClient 方法,之后实现这个方法来取得与 Dropbox 的连接。

```
#import <UIKit/UIKit.h>
#import <DropboxSDK/DropboxSDK.h>

@interface ViewController : UIViewController <DBRestClientDelegate>
{
    DBRestClient *restClient;
}
@property (weak, nonatomic) IBOutlet UIProgressView *downloadProgress;
@property (weak, nonatomic) IBOutlet UIImageView *myImg;

- (DBRestClient *)restClient;
@end
```

步骤 05 打开 ViewController.m,实现 restClient 方法,在这个方法中要实际取得与 Dropbox

的连接指针。

```objc
- (DBRestClient *)restClient {
    if (!restClient) {
        restClient = [[DBRestClient alloc] initWithSession:[DBSession
                      sharedSession]];
        restClient.delegate = self;
    }
    return restClient;
}
```

步骤 06 在下载按钮的 IBAction 方法中通过 DBRestClient 对象的 loadFile:intoPath:方法下载 Dropbox 目录下的文件。

```objc
- (IBAction)downloadButton:(id)sender
{
    NSString *filename = @"P7196825.JPG";
    NSString *localPath = [NSString stringWithFormat:@"%@%@",
    NSTemporaryDirectory(), filename];
    NSLog(@"%@", localPath);
    // loadFile 必须给出完整的文件路径+文件名
    [[self restClient] loadFile:[NSString stringWithFormat:@"/%@", filename]
    intoPath:localPath];
}
```

步骤 07 与上传文件类似，DBRestClientDelegate 协议中有几个有用的返回方法。当调用完 loadFile:intoPath:之后，文件开始下载，当 restClient:loadedFile:被调用时，代表文件下载结束。如果 restClient:loadFileFailedWithError:被调用时，代表文件下载失败。实现 restClient:loadProgress:forFile:方法来取得下载进度，progress 传入 0 代表没有进度，1.0 代表下载进度为 100%，也就是完成。

```objc
- (void)restClient:(DBRestClient*)client loadedFile:(NSString*)localPath
{
    // 下载成功后会调用此方法
    self.myImg.image = [UIImage imageWithContentsOfFile:localPath];
}

- (void)restClient:(DBRestClient*)client
  loadFileFailedWithError:(NSError*)error
{
    // 下载失败时会调用此方法
    NSLog(@"下载程序错误 - %@", error);
}

-(void)restClient:(DBRestClient *)client loadProgress:(CGFloat)progress
   forFile:(NSString *)destPath
{
    // 通过此方法可以取得下载进度
    self.downloadProgress.progress = progress;
}
```

步骤 08 运行查看结果。

13-8　取得 Dropbox 上的文件列表与文件信息

难易度 ★★

> 预备知识：13-4 注册 Dropbox App 及下载 SDK、13-5 在项目中安装与设置 Dropbox SDK
> Framework：QuartzCore.framework、Security.framework、DropboxSDK.framework

我们可以通过程序的方式取得 Dropbox 中某个目录下的文件列表，以及这些文件的相关信息，例如文件修改时间、文件大小、是否为目录等。

步骤与说明

步骤 01　根据预备知识 2 创建 Single View Application 项目。

步骤 02　将 QuartzCore.framework、Security.framework 与 DropboxSDK.framework 加到项目中。

步骤 03　打开 Storyboard，拖放一个按钮，负责通知 Dropbox 返回指定目录下的文件列表，再拖放一个 Text View 组件用来显示返回的文件列表。

步骤 04　打开 ViewController.h，导入 DropboxSDK.h 头文件，设置与 Text View 连接的 IBOutlet 变量——textView。声明一个 DBRestClient 的实体变量，这个变量指向了已经连接的 Dropbox 账号，我们要用这个变量来取得文件列表。再声明一个 restClient 方法，之后实现这个方法来取得与 Dropbox 的连接。

除此之外，ViewController 类必须符合 DBRestClientDelegate 协议的规范。

```objc
#import <UIKit/UIKit.h>
#import <DropboxSDK/DropboxSDK.h>

@interface ViewController : UIViewController <DBRestClientDelegate>
{
    DBRestClient *restClient;
}
@property (weak, nonatomic) IBOutlet UITextView *textView;
- (DBRestClient *)restClient;
@end
```

步骤 05 打开 ViewController.m，实现 restClient 方法，在这个方法中要实际取得与 Dropbox 的连接指针。

```objc
- (DBRestClient *)restClient {
    if (!restClient) {
        restClient = [[DBRestClient alloc] initWithSession:[DBSession
                      sharedSession]];
        restClient.delegate = self;
    }
    return restClient;
}
```

步骤 06 打开 ViewController.m，设置 Dir 按钮按下去后的 IBAction 方法，在这个方法中调用 loadMetadata:并且传入目录名称，这样可以使 Dropbox 根据传入的目录名称返回该目录下的所有文件列表，就像是"命令提示符"下的 dir 命令或是 UNIX 下的 ls 命令一样。

```objc
- (IBAction)dirButton:(id)sender
{
    // 按下 Dir 按钮后要求 Dropbox 返回指定目录下的文件列表
    [[self restClient] loadMetadata:@"/"];
}
```

步骤 07 在 ViewController.m 中实现 restClient:lodedMetadata:方法，这个方法是当 Dropbox 返回文件列表后将会调用的方法。文件列表数据会放在传入参数 metadata 中，我们可以利用循环将 metadata 中包含的所有文件数据显示在 Text View 上。详细的内容可以参考 DBMetadata.h，也可以通过 DropboxSDK.h 找到。

```objc
- (void)restClient:(DBRestClient *)client loadedMetadata:(DBMetadata
  *)metadata {
    NSString *s = @"";
    NSDateFormatter *format = [[NSDateFormatter alloc] init];
    [format setDateFormat:@"yyyy/MM/dd HH:mm:ss"];

    if (metadata.isDirectory) {
        for (DBMetadata *file in metadata.contents) {
```

255

```objc
        // 上一次修改时间
        s = [s stringByAppendingFormat:@"%@\t", [format
            stringFromDate:file.lastModifiedDate]];

        // 是否为目录
        s = [s stringByAppendingFormat:@"%@\t",
            (file.isDirectory)?@"<DIR>":@""];

        // 文件大小
        s = [s stringByAppendingFormat:@"%u\t", (unsigned
            int)file.totalBytes];

        // 文件名
        s = [s stringByAppendingFormat:@"%@\n\n", file.filename];
    }
}

    self.textView.text = s;
}
```

步骤 08 若返回文件列表错误时,可以通过实现 restClient:loadMetadata-FailedWithError:方法来得知。

```objc
- (void)restClient:(DBRestClient *)client
    loadMetadataFailedWithError:(NSError *)error
{
    // 读取文件列表错误时会调用
    NSLog(@"读取文件列表错误 - %@", error);
}
```

步骤 09 运行查看结果。

```
●○○○○ 中国联通 🜲 (✦      21:00       ✈ 🔔 ✱ 100% ▰▰▰ ✦

Dir


2014/08/09 19:24:06    42
InfoPlist.strings

2014/08/09 19:33:48    2717162
P7196825.JPG
```

第14章 多线程

多线程的意思是让 CPU 在同一时间内运行两行以上的程序代码，这样做除了可以增加 CPU 的使用效率外，也让用户在同一时间做两件以上的事情。以边听音乐边下载数据为例，CPU 必须同时处理播放音乐与下载数据的程序代码。要让 CPU 同时运行两行以上的程序代码，程序员就要在程序中创建新的线程，让程序代码除了在原有的线程运行外，还同时可以在新的线程中运行别的程序代码。我们经常听到的多执行、多任务与多线程等名词，指的都是同一件事。

在 CPU 的设计原理上，单核（One Core）CPU 在同一时间内，只能运行一行程序代码，为了让单核 CPU 看起来好像可以同时运行多行程序代码，程序员就必须先将需要同时运行的程序代码写在不同的程序内（例如写在不同的函数内），然后让操作系统去分割 CPU 的时间，让 CPU 在这些需要同时运行的程序间迅速切换运行，例如 CPU 在第 1 个 100ms 内让程序 1 运行，第 2 个 100ms 给程序 2，第 3 个 100ms 给程序 3，第 4 个 100ms 再回头给程序 1……以此循环下去，这样就看起来好像 CPU 在单位时间内同时运行三个不同的程序。如今的 CPU 几乎都是多核 CPU，若操作系统或是程序员能够正确地给每个核心分派程序，程序在运行上绝对会比单纯的分割 CPU 时间更有效率。像是 iPhone 5 使用的 A6 CPU 就是双核 CPU，代表这个 CPU 在同一时间内，可以真正同时运行两行程序代码，而不需要去分割 CPU 的运行时间。

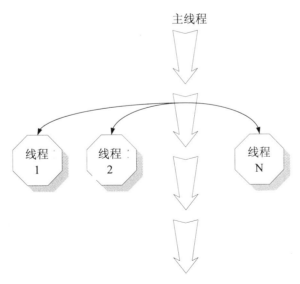

iOS 是一个支持多任务的操作系统，因此在编写 iOS 的多线程程序时，可以分成两个部

分：传统的多线程处理方式（使用 NSThread 类打开线程）与 Grand Central Dispatch（缩写为 GCD，因无适当中文翻译，因此保留原文）。GCD 是一套低级的 C function，它利用派遣队列（Dispatch Queue）与 block 区块（请参考第 2 章）来分派程序，也就是说，我们将想让 CPU 同时运行的程序代码放在 block 区块后，再挑选一个适当的队列类型，iOS 就会自动根据该队列的特性打开另一个线程来运行 block 区块中的程序代码。我们建议多利用 GCD 的方式来编写多线程系统，因为它比传统的写法在程序运行上更有效率，而且也更容易控制。

GCD 提供的队列总共有 3 种类型，分别是 main、concurrent 与 serial。每个 block 区块中的程序代码在各种队列中运行的方式有两种模式：同步模式（Sync）与异步模式（Async）。同步模式的意思是在同一个队列中，被设置为同步模式的线程一定要先运行完才会轮到下一个线程运行；而异步模式则是所有线程一起运行。dispatch_sync()这个 C 函数是给同步模式使用，而 dispatch_async()则是给异步模式使用。接下来，我们分别说明 main、concurrent 与 serial 这三种队列的特性。

1. main 队列

每个应用程序只有一个 main 队列，这个队列也是程序代码默认运行的队列。iOS 会将所有跟可视化组件有关的运行程序放在这个队列中（这句话非常重要，请读者务必记住），所以如果在非 main 队列的程序代码中要调用可视化组件的方法或是修改其属性值（例如改变 Label 组件上显示的文字），就一定要将相关的程序代码放到 main 队列中去运行。

由于 main 队列的特性与 UI 有关，因此这种队列只能使用 dispatch_async()函数来运行 block 区块，如果使用 dispatch_sync()，也就是同步方式，会造成 App 运行程序产生死结（deadlock），所以请读者务必记得，main 队列一定要使用异步模式，也就是 dispatch_async()。取得 main 队列的方式是调用 dispatch_get_main_queue()。

2. concurrent 队列

concurrent 队列又称为 global dispatch queue。iOS 对每个应用程序只提供 4 个 concurrent 队列，这 4 个队列有不同的运行优先权，分别为高优先权、中优先权（默认值）、低优先权与背景，其中背景的意思不是这个队列只能在背景运行时使用，而是这个队列的优先权是最低的，因为它对系统资源需求最低，所以非常适合在背景运行时使用，故取名背景。取得 concurrent 队列的进入点后，接下来我们可以使用异步模式运行 dispatch_async()或是同步模式中的 dispatch_sync()函数来决定在队列中的 block 区块是同时一起运行还是先到先运行。如果使用 dispatch_async()，代表在该队列中的所有 block 会同时一起运行；如果是 dispatch_sync()，则会采用先到先运行（first-in first-out）。我们使用 dispatch_get_global_queue()取得 concurrent 队列。

3. serial

serial 又称为 private dispatch queue，是用户自己创建的队列。队列创建时需要给出唯一识别的名字（字符串型），我们可以根据需要创建很多该类型的队列，只要这些队列的识别名字不同即可。需要注意的是，serial 队列一定是 FIFO，不论我们使用的是 dispatch_async() 或是 dispatch_sync() 的方式来运行队列中的 block，iOS 一律当成 dispatch_sync()，所以建议读者使用 serial 队列时，养成习惯使用 dispatch_sync() 即可。由于同一个 serial 队列中的线程都是 FIFO，所以如果有两个 block 要同时运行，我们必须创建两个不同识别名称的 serial 队列，然后将这两个 block 区块分别放在两个 serial 队列中即可。我们使用 dispatch_queue_create() 来创建 serial 队列。

这边有两个有趣的问题值得讨论一下。以下的程序代码分别取得 q1 与 q2 两个 concurrent 队列，参数 DISPATCH_QUEUE_PRIORITY_DEFAULT 代表这两个队列的优先权一样，第 2 个参数 0 先忽略，不用管它，我们的重点是这两个队列都属于 concurrent 类型，并且优先权都一样。

```
dispatch_queue_t q1 =
    dispatch_get_global_queue(DISPATCH_QUEUE_PRIORITY_DEFAULT, 0);

dispatch_queue_t q2 =
    dispatch_get_global_queue(DISPATCH_QUEUE_PRIORITY_DEFAULT, 0);
```

（1）问题一

q1 与 q2 是两个不同的队列还是同一个？答案是同一个。因为它们的优先权都一样，如果使用 Xcode 中的单步追踪功能来看这两个队列的内存位置，会发现它们指向同一个地方，代表了 iOS 真的只给每个 App 4 个 concurrent 队列，只要优先权一样，不管调用多少次队列，取得的都是同一个。

（2）问题二

同一个 concurrent 队列中同时有同步模式（Sync）的区块与异步模式（Async）的区块，iOS 会用什么方式来运行呢？在回答之前，我们先想象一下同步模式是所在队列的"前景进程"，前景的特性是同一时间只能有一个，因此在该同步模式还没有结束前，它会暂时"卡住"它所在的队列。假设在同一个 concurrent 队列中有 5 个 block 程序区块，分别是 async、async、sync、async、async。iOS 会依序从队列中取出并运行，但当取到第 3 个时发现是 sync 模式，这时 iOS 会等到这个区块内的程序代码运行完之后才会继续取出之后的区块。换句话说，这个队列的前 3 个区块 async、async 与 sync 会同步运行，最后两个 async 会在 sync 结束之后再同时运行。

（3）结论

main 队列使用 dispatch_async()，concurrent 队列可使用 dispatch_async() 与 dispatch_sync()，serial 队列使用 dispatch_sync()。

14-1 利用传统方式打开多线程

> 预备知识：无　　> Framework：无

多线程可以让 CPU 在同一时间内同时运行两行以上的程序代码，例如有两个无穷循环要同时运行，在没有多线程的情况下，是不可能办到的。下面我们使用 NSThread 类打开两个线程：一个打印奇数，另一个打印偶数，以便让读者了解在 iOS 中的多线程程序如何编写。

步骤与说明

步骤 01 创建 Single View Application 项目。

步骤 02 在 ViewController.h 中声明两个方法，这两个方法分别要给两个线程去运行。

```
#import <UIKit/UIKit.h>

@interface ViewController : UIViewController
-(void) thread1;
-(void) thread2;

@end
```

步骤 03 打开 ViewController.m，先实现 thread1 与 thread2 这两个方法。

```
-(void)thread1
{
    // 先休息1秒钟
    [NSThread sleepForTimeInterval:1.0];
    // 输出偶数
    for (int i = 0; i <= 10; i += 2)
        NSLog(@"%d", i);
}

-(void)thread2
{
    // 先休息1秒钟
    [NSThread sleepForTimeInterval:1.0];
    // 输出奇数
    for (int i = 1; i <= 10; i += 2)
        NSLog(@"%d", i);
}
```

步骤 04 继续在 ViewController.m 中的 viewDidLoad 方法内创建两个线程，分别运行 thread1 与 thread2 方法。

```
- (void)viewDidLoad
{
    [super viewDidLoad];

    // 打开第1个 thread
    [NSThread detachNewThreadSelector:@selector(thread1) toTarget:self
     withObject:nil];
    // 打开第2个 thread
    [NSThread detachNewThreadSelector:@selector(thread2) toTarget:self
     withObject:nil];
    // 主线程结束
```

```
        NSLog(@"主线程结束");
}
```

步骤 05 运行查看结果。

```
Thread[11476:11303] 主线程结束
Thread[11476:14807] 0
Thread[11476:14f03] 1
Thread[11476:14807] 2
Thread[11476:14f03] 3
Thread[11476:14807] 4
Thread[11476:14807] 6
Thread[11476:14f03] 5
Thread[11476:14807] 8
Thread[11476:14f03] 7
Thread[11476:14f03] 9
```

14-2 使用 NSOperationQueue

难易度 ★★★

> 预备知识：无   > Framework：无

NSOperationQueue 是另一种多线程处理方式，创建后配合 Block 语法就可以将某些程序代码放在另一个线程中运行。

步骤与说明

步骤 01 创建 Single View Application 项目。

步骤 02 打开 ViewController.m，在 viewDidLoad 方法中使用 NSOperationQueue 加进 Block 语法创建多线程。

```objc
- (void)viewDidLoad
{
    [super viewDidLoad];
    
    NSOperationQueue *q = [[NSOperationQueue alloc] init];
    // 线程1
    [q addOperationWithBlock:^{
        for (int i = 0; i < 10; i += 2) {
            NSLog(@"%d", i);
        }
    }];
    
    // 线程2
    [q addOperationWithBlock:^{
        for (int i = 1; i < 10; i += 2) {
            NSLog(@"%d", i);
        }
    }];
```

```
        NSLog(@"主线程结束");
    }
```

步骤 03 运行查看结果。可以看到主线程很快就运行完了，之后两个线程才开始运行。

```
Thread_NSOperationQueue[6476:c07] 主线程结束
Thread_NSOperationQueue[6476:1e03] 0
Thread_NSOperationQueue[6476:1b03] 1
Thread_NSOperationQueue[6476:1e03] 2
Thread_NSOperationQueue[6476:1b03] 3
Thread_NSOperationQueue[6476:1e03] 4
Thread_NSOperationQueue[6476:1b03] 5
Thread_NSOperationQueue[6476:1b03] 7
Thread_NSOperationQueue[6476:1e03] 6
Thread_NSOperationQueue[6476:1b03] 9
Thread_NSOperationQueue[6476:1e03] 8
```

14-3 使用 NSOperation 类

难易度 ★★★

预备知识：14-2 使用 NSOperationQueue　　Framework：无

虽然 NSOperationQueue 加上 Block 区块可以创建线程，但是如果 Block 区块中要处理的事情比较复杂时，可以使用一个继承 NSOperation 的自定义类来处理复杂的工作，最后将这个自定义类加到 NSOperationQueue 中就可以了。

步骤与说明

步骤 01 创建 Single View Application 项目。

步骤 02 在项目中新增一个 Cocoa Touch Class 自定义类，类名称为 MyOperation，该类必须继承于 NSOperation 类。

步骤 03 打开 MyOperation.h，声明一个成员变量 beginValue，这是之后要给 for 循环使用的起始值。另外声明两个方法：一个名称为 initWithValue:，用来初始化变量；另一个方法的名称为 doSomething，即当线程启动时要实际处理事情的地方。

```
#import <Foundation/Foundation.h>

@interface MyOperation : NSOperation
{
    int beginValue;
}

-(id)initWithValue:(int)initValue;
-(void)doSomething;
@end
```

步骤 04 打开 MyOperation.m，实现 initWithValue:方法。

```
-(id)initWithValue:(int)initValue
```

```
{
    self = [super init];
    if (self != nil) {
        beginValue = initValue;
    }
    
    return self;
}
```

步骤 05 实现 doSomething 方法。

```
-(void)doSomething
{
    for (int i = beginValue; i < 10; i += 2) {
        NSLog(@"%d", i);
    }
}
```

步骤 06 改写 start 方法，这是线程启动时会调用的方法，在这个方法中调用 doSomething。

```
-(void)start
{
    [self doSomething];
}
```

步骤 07 打开 ViewController.m，导入 MyOperation.h 头文件。

```
#import "MyOperation.h"
```

步骤 08 在 viewDidLoad 方法中创建两个 MyOperation 实体，然后加入 NSOperationQueue 中。由于采用一次将所有的 operation 加进 queue 中，因此最后的参数 waitUntilFinished: 代表加进 queue 中的 operation 是否同步运行，还是一个运行完成后再运行另一个。如果是 NO 代表同步运行。

```
- (void)viewDidLoad
{
    [super viewDidLoad];
    
    MyOperation *opt1 = [[MyOperation alloc] initWithValue:0];
    MyOperation *opt2 = [[MyOperation alloc] initWithValue:1];
    NSOperationQueue *q = [[NSOperationQueue alloc] init];
    
    [q addOperations:[NSArray arrayWithObjects:opt1, opt2, nil]
       waitUntilFinished:NO];
}
```

步骤 09 运行查看结果。

```
Thread_NSOperation[6688:1b03] 1
```

```
Thread_NSOperation[6688:1b03] 3
Thread_NSOperation[6688:1303] 0
Thread_NSOperation[6688:1b03] 5
Thread_NSOperation[6688:1303] 2
Thread_NSOperation[6688:1b03] 7
Thread_NSOperation[6688:1b03] 9
Thread_NSOperation[6688:1303] 4
Thread_NSOperation[6688:1303] 6
Thread_NSOperation[6688:1303] 8
```

14-4 使用 Main 派遣队列

难易度 ★★★

> 预备知识：无   > Framework：无

此类型队列只提供异步方式运行 Block，也就是使用 dispatch_async()函数，同步方式 dispatch_sync()不可在此类型队列中使用，会造成整个应用程序死机不动。

步骤与说明

步骤 01 创建 Single View Application 项目。

步骤 02 打开 ViewController.m，在 viewDidLoad 方法中使用 Main 派遣队列。

```
(void)viewDidLoad
{
    [super viewDidLoad];

    dispatch_queue_t queue = dispatch_get_main_queue();

    // 程序1：输出0~4
    dispatch_async(queue, ^{
        for (int i = 0; i < 5; i++)
            NSLog(@"%d", i);
    });

    // 程序2：输出5~9
    dispatch_async(queue, ^{
        for (int i = 5; i < 10; i++)
            NSLog(@"%d", i);
    });
}
```

步骤 03 运行查看结果。由于 Main 派遣队列一定是 FIFO（first-in first-out）的方式运行，所以会先输出 0~4，然后输出 5~9。

```
GCD_Main[11674:11303] 0
GCD_Main[11674:11303] 1
GCD_Main[11674:11303] 2
GCD_Main[11674:11303] 3
GCD_Main[11674:11303] 4
```

```
GCD_Main[11674:11303] 5
GCD_Main[11674:11303] 6
GCD_Main[11674:11303] 7
GCD_Main[11674:11303] 8
GCD_Main[11674:11303] 9
```

14-5 使用 Concurrent 派遣队列

难易度 ★★★

> 预备知识：无   > Framework：无

此类型队列可以使用同步方式 dispatch_sync() 或是非同步方式 dispatch_async() 来运行 Block 区块。本节我们使用 dispatch_async() 来查看运行结果，使用 dispatch_sync() 的结果与 Main 派遣队列的运行结果相同。

步骤与说明

步骤 01 创建 Single View Application 项目。

步骤 02 打开 ViewController.m，在 viewDidLoad 方法中使用 Concurrent 派遣队列。dispatch_get_global_queue() 的第 2 个参数是保留给未来扩充使用，现在一律填 0。

```
- (void)viewDidLoad
{
    [super viewDidLoad];

    dispatch_queue_t queue =
        dispatch_get_global_queue(DISPATCH_QUEUE_PRIORITY_DEFAULT, 0);

    // 程序1：输出0~4
    dispatch_async(queue, ^{
        for (int i = 0; i < 5; i++)
            NSLog(@"%d", i);
    });

    // 程序2：输出5~9
    dispatch_async(queue, ^{
        for (int i = 5; i < 10; i++)
            NSLog(@"%d", i);
    });
}
```

步骤 03 运行查看结果。由于使用 dispatch_async() 函数，所以两个线程是同时运行的，因此输出的数字并没有按照顺序。如果改为 disatch_sync() 函数，则必定输出 0,1,2,3,4,5,6,7,8,9 这样的顺序。

```
GCD_Concurrent[11813:12b03] 0
GCD_Concurrent[11813:12b03] 1
GCD_Concurrent[11813:12303] 5
GCD_Concurrent[11813:12b03] 2
```

```
GCD_Concurrent[11813:12303] 6
GCD_Concurrent[11813:12b03] 3
GCD_Concurrent[11813:12303] 7
GCD_Concurrent[11813:12b03] 4
GCD_Concurrent[11813:12303] 8
GCD_Concurrent[11813:12303] 9
```

14-6 使用 Serial 派遣队列

难易度 ★★★

> 预备知识：无　　> Framework：无

此类型队列不论是使用 dispatch_async()或是 dispatch_sync()函数，在同一个识别名称的队列中，其运行结果都相当于使用 dispatch_sync()，也就是同步方式。若要异步运行 Block 区块，则需要创建不同识别名称的 Serial 队列。

步骤与说明

步骤01 创建 Single View Application 项目。

步骤02 打开 ViewController.m，在 viewDidLoad 方法中打开 Serial 派遣队列。

```
- (void)viewDidLoad
{
    [super viewDidLoad];
    
    // first_queue 与 second_queue 为队列识别名称
    dispatch_queue_t queue1 = dispatch_queue_create("first_queue", NULL);
    dispatch_queue_t queue2 = dispatch_queue_create("second_queue", NULL);
    
    // 程序1：输出0~4
    dispatch_async(queue1, ^{
        for (int i = 0; i < 5; i++)
            NSLog(@"%d", i);
    });
    
    // 程序2：输出5~9
    dispatch_async(queue2, ^{
        for (int i = 5; i < 10; i++)
            NSLog(@"%d", i);
    });
}
```

步骤03 运行查看结果。因为 queue1 与 queue2 的识别名称不同，因此 queue1 与 queue2 会同时运行，输出的数字顺序是乱的。

```
GCD_Serial[11993:12303] 5
GCD_Serial[11993:12b03] 0
GCD_Serial[11993:12303] 6
GCD_Serial[11993:12b03] 1
GCD_Serial[11993:12303] 7
```

```
GCD_Serial[11993:12b03] 2
GCD_Serial[11993:12303] 8
GCD_Serial[11993:12b03] 3
GCD_Serial[11993:12303] 9
GCD_Serial[11993:12b03] 4
```

14-7 定时器

难易度 ★★☆

> 预备知识：22-7 将日期时间格式化输出　　> Framework：无

如果有学过 Visual Basic 程序设计的读者，应该不陌生 Visual Basic 中有个 Timer 的组件，可以设置每隔多少时间就触发某个函数一次。Timer 相当于某个多任务线程，它可以做很多的事情，一般最常见的是显示时间，并且每隔一秒更新一次。很高兴在 iOS SDK 中也能看到这样的设计，而且 class 名称也称为 Timer。

步骤与说明

步骤 01 创建 Single View Application 项目。

步骤 02 打开 ViewController.h，声明类型为 NSTimer 及 NSDateFormatter 的变量各一个，并且声明一个当 Timer 触发时会调用的方法。

```
#import <UIKit/UIKit.h>

@interface ViewController : UIViewController
{
    NSTimer *timer;
    NSDateFormatter *format;
}

-(void)ticker:(NSTimer *)theTimer;

@end
```

步骤 03 打开 ViewController.m，在 viewDidLoad 方法中设置初始化之后要显示的时间日期格式，并且设置 NSTimer 每 5 秒触发一次。

```
- (void)viewDidLoad
{
    [super viewDidLoad];

    // 设置时间显示格式为"时:分:秒"
    format = [[NSDateFormatter alloc] init];
    [format setDateFormat:@"H:m:s"];

    // 设置 timer 每5秒调用 ticker:方法一次
    timer = [NSTimer scheduledTimerWithTimeInterval:5.0
                                target:self
                                selector:@selector(ticker:)
```

```
                                    userInfo:nil
                                    repeats:YES];
}
```

步骤 04 在 ViewController.m 中实现 ticker:方法，在这个方法中取得现在的时间并根据已经设置好的格式输出。

```
-(void)ticker:(NSTimer *)theTimer
{
    NSDate *today = [NSDate date];
    NSLog(@"%@", [format stringFromDate:today]);
}
```

步骤 05 运行查看结果。如果要停止定时器，那么调用 NSTimer 的 invalidate 就可以了。

```
Timer[12099:11303] 22:3:56
Timer[12099:11303] 22:4:1
Timer[12099:11303] 22:4:6
Timer[12099:11303] 22:4:11
Timer[12099:11303] 22:4:16
```

第15章 后台运行

iOS 的 App 在运行时分成"前台（Foreground）运行"与"后台（Background）运行"，任何时候只有一个 App 可以属于前台运行，并且享有所有的资源，其他没有被关闭的 App 都属于后台运行。在后台运行的 App 中，享用的系统资源是受到限制的，例如分配到的 CPU 时间或是只能运行少数的功能。这些限制的目的是为了增加电池的使用时间以及让目前处于前台的 App 更有效率地运行。试想如果每个不论是在前台或是后台运行的 App 都享有同样的 CPU 时间，那么用户正在操作的 App（位于前台），其反应一定比只有一个 App 位于前台并且没有 App 位于后台来得慢。但有些情况下还是需要让某些 App 能在后台运行，例如我们希望打字的时候还能够听音乐，那么播放音乐就必须在后台运行。因此，iOS 为了让用户在操作前台 App 时比较顺畅，所以限制了后台运行的 App 所享有的系统资源。

除了前台与后台外，一个 App 的运行状态还可以再细分为：未运行（Not Running）、未活动（Inactive）、活动中（Active）、后台（Background）与闲置（Suspended）。iOS 会在 App 进入不同状态时发送特定的信息，程序员就可以适时地做出一些反应，例如当 App 进入后台时先保存文件。以上 5 种状态的详细说明如下表。

状态	说明
未运行	App 目前处于尚未运行状态
未活动	App 已经在前台运行，但是无法接收任何的事件（events）。这样的状态通常很短暂，App 会很快转换到其他的状态
活动中	App 已经在前台运行，并且可以接收各种事件，这是在前台运行 App 的正常状态
后台	App 在后台运行，大部分的 App 会很快从这个状态进入闲置状态，但有一些因为特殊需求的 App 会停留在这个状态继续做一些事情，例如播放音乐。iOS 可以允许 App 运行后就立即进入后台状态
闲置	App 处于后台状态但没有任何程序代码正在运行。iOS 不会在 App 进入闲置状态时发出通知。虽然闲置状态的 App 还是保留在内存中，但是当系统内存不足时，iOS 会释放闲置状态的 App 以回收被占用的内存，并且不会发出任何的通知

在 App 的 delegate 类中（AppDelegate.m），Xcode 已经帮我们产生了 6 个与状态转换有关的方法，让 App 进入不同状态时被调用，如下表所示。

编号	方法	说明
1	application:didFinishLaunchingWithOptions:	在 App 被运行并且画面要准备呈现给用户之前被调用。这个方法只会被调用一次
2	applicationDidBecomeActive:	在 App 要准备开始接收各种事件（Events）前被调用的方法，iOS 调用完之后就会让 App 进入 Event Loop 来接收事件
3	applicationWillResignActive:	状态准备离开"活动中"
4	applicationDidEnterBackground:	状态进入"后台"
5	applicationWillEnterForeground:	状态将进入"前台"
6	applicationWillTerminate:	App 即将被 iOS 从内存释放。这个方法被调用后大约有 5 秒钟的时间可以处理一些事情。如果目前状态是"闲置"，则此方法不会被调用

在上表中，我们将这 6 个方法标上 1~6 的编号，然后在各种状态的转换流程图中标识出来。这样就可以很清楚地得知状态与状态之间的关系，并且也可以得知 iOS 会在哪些情况下调用对应的方法，如下图所示。

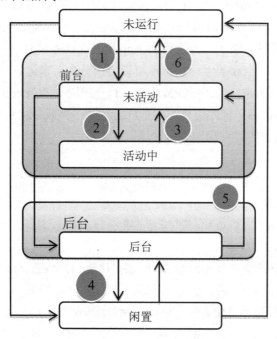

在事件驱动（Event-driven）的程序架构中，有个很重要的部分就是 Event Loop。Event Loop 是一个无穷循环（Infinite Loop），在循环中要做两件事情：（1）接收各种事件；（2）将事件分派给要处理的组件。由于 Event Loop 是在每个 App 的主线程中运行，因此，只要有任何程序代码在主线程中被"卡住"，例如等数据从网络上传回来，Event Loop 就无法接收下一个事件，所以此时 App 对用户的操作会毫无反应。如果要解决类似这样的问题，使用多线程将会影响 Event Loop 运行的程序代码，放到另一个线程中去运行就可以了。App 被 iOS 加载并初始化的过程称为 Launch Time，Launch Time 与 Event Loop 的关系如下图所示。

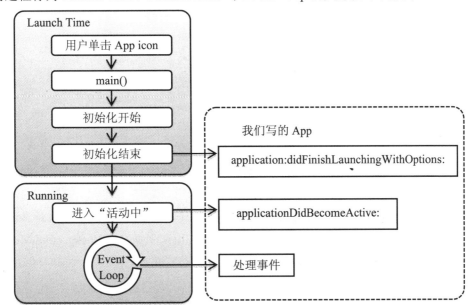

当 App 要进入后台状态时，AppDelegate 类中的 applicationDidEnterBackground:会被调用，在这个方法内大约有 5 秒钟的时间可以再做其他一些事情，超过这个时间 iOS 会强制 App 离开这个方法。有时我们希望 App 进入后台后拥有更多的时间，例如超过 5 秒，这时可以在 applicationDidEnterBackground: 方法中调用 beginBackgroundTaskWithExpirationHandler: 为 iOS 争取额外的时间。

在每个项目的 Info.plist 文件中，可以新增一个"Application does not run in background"选项，如果这个选项的值是 YES 的话，只要这个 App 进入后台，iOS 就会直接结束（Kill The Process）这个 App 的运行。

iOS 8 允许可以在后台运行并且不受时间限制的多种功能，如下表所示。

功能	说明
Audio and AirPlay	音乐播放以及 AirPlay 播放
Location updates	地理坐标更新
Voice over IP	网络语音通话
Newsstand downloads	书报摊杂志下载
External accessory communication	与外部设备通信
Bluetooth networking	蓝牙网络
Bluetooth data sharing	通过蓝牙进行数据分享
Background fetch	允许在后台每隔一段时间进行数据上传与下载。这个时间是不可预期的，iOS 会自动根据当时的 CPU 负荷、网络连接等状况决定何时启动
Remote notifications	可以通过推送信息通知 App 有新内容可下载，然后再启动后台下载程序更新内容

15-1 后台播放音乐

难易度 ★☆☆

> 预备知识：7-6 播放 App 内置的音乐、14-5 使用 Concurrent 派遣队列
> Framework：AVFoundation.framework

若想让 App 能够在后台播放音乐，有 3 个部分需要处理：（1）设置 Background Modes，增加 audio 项目；（2）将音乐播放的程序代码放在另一个线程中；（3）设置 audio session 的 category 为 AVAudioSessionCategoryPlayback。

步骤与说明

步骤 01 根据预备知识 1 创建项目。

步骤 02 设置这个项目的 Background Modes。在 Project Navigator 面板中单击最上面的项目 → 选择 TARGETS 中的项目名称 → 单击 Capabilities 分页 → 将 Background Modes 设置为 ON → 将 Audio and AirPlay 复选框勾选。这个设置会同步显示在 Info.plist 中的 Required background modes 项目中。

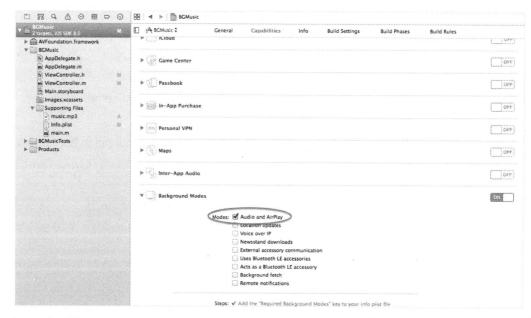

步骤 03 将播放音乐的程序代码放在 dispatch queue 中，就可以在后台播放音乐了。

```
- (void)viewDidLoad
{
    [super viewDidLoad];
    // Do any additional setup after loading the view, typically from a nib.

    dispatch_queue_t queue =
            dispatch_get_global_queue(DISPATCH_QUEUE_PRIORITY_DEFAULT, 0);
    dispatch_async(queue, ^{
```

```
        // 设置可以在后台播放音乐
        AVAudioSession *session = [AVAudioSession sharedInstance];
        if ([session setCategory:AVAudioSessionCategoryPlayback error:nil]) {
            NSLog(@"后台播放设置OK");
        } else {
            NSLog(@"后台播放设置失败");
        }

        // 以下为播放音乐的程序代码
        NSString *filePath = [[NSBundle mainBundle] pathForResource:
                                            @"test" ofType:@"mp3"];
        NSData *fileData = [NSData dataWithContentsOfFile:filePath];

        audioPlayer = [[AVAudioPlayer alloc] initWithData:fileData error:nil];
        audioPlayer.delegate = self;

        if (audioPlayer != nil) {
            if ([audioPlayer prepareToPlay])
                [audioPlayer play];
        }

    });
}
```

步骤 04 运行查看结果。

15-2 后台更新地理坐标

难易度 ★★★

> 预备知识：无
>
> Framework：CoreLocation.framework

在默认状态下，地理坐标（经纬度坐标）的更新必须在前台，只要 App 进入后台运行，地理坐标更新就会停止。不过，如果我们希望即使在后台，App 同样可以更新地理坐标的话，只要在 Background Modes 中加入 Location updates 项目即可，其他程序代码都不需要改动。

步骤与说明

步骤 01 创建 Single View Application 项目。

步骤 02 在项目的 TARGETS 中的 Capabilities 中，将 Background Modes 设置为 ON，并且将 Location updates 复选框勾选即可，不需要更改任何一行程序代码。

步骤 03 运行查看结果。

15-3 额外争取 10 分钟的后台运行时间

难易度 ★★★

> 预备知识：无　　Framework：无

当用户按下 HOME 键或是设备进入上锁状态，此时正在前台运行的 App 会进入到后台，如果我们希望尚未完成的任务，能够在后台继续完成，例如下载到一半的文件，这时可以与 iOS 额外要求 10 分钟的时间让 App 可以在后台继续运行。如果想知道目前剩余多少时间，可以通过[UIApplication sharedApplication].backgroundTimeRemaining 得知。

步骤与说明

步骤 01 创建 Single View Application 项目。

步骤 02 在 AppDelegate.h 中声明一个 bgTask 的变量，此变量用来存储一个唯一识别码。另外再声明一个 endBackgroundTask 的方法，用来告诉 iOS 可以停止这个 App 的后台运行程序。

```
#import <UIKit/UIKit.h>

@interface AppDelegate : UIResponder <UIApplicationDelegate>
{
    UIBackgroundTaskIdentifier bgTask;
}

@property (strong, nonatomic) UIWindow *window;

-(void) endBackgroundTask;

@end
```

步骤 03 打开 AppDelegate.m，在 App 进入后台运行时会调用的 applicationDidEnterBackground: 方法中，向 iOS 申请额外的 10 分钟时间。

```
- (void)applicationDidEnterBackground:(UIApplication *)application
{
    bgTask = [application beginBackgroundTaskWithExpirationHandler:^{
        // 10分钟到了之后会进入此block
        [self endBackgroundTask];
    }];
}
```

步骤 04 实现 endBackgroundTask 方法。将这一行程序代码独立写在另一个函数中的目的是可以让别的类调用，因为需要额外 10 分钟的程序不一定放在 AppDelegate 类中，例如在 ViewController 中，当不再需要后台运行时，就可以从 ViewController 调用 AppDelegate 的 endBackgroundTask。

```
-(void) endBackgroundTask
{
    [[UIApplication sharedApplication] endBackgroundTask:bgTask];
}
```

步骤 05 打开 ViewController.m，在 viewDidLoad 方法中，我们先产生一个 thread，并且在此 thread 中创建一个无穷循环，循环中我们不断地通过 backgroundTimeRemaining 属性来得知向系统借的 10 分钟还剩下多少秒。

```objc
- (void)viewDidLoad
{
    [super viewDidLoad];
    // Do any additional setup after loading the view, typically from a nib.
    
    app = (AppDelegate *)[[UIApplication sharedApplication] delegate];
    dispatch_queue_t queue = 
    dispatch_get_global_queue(DISPATCH_QUEUE_PRIORITY_DEFAULT, 0);
    dispatch_async(qucue, ^{
        int i = 0;
        while (true) {
            // 输出还剩下多少秒，这个数字要 app 进入后台后才会正确显示
            NSLog(@"[%d], %.0f", ++i, [UIApplication sharedApplication].
            backgroundTimeRemaining);
            [NSThread sleepForTimeInterval:1.0];
            if (i == 10) {
                // 当计数到10的时候，就停止后台运行
                [app endBackgroundTask];
            }
        }
    });
}
```

步骤 06　运行查看结果。运行后 10 秒内让 App 进入后台，会在 debug 窗口看到剩余的秒数。

```
BorrowTime[1671:283734] [1], 
179769313486231570814527423731704356798070567525844996598917476803157260
78002853876058955863276687817154045895351438246423432132688946418276846754
67035375169860499105765512820762454900903893289440758685084551339423045832
369032229481658085593321233482747978262041447231687381771809192998812504040
26184124858368
BorrowTime[1671:283734] [2],
179769313486231570814527423731704356798070567525844996598917476803157260
78002853876058955863276687817154045895351438246423432132688946418276846754
67035375169860499105765512820762454900903893289440758685084551339423045832
369032229481658085593321233482747978262041447231687381771809192998812504040
26184124858368
BorrowTime[1671:283734] [3], 180
BorrowTime[1671:283734] [4], 179
BorrowTime[1671:283734] [5], 178
BorrowTime[1671:283734] [6], 177
BorrowTime[1671:283734] [7], 176
BorrowTime[1671:283734] [8], 175
BorrowTime[1671:283734] [9], 173
BorrowTime[1671:283734] [10], 172
```

15-4　多线程的后台运行

难易度 ★★★

- 预备知识：14-5 使用 Concurrent 派遣队列、15-3 额外争取 10 分钟的后台运行时间
- Framework：无

有时在后台运行的工作不止一项，例如正在从网络上抓取数据并且同时将某个文件传到服务器上。一般来说，这两项工作必定是放在两个不同的线程中运行，而且它们完成的时间也不

会一致。当 App 进入后台时，为了要确保这两项工作不被中断，需要跟 iOS 额外要求 10 分钟的后台运行时间来运行这两项工作。beginBackgroundTaskWithExpirationHandler:虽然可以多次调用，但是 10 分钟却是共享的，不会因为调用了三次，就会有 30 分钟的时间。多次调用的目的，是为了方便程序员精确地控制每个线程的后台运行状况。

步骤与说明

步骤 01 创建 Single View Application 项目。

步骤 02 打开 AppDelegate.h，我们声明两个变量 bgTask1 与 bgTask2，用来识别后台线程。

```
#import <UIKit/UIKit.h>

@interface AppDelegate : UIResponder <UIApplicationDelegate>
{
    UIBackgroundTaskIdentifier bgTask1, bgTask2;
}

@property (strong, nonatomic) UIWindow *window;

@end
```

步骤 03 打开 AppDelegate.m，在 applicationDidEnterBackground:中向 iOS 要求额外的 10 分钟时间，并且启动两个线程。注意这两个线程是共享这 10 分钟的，并且同时运行。每个线程运行完必须各自调用 endBackgroundTask:，否则 iOS 会直接停止 App 运行。

```
- (void)applicationDidEnterBackground:(UIApplication *)application
{
    ///////////// 注册线程1
    bgTask1 = [application beginBackgroundTaskWithExpirationHandler:^{
        [application endBackgroundTask:bgTask1];
    }];
    
    // 线程1启动
    dispatch_async(dispatch_get_global_queue(DISPATCH_QUEUE_PRIORITY_DEFAULT,
                                             0), ^{
        int n = 0;
        while (TRUE) {
            NSLog(@"%d", n); // 输出 0,2,4,6,8,10,12
            if (n > 10) {
                // 线程1结束
                [application endBackgroundTask:bgTask1];
                break;
            }
            n += 2;
            [NSThread sleepForTimeInterval:1.0f];
        }
    });
    
    ///////////// 注册线程2。10分钟的时间是与线程1共享的
```

```
    bgTask2 = [application beginBackgroundTaskWithExpirationHandler:^{
        [application endBackgroundTask:bgTask2];
    }];

    // 线程2启动
    dispatch_async(dispatch_get_global_queue(DISPATCH_QUEUE_PRIORITY_DEFAULT,
                                              0), ^{
        int n = 1;
        while (TRUE) {
            NSLog(@"%d", n); // 输出1,3,5,7,9,11,13,15,17,19,21
            if (n > 20) {
                // 线程2结束
                [application endBackgroundTask:bgTask2];
                break;
            }
            n += 2;
            [NSThread sleepForTimeInterval:1.0f];
        }
    });
}
```

步骤04 运行查看结果。

15-5 后台获取

> 预备知识：无   > Framework：无

后台获取（Background Fetch）是从 iOS 7 之后新增的后台运行方式，它会让 iOS 在有空时，每隔一段时间让闲置状态的 App 进入后台状态或是唤醒这个 App。我们可以通过 setMinimumBackgroundFetchInterval:这个方法来设置两次获取之间的最小时间，除此之外，iOS 何时会获取是不可预期的。

 步骤与说明

步骤01 创建 Single View Application 项目。

步骤02 在项目的 TARGETS 下的 Capabilities 中将 Background fetch 功能打开。这个选项会将数据写入 Info.plist 文件中。

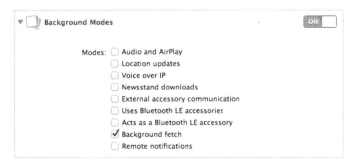

步骤 03 打开 AppDelegate.m，我们在 App 加载时就先设置两次获取的最小间隔时间。

```objc
- (BOOL)application:(UIApplication *)
application didFinishLaunchingWithOptions:(NSDictionary *)launchOptions
{
    // Override point for customization after application launch.
    [application setMinimumBackgroundFetchInterval:
            UIApplicationBackgroundFetchIntervalMinimum];

    return YES;
}
```

步骤 04 在 AppDelegate.m 中实现 application:performFetchWithCompletionHandler:。

```objc
-(void)application:(UIApplication *)application
performFetchWithCompletionHandler:(void
(^)(UIBackgroundFetchResult))completionHandler
{
    NSLog(@"fetch");

    completionHandler(UIBackgroundFetchResultNewData);
}
```

步骤 05 运行查看结果。如果想要立即看到效果，可以在 Xcode 菜单的 Debug 中选择 Simulate Background Fetch 选项。

第16章 Internet

Internet 是一个范围很大的名词，从网络通信协议一直到网络程序应用，从软件到各种各样与网络有关的硬件，一大堆多到可以编成一本字典的名词解释，构成了如今的 Internet 世界。但是对很多的用户而言，Internet 可能只代表了一件事情，那就是 Web。其实也没错，自 1993 年 Web 诞生以来，它绝对是 Internet 的杀手级应用，每个人只要打开计算机，几乎都脱离不了 Web。如今的 Web 应用已不再局限于通过浏览器去浏览网页数据，许多跟网络有关的系统，也都开始使用与 Web 一样的方式去跟别的系统沟通或进行数据交换。

随着 Web 的普及，标签语法也变成了众多系统中采用的标准。大家所熟悉的 HTML 标签，原先是构建网页所使用的标准语法，慢慢地扩展到电子书、文字处理、电子邮件等系统中。随着文件格式越来越复杂，跨平台间的数据交换也变得越来越困难，于是，比 HTML 更具弹性的 XML "上场"。现在大家常用的 Word、Excel 等文件格式，都已经由 XML 构成，因此，现在 Word 文档已不限于只能由微软的 Word 打开，很多其他的排版软件都可以打开 Word 文档，例如 Apple 的 Pages、LibreOffice 的 Writer 都可以读懂 Word 文档，这都是 XML 所赐，让跨平台之间的数据交换变得很容易。

传统的静态网页也开始发展到动态网页，早期通过 CGI 程序来产生网页，让网页具备动态调整的能力。动态网页的技术，使得网页不再只是纯粹地单向传输数据，而开始可以跟用户互动，随着用户的需求而给予不同的网页内容。现在已由更先进的 ASP.NET、JSP 或是 PHP 等专门的网页程序语言来快速产生网页，使得动态网页开发变得很容易，这些语言属于客户端的程序语言，意思是它们都是在 Web 服务器端运行。在客户端的浏览器上，有所谓的 JavaScript 程序语言，而几乎所有的浏览器都可运行 JavaScript 程序代码，它让一些运算可以在客户端的浏览器中就先行处理，不用所有的东西都送到服务器端去运行而增加服务器端的负担，例如用户没输入任何数据就按下搜索按钮，JavaScript 就可以先行判断这样的状况，而不需要将这种无效的查询送给服务器端去浪费时间。

为了让 Web 服务器与客户端的浏览器间的数据传输量变少，AJAX 技术开始被大量使用。在没有 AJAX 的时代，所有从 Web 服务器传给浏览器的数据，都必须是一个标准的网页格式；如果使用 AJAX 技术，服务器端发送过来的数据只要是数据本身即可，并且以 XML 标签识别不同的数据。现在，除了使用 XML 标签外，JSON 格式也开始被大量采用。与 XML 不同的地方是，当要传输的数据结构比较简单时，使用 JSON 格式比 XML 格式来得方便，并且解析语法所要编写的程序代码也比较简单。

Web 与 App 有什么关系？在谈这个问题之前，我们先来研究一下浏览器为什么能够看到一个丰富的网页内容？Web 系统由三样东西组成：URL、HTTP 通信协议与标签。URL（Uniform Resource Locator）就是一般俗称的网址，用来给网络上的每一项资源（例如文件）一个唯一的"门牌号码"，文件可以是一般的网页，或是图片、影片等。换句话说，每个存储在 Web 服务器上的任何文件，都有一个唯一的 URL，只要任何一个浏览器输入这个 URL，所对应的 Web Server（全世界有成千上万的 Web Server）就会把正确的文件传给浏览器，于是该浏览器就可以看到文件的内容。HTTP 通信协议，是让浏览器可以与 Web Server 正确地沟通。当我们在浏览器上输入一个网址，这个网址就会被封装成 Web Server 可以看懂的格式，然后向 Web Server 要求读取这个网址中所指定的文件，这个要求称之为 Http Request。最后一项是标签，诸如 HTML 标签或是 XML 标签，负责格式化杂乱无章的数据，例如某些文字要呈现红色，而某些数字代表的意思是价格。

现在我们再回到 Web 与 App 有什么关系这个问题上。如果我们的 App 想要从公司的大型数据库中下载一些客户数据到手机上，好让这个 App 可以离线浏览客户数据，应该怎么做呢？最简单的做法就是，先架设一台 Web Server，然后写一个网页来专门读取数据库中所需要的客户数据，并且把这些数据以 XML 或是 JSON 格式封装。App 端则仿照浏览器，向这个 Web Server 发出一个 Http Request 来要求读取网页内容，如果一切顺利的话，这个 App 就会收到以 XML 或是 JSON 格式封装的客户数据，接下来解析 XML 或是 JSON 格式，将客户数据存储在 App 中，也可能会存储在文件中或是 iOS 支持的数据库中，例如 SQLite 或是 Core Data，至此大功告成。几乎可以保证，PC 端的数据要发送到 App 中，或是 App 的数据要发送到 PC 端时，利用 Http Request 是既快速又简便的方式。

16-1 异步方式下载网页

难易度 ★☆☆

预备知识：无　　Framework：无

向 Web Server 获得数据的方式就是 Client 端通过 Http Request 协议来告诉 Web Server 要哪一份数据，然后 Web Server 再把正确的数据传给 Client 端。同步方式代表 Client 端必须一直等到所有数据接收完毕，才会继续运行下一行程序代码；而异步的意思则是 Client 会先产生一个线程，然后在该线程中去等待 Web Server 返回的数据，此时就不会影响主线程的执行。

步骤与说明

步骤 01 创建 Single View Application 项目。

步骤 02 打开 ViewController.m，在 viewDidLoad 方法中用异步方式下载某个网页。

```
- (void)viewDidLoad
{
    [super viewDidLoad];
```

```
        // Do any additional setup after loading the view, typically from a nib.

        NSURL *url = [NSURL URLWithString:@"http://www.apple.com"];
        NSURLRequest *request = [NSURLRequest requestWithURL:url];
        NSOperationQueue *queue = [NSOperationQueue new];

        // 异步模式读取网页
        [NSURLConnection
         sendAsynchronousRequest:request queue:queue
             completionHandler:^(NSURLResponse *response, NSData *data,
                                                NSError *error) {
                 // Web Server 响应后的程序代码写在此
                 if ([data length] > 0 && error == nil) {
                     NSString *html = [[NSString alloc]
                                        initWithData:data
                                          encoding:NSUTF8StringEncoding];
                     // html 变量存放该 url 的内容
                     NSLog(@"%@", html);
                 } else {
                     NSLog(@"Download url error: %@", error);
                 }
             }
         ];
    }
```

步骤 03 运行查看结果。

16-2 同步方式下载网页或图片

> 预备知识：无 Framework：无

越来越多的数据被放在网络上，因此也有越来越多的机会要从网络上读取数据。绝大多数网络上的资源，都会以 URL（Uniform Resource Locator）格式表示，例如常见的网址，因此只要我们知道某张图片的 URL，而且有权限可以读取，我们就可以将这张图片"抓"下来，不论是显示在屏幕上，或是存储在文件中都可以。

当使用同步的方式从网站服务器获取数据时，所代表的意思是除非数据全部下载完毕或是网络连接超时，否则程序代码会卡死在获取数据这一行，如果这段程序代码又写在主线程中，此时整个 App 相当于"当掉"，用户会完全无法操作这个 App。因此，如果打算使用同步下载数据的方式，而且在主线程中编写相关的程序代码，强烈建议另开线程运行。

步骤与说明

步骤 01 创建 Single View Application 项目。

步骤 02 打开 ViewController.m，我们在 viewDidLoad 方法中先另开线程，然后将下载图片的程序代码放在新开的线程中，以避免因网络下载数据太慢造成整个 App 形同死机。

```objc
- (void)viewDidLoad
{
    [super viewDidLoad];
 // Do any additional setup after loading the view, typically from a nib.

    // 设置图片的网址
    NSURL *url = [NSURL URLWithString:@"http://URL/a.jpg"];
    // 将网址转换成 Http Request,这样才能从 Web Server 获取数据
    NSURLRequest *urlRequest = [NSURLRequest requestWithURL:url];

    NSURLResponse *response = nil;
    NSError *error = nil;

    // 利用同步方式从 Web Server 索要数据
    NSData *data = [NSURLConnection sendSynchronousRequest:urlRequest
                returningResponse:&response
                error:&error
                ];

    if ([data length] > 0 && error == nil) {
        UIImage *img = [UIImage imageWithData:data];
        // 图片已经放在 img 变量中,接下来显示在屏幕上或是存盘都可以
        NSLog(@"图片下载完毕,大小为%.0f x %.0f", img.size.width, img.size.height);
    } else {
        NSLog(@"error: %@", error);
    }
}
```

16-3 解析 XML

难易度 ★★

> 预备知识：无   > Framework：无

iOS SDK 本身已经内置 XML 解析器 NSXMLParser 了，除非要解析的 XML 文件太复杂，否则使用内置的解析器就可以完成许多工作。在这个范例中，我们先创建一个简单的 XML 文件，文件名为 test.xml，并将这个文件加到项目中。文件内容如下：

```xml
<student year="2012">
<id>A01</id>
<name>John</name>
<tel>1234567</tel>
</student>
```

通过解析器的解析，我们能得到 2012、A01、John、1234567 这些内容。

步骤与说明

步骤 01　创建 Single View Application 项目。

步骤 02　新增一个文件（下拉菜单 File→New→File→iOS/Other→Empty），文件名为 test.xml。

文件产生后输入如下内容。

```xml
<student year="2012">
    <id>A01</id>
    <name>John</name>
    <tel>1234567</tel>
</student>
```

步骤 03　打开 ViewController.h，这个类需要符合 NSXMLParserDelegate 协议的规范，并且声明一个变量，目的是之后用来存放解析到的标签名。

```objc
#import <UIKit/UIKit.h>

@interface ViewController : UIViewController <NSXMLParserDelegate>
{
    NSString *tagName;
}

@end
```

步骤 04　打开 ViewController.m，在 viewDidLoad 方法中打开 test.xml 文件并且启动 parser。

```objc
- (void)viewDidLoad
{
    [super viewDidLoad];

    // 项目中的 XML 文件名称为 test.xml
    NSString *path = [[NSBundle mainBundle] pathForResource:
    @"test" ofType:@"xml"];
    NSData *xmlData = [NSData dataWithContentsOfFile:path];
    NSXMLParser *xml = [[NSXMLParser alloc] initWithData:xmlData];

    [xml setDelegate:self];
    // 开始解析
    [xml parse];
}
```

步骤 05　实现 parser:didStartElement:namespeceURI:qualifiedName:attributes:方法，这个方法可以抓到 xml 标签中的开始标签。

```objc
// 抓到开始标签，例如<name>
-(void)parser:(NSXMLParser *)parser didStartElement:(NSString *)
elementName namespaceURI:(NSString *)namespaceURI qualifiedName:
(NSString *)qName attributes:(NSDictionary *)attributeDict
{
    tagName = nil;

    if([elementName isEqualToString:@"student"])
        NSLog(@"入学年度:%@", [attributeDict objectForKey:@"year"]);

    if ([elementName isEqualToString:@"id"])
```

```objc
        tagName = elementName;
    
    if ([elementName isEqualToString:@"name"])
        tagName = elementName;
    
    if ([elementName isEqualToString:@"tel"])
        tagName = elementName;
}
```

步骤 06 实现 parser:foundCharacters:方法,这个方法用来取得开始标签与结束标签间的内容。

```objc
// 读取标签与标签中间的内容,例如<name>John</name>
-(void)parser:(NSXMLParser *)parser foundCharacters:(NSString *)string
{
    if ([tagName isEqualToString:@"id"])
        NSLog(@"学号:%@", string);
    
    if ([tagName isEqualToString:@"name"])
        NSLog(@"姓名:%@", string);
    
    if ([tagName isEqualToString:@"tel"])
        NSLog(@"电话:%@", string);
}
```

步骤 07 实现 parser:didEndElement:namespaceURI:qualifiedName: 这个方法,用来取得结束标签。

```objc
// 抓到结束标签,例如 </name>
-(void)parser:(NSXMLParser *)parser didEndElement:(NSString *)elementName namespaceURI:(NSString *)namespaceURI qualifiedName:(NSString *)qName
{
    tagName = nil;
}
```

步骤 08 运行查看结果。

```
XMLParser[4216:907] 入学年度:2012
XMLParser[4216:907] 学号:A01
XMLParser[4216:907] 姓名:John
XMLParser[4216:907] 电话:1234567
```

16-4 解析 JSON

难易度 ★★

> 预备知识:无   > Framework:无

JSON 的全名为 JavaScript Object Notation,是一种在网页上轻量级的数据交换格式。JSON 发展的主要目的是为了降低数据交换时所花的成本,这个成本来自于数据传输量与数据解析的时间。在 JSON 之前,绝大多数的数据交换都是使用 XML 格式包装要交换的数据,然而 XML

是一个完整的标记语言，因此在解析上会花费比较多的时间，并且在相同数据的情况下，XML的整体数据传输量高于JSON。虽然XML可以表示更为复杂的数据，但是当数据可以用JSON表示的时候，使用XML就有点杀鸡用牛刀的感觉了。

步骤与说明

步骤 01 创建 Single View Application 项目。

步骤 02 新增一个文件（下拉菜单 File→New→File→iOS/Other→Empty），文件名为 json.txt。文件产生后输入如下内容。

```
[
    {
        "姓名":    "Kirk",
        "年龄":    41,
        "电话":
        {
                    "公司":    "无",
                    "住家":    "1111"
        }
    },
    {
        "姓名":    "Sonia",
        "年龄":    35,
        "电话":
        {
                    "公司":    "2222",
                    "住家":    "3333"
        }
    }
]
```

步骤 03 打开 ViewController.m，在 viewDidLoad 方法中编写相关的程序代码。程序代码分为三部分：（1）读取JSON字符串；（2）解析JSON字符串；（3）将结果输出。

```
- (void)viewDidLoad
{
    [super viewDidLoad];
 // Do any additional setup after loading the view, typically from a nib.

    // （1）读取 JSON 字符串
    NSString *path = [[NSBundle mainBundle] pathForResource:
    @"json" ofType:@"txt"];
    NSData *data = [NSData dataWithContentsOfFile:path];
    // （2）解析 JSON 字符串
    NSArray *jsonObj = [NSJSONSerialization JSONObjectWithData:data
    options:NSJSONReadingMutableContainers
                            error:nil];
    // （3）利用循环输出解析后的结果
    for (NSDictionary *p in jsonObj) {
```

```
            NSDictionary *tel = [p objectForKey:@"电话"];

            NSString *name  = [p objectForKey:@"姓名"];
            NSString *age   = [p objectForKey:@"年龄"];
            NSString *tel_o = [tel objectForKey:@"公司"];
            NSString *tel_h = [tel objectForKey:@"住家"];

            NSLog(@"%@(%@)/TEL(O):%@, TEL(H):%@", name, age, tel_o, tel_h);
        }
    }
```

步骤 04 运行查看结果。

```
2013-06-28 21:42:36.805 JSON[4179:a0b] Kirk(41)/TEL(O):无, TEL(H):1111
2013-06-28 21:42:36.806 JSON[4179:a0b] Sonia(35)/TEL(O):2222, TEL(H):3333
```

16-5 以 GET 方式发送数据

预备知识:16-1 异步方式下载网页、16-2 同步方式下载网页或图片   Framework:无

所谓的 GET 方式就是 Client 端将要发送的数据附在网址的后面,然后发送给 Web Server,这样处理后 Web Server 就可以根据网址最后所附加的内容来得知 Client 端发送过来的数据。例如,http://abc.com/index.jsp?x=10&y=20,这样的网址传到 server 端后,server 端的程序(其实就是 index.jsp)就可以取得 x=10 以及 y=20 这两个参数值。虽然方便,但是有安全上的问题,因为网址这一行字符串是无法加密的,而且也很容易被复制下来(例如加入书签),所以如果附加的数据没有经过加密,就很容易让其他人得知发送的内容,因此,如果用 GET 方式发送密码或信用卡数据就有机密数据外泄的风险了。

步骤与说明

步骤 01 先参考预备知识,决定使用同步或异步方式发送数据。

步骤 02 将要发送给 Web Server 的数据附加在网址后面即可,其余程序代码均不变。当然,必须自己先在某个可运行 JSP 的 Web Server 上写好 index.jsp 才行。

```
NSURL *url = [NSURL URLWithString:@"http://abc.com/index.jsp?x=10&y=20"];
NSURLRequest *request = [NSURLRequest requestWithURL:url];
```

步骤 03 运行查看结果。

16-6 以 POST 方式发送数据

预备知识:16-1 异步方式下载网页、16-2 同步方式下载网页或图片   Framework:无

与 GET 方式相比,POST 是将发送的数据放在数据发送区,并不是放在网址的后方,这样发送数据就相对 GET 而言更安全,比较不容易让其他人看到数据发送的内容,而且也不会遇到因网址长度有限制而使得数据发送大小跟着被限制的问题。但不代表用 POST 方式发送数

据就是安全的，想要更安全地发送数据，还是要先将数据加密后再发送才行。

步骤与说明

步骤01 先参考预备知识，决定使用同步或异步方式发送数据。

步骤02 假设要发送给 Web Server 的数据为 x=10 与 y=20，修改与 Http Request 有关的程序代码即可，其余程序代码均不变。当然，必须先在某个可运行 JSP 的 Web Server 上写好 index.jsp 才行。注意这边 Http Request 使用的类为 NSMutableURLRequest，它是继承自 NSURLRequest 类。因为我们需要在 Http Request（程序代码中的*request 变量）实体对象创建完后修改一些内容，必须使用 NSMutableURLRequest 类才能做到。

```
NSURL *url = [NSURL URLWithString:@"http://abc.com/index.jsp"];
NSMutableURLRequest *request = [NSMutableURLRequest requestWithURL:url];
NSString *submitContent = @"x=10&y=20";

[request setHTTPMethod:@"POST"];
[request setHTTPBody:
[submitContent dataUsingEncoding:NSUTF8StringEncoding]];
```

步骤03 运行查看结果。

16-7 与社区网站连接

难易度 ★★★

> 预备知识：无   > Framework：Social.framework

Social.framework 可以很容易地让程序员编写与一些社区网站连接的 App，目前支持的 4 个社区网站有：Facebook、Twitter、新浪微博与腾讯微博。

步骤与说明

步骤01 创建 Single View Application 项目。

步骤02 将 Social.frameword 加到项目中，并且再加入一张范例图片。

步骤03 打开 ViewController.m，在 viewDidLoad 方法中将一些设置好的内容（文字、超链接与图片）发送到 Facebook 上。

```
- (void)viewDidLoad
{
    [super viewDidLoad];
    // Do any additional setup after loading the view, typically from a nib.

    // 先测试移动设备内的 Facebook 设置是否完成
    if ([SLComposeViewController
isAvailableForServiceType:SLServiceTypeFacebook]) {
        // 输入数据的画面使用系统内置的
        SLComposeViewController *social = [SLComposeViewController new];
```

```
    social = [SLComposeViewController
composeViewControllerForServiceType:SLServiceTypeFacebook];

    // 要上传的文字
    [social setInitialText:@"App PO 文测试\n"];

    // 要上传的网址
    NSURL *url = [[NSURL alloc]
initWithString:@"http://www.google.com"];
    [social addURL:url];

    // 要上传的图片
    UIImage *img = [UIImage imageNamed:@"sample.jpg"];
    [social addImage:img];

    // 打开输入数据画面
    [self presentViewController:social animated:YES completion:^{
        NSLog(@"数据送到 facebook 成功");
    }];
  }
}
```

步骤 04 运行查看结果，请在实体机器上测试。

16-8 信息推送

> 预备知识：无   Framework：无

信息推送（Push Notification）可以让 App 在尚未运行的状态下，就可以接收一些信息。例如当 Mail Server 收到信件时，会发送一个信息到处理 Mail 的 App，使得该 App 边角出现一个红色的圈圈，上面标识出有几封未读的信件。信息推送总共有三种信息格式：声音、文字以及让 App 边角出现红圈的数字（称为 Badge）。

信息推送的机制设计有点复杂，在 Apple 中有一套专门发送信息的服务，称为 APNS（Apple Push Notification Service），全世界所有的信息推送都必须通过 APNS 来发送到各个 App 中去，因此，APNS 就必须要知道哪些移动设备安装了这些 App。每个具备信息推送功能的 App 第一次启动时都必须先向 APNS 注册，否则 APNS 不知道要发送的对象在哪里。

将 APNS 发送信息（或者称为转送信息）的信息提供者称为 Provider。为了安全起见，Provider 与 APNS 之间的沟通使用的是 SSL 加密协议，所以一个完整的信息推送 App，除了要开发 App 外，还要设计一个具备 SSL 机制的 Provider（通常是 ASP.NET、PHP 或是 JSP 构成的网站）。由于 Provider 与 APNS 之间的通信协议等相关技术已经远超出本书范围，因此这部分我们利用 Google 开发的第三方函数库"JavaPNS"来帮我们处理 SSL 加密。通过 JavaPNS 函数库，只要再写一些简短的 Java 程序，就可以测试我们写的 App 是否可以正确收到推送信息了。

除了使用第三方函数库外，另一种做法就是直接编写 SSL Socket 连接程序。开发用的

APNS 位于 gateway.sandbox.push.apple.com:2195，上架用的 APNS 位于 gateway.push.apple.com:2195。信息发送内容为 JSON 格式，当然长度有限制（256 字节），封装成特定的封包格式后传给 APNS。想自己编写这部分功能的读者，就请自行上网查询 Apple 的开发者文件。

步骤与说明

步骤 01 创建 Single View Application 项目。

步骤 02 打开 AppDelegate.m，在 application:didFinishLaunchingWithOptions:中设置 App 可以接收哪些信息。在信息类型中 Alert 表示文字、红色圈上有个数字的为 Badge，或是 Sound 声音。

```
- (BOOL)application:(UIApplication *)
application didFinishLaunchingWithOptions:(NSDictionary *)launchOptions {
    // Override point for customization after application launch.

    UIUserNotificationSettings *setting = [UIUserNotificationSettings
    settingsForTypes:UIUserNotificationTypeBadge
    | UIUserNotificationTypeAlert | UIUserNotificationTypeSound
     categories:nil];
    [application registerUserNotificationSettings:setting];
    return YES;
}
```

步骤 03 实现 application didRegisterUserNotificationSettings:，在这个方法中要向 APNS 注册。

```
-(void)application:(UIApplication                          *)application
didRegisterUserNotificationSettings:(UIUserNotificationSettings
*)notificationSettings
{
    [application registerForRemoteNotifications];
}
```

步骤 04 实现 application:didRegisterForRemoteNotificationWithDeviceToken:。这个 method 会返回向 APNS 注册的 token 数据，这里我们先直接用 NSLog 印出 token，以便待会测试时使用。一般来说，正式的系统会将这个 token 通过 Http Request 存到 Server 端的数据库中去，好让 Server 上的其他系统读取这个数据库来发送推送信息给所有注册过的 App。

```
-(void)application:(UIApplication *)
application didRegisterForRemoteNotificationsWithDeviceToken:(NSData *)deviceToken
{
    NSLog(@"Token is: %@", deviceToken);
}
```

步骤 05 再实现 application:didFailToRegisterForRemoteNotificationWithError:。这个 method 是当注册 APNS 失败时调用的，所以收到错误信息时，大部分是因为一些设置还没有

设置好。

```
-(void)application:(UIApplication *)application 
didFailToRegisterForRemoteNotificationsWithError:(NSError *)error
{
    NSLog(@"notification error: %@", [error localizedDescription]);
}
```

步骤 06 如果现在就开始运行的话（一定要在实际设备上运行），会得到一个跟 aps-environment 有关的错误信息，这是因为这个 App 还没有被授权使用信息推送功能。想要让 App 成功地向 APNS 注册，就必须先登录开发者网站做一些设置。在开发者网站上先注册一个 App ID，并且打开 Push Notifications 功能。这个 App ID 的名称必须与 Xcode 项目的 Bundle Identifier 相同。

步骤 07 创建这个 App ID 专用的 Provisioning Profiles，完成后将它下载并安装。现阶段使用开发者类型就可以了。

步骤 08 产生一个专门给推送信息用的凭证，这个凭证的目的是要产生一组密钥，之后给 Provider 与 APNS 之间的 SSL 加密协议使用，产生之后下载回来运行。凭证的产生方式请参考本书的第 2-2 节。

步骤 09 在 Xcode 上重新运行此项目，原本第 5 步出现的错误信息，这时候会得到一个 64 字节的 token id。将这个 token id 记下来，待会测试的时候会用到。请读者记下自己的数字，而不是记录书上的，每个人得到的 token 都不相同。

```
<e31c924d 7c6aea08 43037d3f c5169cb7 6ae0ba37 06dd3f3b 1dc2d0b5 5345ed47>
```

步骤 10 若要测试我们的推送信息是否成功，就要先写一个 Provider 来跟 APNS 沟通。先准备好三套函数库，当然您的计算机必须要安装 Java SDK。

```
Google JavaPNS: https://code.google.com/p/javapns/
Bouncy Castle: http://www.bouncycastle.org/latest_releases.html
Apache Logging Service: http://logging.apache.org/log4j/1.2/download.html
```

步骤 11 从 Mac OS 的 keychain 中输出第 8 步产生的凭证，扩展名应为 p12。

步骤 12 使用 Java 语言编写 Provider。我们希望 App 上产生一个红色圆圈，并且填上数字 5。注意要将 token 中的大于、小于符号以及空格键删除。

```
import javapns.Push;

public class APNTest
{
    public static void main(String[] args) {
        try {
            String TOKEN = 
            "e31c924d7c6aea0843037d3fc5169cb76ae0ba3706dd3f3b1dc2d0b55345ed47";
            String KEYNAME = "key.p12";
            String KEYPWD = "1234";
```

```
        Push.alert("Hello world", KEYNAME, KEYPWD, false, TOKEN);
        Push.badge(3, KEYNAME, KEYPWD, false, TOKEN);
    } catch (Exception e) {
        System.out.println(e);
    }
  }
}
```

步骤 13 将第 10 步的三个函数库以及我们的 p12 文件放在同一个目录下, 然后在终端机中编译我们的 Provider, 命令如下:

```
javac -cp JavaPNS_2.2.jar:bcprov-jdk15on-151.jar:log4j-1.2.17.jar:
. APNTest.java
```

步骤 14 运行我们的 Provider, 命令如下。

```
java -cp JavaPNS_2.2.jar:bcprov-jdk15on-151.jar:log4j-1.2.17.jar:. APNTest
```

步骤 15 稍等几秒钟后应该可以看到 App 上出现了一个有数字 5 的红色小圈了。如果要删除, 再让 Provider 发送一个数字为 0 的 Badge 信息即可。JavaPNS 的用法在该网站上已有文件说明, 这里不再赘述。

16-9 本地信息推送

难易度 ★★☆

> 预备知识: 无   > Framework: 无

本地信息推送的意思是, 信息并没有经过 APNS 发送, 而是 App 向自己发送出来的信息。例如想要在特定时间发送一个信息通知用户, 我们就可以使用本地信息推送功能。发送的信息类型有声音、文字或是在 ICON 角边有个红色圆圈带个数字的 Badge, 另外还可以发送自定义的对象。

发送信息都是通过 UIApplication 中的 scheduleLocalNotification: 或是 presentLocalNotificationNow: 这两个方法来发送, 前者是预约信息, 后者则是及时送出。如果要取消预约信息, 则可以使用 cancelLocalNotification: 或是 cancelAllLocalNotifications 来取消还没发送出去的信息。

如果 App 想要知道信息是否送到, 则在 AppDelegate.m 中实现 application:didReceiveLocalNotification: 这个方法就可以了。

最后, 信息必须要被封装在 UILocalNotification 类中, 这个类已经定义了一些方法让我们可以设置声音、文字或是 Badge 等, 所以本地信息推送事实上只有两个部分: 通过 UILocalNotification 准备好信息, 然后交给 UIApplication 去发送。

步骤与说明

步骤 01 创建 Single View Application 项目。

步骤 02 打开 AppDelegate.m, 在 application:didFinishLaunchingWithOptions:中设置 App 可以

接收哪些信息。信息类型中 Alert 表示文字、红色圆圈上有个数字的为 Badge，或是 Sound 声音。

```objc
- (BOOL)application:(UIApplication *)application 
didFinishLaunchingWithOptions:(NSDictionary *)launchOptions {
    // Override point for customization after application launch.
    
    UIUserNotificationSettings *setting = [UIUserNotificationSettings settingsForTypes:UIUserNotificationTypeBadge | UIUserNotificationTypeAlert | UIUserNotificationTypeSound categories:nil];
    
    [application registerUserNotificationSettings:setting];
    
    return YES;
}
```

步骤 03 打开 ViewController.m，我们在 viewDidLoad 中设置一个信息，并且要求 iOS 在 10 秒后发送给 App。

```objc
- (void)viewDidLoad
{
    [super viewDidLoad];
    // Do any additional setup after loading the view, typically from a nib.
    
    UILocalNotification *note = [UILocalNotification new];
    note.alertBody = @"hello world";
    note.applicationIconBadgeNumber = 5;
    note.soundName = UILocalNotificationDefaultSoundName;
    // 设置10秒后发送
    note.fireDate = [NSDate dateWithTimeIntervalSinceNow:10];
    
    [[UIApplication sharedApplication] scheduleLocalNotification:note];
}
```

步骤 04 运行查看结果。

如果要播放音乐，那么这个音乐必须是系统内置的声音或是项目中的音乐文件。

16-10 与推送信息互动

难易度 ★★

预备知识：16-9 本地信息推送　　Framework：无

过去推送信息只能让我们启动对应的 App，但我们现在可以在推送信息上加入一些"动作"，让用户可以直接在推送信息上做一些事情而不用打开 App，例如收到邮件的推送信息，我们可以直接在信息上将该封邮件删除或是标识为已读，这两个动作都不需要打开邮件 App 就可以进行，如下图所示。

第 16 章　Internet

推送信息中文字类型出现的地方总共有 4 个：（1）屏幕锁定画面；（2）从屏幕最上方往下拉的"通知"区域（如上图）；（3）解锁后屏幕最上方的横幅位置；（4）解锁后的提示位置。其中（3）与（4）可在"系统"→"通知"→单击要设置的 App 中修改，请参考下图。

以上 4 个地方的前 3 项，iOS 让我们最多可以加两个互动按钮到推送信息上。第 4 项也就是"提示"的位置，可以加上 4 个互动按钮。

与推送信息互动的功能，不论是远程信息推送或是本地信息推送都可以使用，但是为了说明方便，在这里我们仅以本地信息推送进行说明。

步骤与说明

步骤01　根据预备知识创建 Single View Application 项目。

步骤02　属性 identifier 是之后用来识别用户单击了哪一个按钮；title 则是按钮上所显示的文字；activationMode 用来指定这个按钮按下去后是否要将 App 调用到前台运行；authenticationRequired 是当移动设备处于锁定状态时，是否要求用户先解锁，如果属性 activationMode 设置为前台运行，那么这个属性就必须设置为 YES；如果最后一个属性 destructive 设置为 YES，互动按钮会以不一样的颜色（例如红色）来提醒用户这个按钮会造成比较重大的影响，例如删除数据。产生一个互动按钮的程序代码如下。

```
UIMutableUserNotificationAction *action1 =
```

```
[UIMutableUserNotificationAction new];
action1.identifier = @"ACTION_1";
action1.title = @"Title1";
action1.activationMode = UIUserNotificationActivationModeForeground;
action1.authenticationRequired = YES;
action1.destructive = NO;
```

步骤 03 打开 AppDelegate.m，在 application:didFinishLaunchingWithOptions:中创建 4 个互动按钮，并且把这 4 个按钮封装在 UIMutableUserNotificationCategory 类中。一个 App 可以有很多组 category，以供推送信息时选择，因此最后将很多个 category 封装到 NSSet 类后，注册到 UIUserNotificationSettings 即可。

```
- (BOOL)application:(UIApplication *)application
didFinishLaunchingWithOptions:(NSDictionary *)launchOptions {
    // Override point for customization after application launch.

    UIMutableUserNotificationAction *action1 =
    [UIMutableUserNotificationAction new];
    action1.identifier = @"ACTION_1";
    action1.title = @"Title1";
    action1.activationMode = UIUserNotificationActivationModeForeground;
    action1.authenticationRequired = YES;
    action1.destructive = NO;

    UIMutableUserNotificationAction *action2 =
    [UIMutableUserNotificationAction new];
    action2.identifier = @"ACTION_2";
    action2.title = @"Title2";
    action2.activationMode = UIUserNotificationActivationModeBackground;
    action2.authenticationRequired = NO;
    action2.destructive = YES;
    UIMutableUserNotificationAction *action3 =
    [UIMutableUserNotificationAction new];
    action3.identifier = @"ACTION_3";
    action3.title = @"Title3";
    action3.activationMode = UIUserNotificationActivationModeBackground;
    action3.authenticationRequired = NO;
    action3.destructive = NO;

    UIMutableUserNotificationAction *action4 =
    [UIMutableUserNotificationAction new];
    action4.identifier = @"ACTION_4";
    action4.title = @"Title4";
    action4.activationMode = UIUserNotificationActivationModeBackground;
    action4.authenticationRequired = NO;
    action4.destructive = NO;

    // UIUserNotificationActionContextDefault 最多可指定4个action,
    //     并且可在"解锁后的提示样式"的"提示"中显示,参考"系统"→"通知"→此App
    // UIUserNotificationActionContextMinimal 最多可指定2个action,
    //     无法显示"解锁后的提示样式"的"提示"
    UIMutableUserNotificationCategory *category =
    [UIMutableUserNotificationCategory
```

```
new];
    category.identifier = @"CATEGORY";
    [category setActions:@[action1, action2, action3, action4]
forContext:UIUserNotificationActionContextDefault];

    NSSet *categories = [NSSet setWithObjects:category, nil];

    // 注意最后一个参数要填入 NSSet 封装后的 categories
    UIUserNotificationSettings *setting = [UIUserNotificationSettings
settingsForTypes:UIUserNotificationTypeBadge | UIUserNotificationTypeAlert |
UIUserNotificationTypeSound categories:categories];

    [application registerUserNotificationSettings:setting];

    return YES;
}
```

步骤04 实现互动按钮按下去后所触发的方法,同样写在 AppDelegate.m 中。值得一提的是,我们在 ACTION_2 这个按钮按下去后,可将 App 上的小红圈(Badge)删除。

```
-(void)application:(UIApplication *)application
handleActionWithIdentifier:(NSString *)identifier
forLocalNotification:(UILocalNotification *)notification
completionHandler:(void (^)())completionHandler
{
    if ([notification.category isEqualToString:@"CATEGORY"]) {
        if ([identifier isEqualToString:@"ACTION_1"]) {
            NSLog(@"单击了 Category1, Action1");
        }

        if ([identifier isEqualToString:@"ACTION_2"]) {
            [UIApplication sharedApplication].applicationIconBadgeNumber = 0;
            NSLog(@"单击了 Category1, Action2");
        }

        if ([identifier isEqualToString:@"ACTION_3"]) {
            NSLog(@"单击了 Category1, Action3");
        }

        if ([identifier isEqualToString:@"ACTION_4"]) {
            NSLog(@"单击了 Category1, Action4");
        }
    }

    // 此行一定要调用
    completionHandler();
}
```

步骤05 打开 ViewController.m,在 viewDidLoad 方法中发送一个推送通知。这个推送通知的 category 属性用于指定采用哪一种互动按钮。

```
- (void)viewDidLoad {
    [super viewDidLoad];
    // Do any additional setup after loading the view, typically from a nib.
```

```objc
    UILocalNotification *note = [UILocalNotification new];
    note.alertBody = @"自定义Action通知";
    note.applicationIconBadgeNumber = 1;
    note.category = @"CATEGORY";
    note.soundName = UILocalNotificationDefaultSoundName;

    // 设置10秒后发送
    note.fireDate = [NSDate dateWithTimeIntervalSinceNow:10];

    [[UIApplication sharedApplication] scheduleLocalNotification:note];
}
```

步骤 06 运行查看结果。运行后 10 秒内将 App 转为背景运行，并且由于本节的推送信息是在 viewDidLoad 方法中触发，因此，每次运行时请先将 App 从内存中移除（HOME 键按两下后删除）。

通知（横幅）

通知（锁定）

第17章 媒体获取

媒体获取是直接取得相机或麦克风传进来的数据。"直接"的意思是，当我们要取得一张照片时，我们不再启动内置的相机界面拍照然后存盘，而是开启镜头，然后取得"流过"镜头的数据，再做进一步处理，包含存盘。换句话说，我们可以自己写一个拍照或是录像的App，操作界面可以设计成我们自己喜欢的样子。

在媒体获取中，session（AVCaptureSession 类）负责协调数据的输入与输出，这是很重要的一个类，必须声明为整体变量。当我们想要打开相机并且取得镜头所"看到"的数据时，我们在 session 中将相机镜头当成数据来源（AVCaptureInput 类），然后将静态图片当成数据输出（AVCaptureOutput 类），设置完后调用 AVCaptureSession 的 startRunning 方法，我们就可以得到一张静态图片。值得一提的是，输出并不一定是静态图片，也可以设置为影片，这样就相当于录像功能了。一般常用的 session 输出端有 AVCaptureMovieFileOutput（用来录制图像）、AVCaptureStillImageOutput（用来拍摄照片）或是 AVCaptureVideoPreviewLayer（用来实时预览相机画面）这三种类型，如下图所示。在输入端部分，包含了移动设置本身的相机与麦克风，或是外接麦克风。图中虚线代表的意思是：当输出是影片时，输入端不一定要加入麦克风，这样录出来的影片就变得没有声音，相当于哑剧。

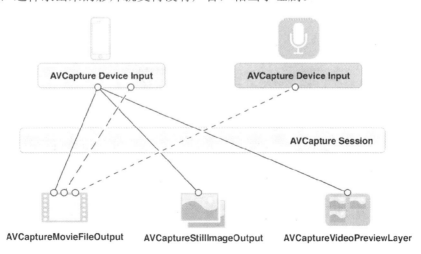

注：图片摘自苹果公司开发者网站

还有个概念我们也需要了解，就是 connection（AVCaptureConnection 类）。当 session 设置了数据来源（AVCaptureInput）与数据输出（AVCaptureOutput）后，connection 就自动连接了 AVCaptureInput 与 AVCaptureOutput，因此我们可以通过 connection 来随意开关从输入端到输出端的数据流，或是监控从麦克风进来的声音平均音量与峰值。也许读者看过一种风车的 App，这个 App 启动后会有一个风车的画面，如果对着麦克风吹气，吹得越用力，风车就转得越快，这其实就是取得声音峰值的有趣应用。

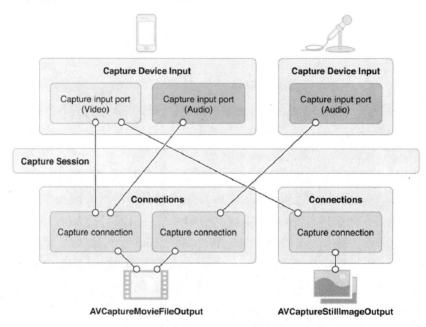

注：图片摘自苹果公司开发者网站

在 iOS 8 中，Apple 开放了更多的参数与方法，让程序员可以对相机镜头有更多的操控，例如设置镜头位置（也就是对焦距离）、曝光时间或是曝光值 ISO 的设置，加上之前就已经开放的，例如白平衡、测光位置、对焦点等，我们可以设计出一个很专业的拍照软件，当然我们还需要一位很厉害的视觉工程师帮忙设计界面。

17-1 获取静态图片并预览

难易度 ★★☆

预备知识：无　　Framework：AVFoundation.framework

拍一张照片有两种方式：一种是调用 UIImagePickerController；另一种则是使用 AVCaptureDevice。前者的界面是 iOS 设置好的，其画面与内置的"相机" app 相同，无法做太多的自定义。虽然使用 AVCaptureDevice 要多写些程序代码，但优点是可以完全自定义，我们可以打造一个完全不同"外貌"的拍照 App。在 iOS 8 中，Apple 又开放了更多可以控制相机的参数，例如设置曝光值（ISO），所以如果觉得内置的相机功能太少，画面不够漂亮，那就自己来写一个吧！

第 17 章 媒体获取

步骤与说明

步骤 01 创建 Single View Application 项目。

步骤 02 将 AVFoundation.framework 加入项目中。

步骤 03 打开 Storyboard，在 View Controller 上添加三个 Button 组件、一个 Image View 组件，以及一个 View 组件。三个 Button 组件的功能分别是打开相机镜头（Start）、关闭相机镜头（Stop）以及拍照（Take）；Image View 组件则是拍完照后用来显示拍摄的照片；View 组件是用来实时显示从相机镜头传进来的图像数据。

步骤 04 打开 ViewController.h，首先导入 AVFoundation.h 以及 ImageIO.h 这两个头文件，设置 Image View 组件与 View 组件的 IBAction 变量（再次强调，这两个变量不是自己输入的，是按住鼠标右键后拖动蓝线产生的）。另外，最重要的是声明三个成员变量，这三个变量不可以声明为区域变量，用途说明请参考程序注释。

```
#import <UIKit/UIKit.h>
#import <AVFoundation/AVFoundation.h>
#import <ImageIO/ImageIO.h>

@interface ViewController : UIViewController
{
    // 负责协调从截取设备到输出间的数据流动
    AVCaptureSession *session;
    // 负责实时预览目前相机设备截取到的画面
    AVCaptureVideoPreviewLayer *captureVideoPreviewLayer;
    // 用来连接数据的输入端口（例如图像）与输出目标（例如文件）
    AVCaptureConnection *videoConnection;
}

@property (weak, nonatomic) IBOutlet UIView *myView;
@property (weak, nonatomic) IBOutlet UIImageView *myImg;

@end
```

步骤 05 打开 ViewController.m，在 viewDidLoad 方法中先初始化协调器 session，然后从众多的图像获取设备中找到后置镜头，并且将后置镜头设置为 session 的数据来源。接下来，设置 session 的数据输出为 JPEG 格式的静态图像，最后将后置镜头所"看到"的图像实时地显示在 view 组件中，这样用户才知道何时按下快门。

```
- (void)viewDidLoad {
    [super viewDidLoad];
    // Do any additional setup after loading the view, typically from a nib.
```

```objc
session = [AVCaptureSession new];
// 设置未来获取的画面质量为相片质量（最高质量）
// 其他的参数通常使用在录像中
// 如有需要请读者自行参考 online help
session.sessionPreset = AVCaptureSessionPresetPhoto;

// 循环中先设置要搜索的设备类型为 Video（相机）
for (AVCaptureDevice *device in [AVCaptureDevice devicesWithMediaType:
AVMediaTypeVideo]) {
    // 如果相机有前置与后置镜头，我们要的是后置镜头
    if ([device position] == AVCaptureDevicePositionBack) {
        // 将后置镜头设置为 session 的数据来源
        AVCaptureDeviceInput *input = [AVCaptureDeviceInput
        deviceInputWithDevice:device error:nil];
        [session addInput:input];
    }
}

// 设置 session 的输出端为 StillImage（静态图片），格式为 JPEG
AVCaptureStillImageOutput *output = [AVCaptureStillImageOutput new];
NSDictionary *outputSettings = @{ AVVideoCodecKey : AVVideoCodecJPEG };
[output setOutputSettings:outputSettings];
[session addOutput:output];

// 应用 layer 的方式将镜头目前 "看到" 的图像实时显示到 view 组件上
captureVideoPreviewLayer = [[AVCaptureVideoPreviewLayer alloc]
initWithSession:session];
captureVideoPreviewLayer.videoGravity =
AVLayerVideoGravityResizeAspectFill;
[self.myView.layer addSublayer:captureVideoPreviewLayer];
}
```

步骤 06 实现 viewDidAppear:，在这个方法中必须设置实时预览所呈现的位置坐标与大小，而这一行程序代码不可以放在 viewDidLoad 中，否则 frame 的大小设置会抓到 0，造成预览画面无法显示。

```objc
-(void)viewDidAppear:(BOOL)animated
{
    // 这一行一定要放在 UI 画面出现之后，因为这样才能正确抓到 view 组件的 bounds 数据
    captureVideoPreviewLayer.frame = self.myView.bounds;
}
```

步骤 07 制作 start 按钮，这个按钮按下去后要启动后置镜头。

```objc
- (IBAction)startButton:(id)sender
{
    // 开始取得数据
    [session startRunning];
}
```

步骤 08 制作 stop 按钮，这个按钮按下去后要关闭后置镜头。

```objc
- (IBAction)stopButton:(id)sender
{
    // 停止取得数据
    [session stopRunning];
}
```

步骤 09 制作 take 按钮，这个按钮按下去后要拍照并保存文件。

```objc
- (IBAction)takeButton:(id)sender
{
    // 在取得静态图片之前,必须在 session 中找出获取设备的输出端口为 video 的 connection
    for (AVCaptureConnection *connection in ((AVCaptureStillImageOutput *)
session.outputs[0]).connections) {
        for (AVCaptureInputPort *port in [connection inputPorts]) {
            if ([[port mediaType] isEqual:AVMediaTypeVideo] ) {
                videoConnection = connection;
                break;
            }
        }
        if (connection) {
            break;
        }
    }

    // 拍照。会听到"咔嚓"的快门声,如果顺利地从 connection 取得数据
    // 就会进入 completionHandler 区块
    [session.outputs[0] captureStillImageAsynchronouslyFromConnection:
videoConnection completionHandler:
    ^(CMSampleBufferRef imageSampleBuffer, NSError *error) {
        CFDictionaryRef exifAttachments = CMGetAttachment(imageSampleBuffer,
kCGImagePropertyExifDictionary, NULL);
        if (exifAttachments) {
            // 如果想要解析照片的 exif 信息,程序可写在这里
            NSDictionary *dictExif = (__bridge NSDictionary *)exifAttachments;
            for (NSString *key in dictExif) {
                NSLog(@"%@: %@", key, [dictExif valueForKey:key]);
            }
        }

        NSData *imageData = [AVCaptureStillImageOutput
jpegStillImageNSDataRepresentation:imageSampleBuffer];
        // 将图片显示在预览的 UIImage 组件上
        self.myImg.image = [[UIImage alloc] initWithData:imageData];

        // 图片存盘
        UIImageWriteToSavedPhotosAlbum (self.myImg.image, nil, nil, nil);

    }];
}
```

步骤 10　运行查看结果，必须要在实体机器上运行。

17-2　前后镜头切换

难易度 ★★☆

> 预备知识：17-1 获取静态图片并预览　　Framework：AVFoundation.framework

iPhone 具备前置镜头与后置镜头，用户可以根据需要，随意切换前后镜头来拍照或是录像。

步骤与说明

步骤 01　根据预备知识创建项目。

步骤 02　打开 ViewController.h，新增两个成员变量来存储前置镜头与后置镜头。

```objc
// 前置镜头
AVCaptureDeviceInput *frontFacingCameraDevice;
// 后置镜头
AVCaptureDeviceInput *backFacingCameraDevice;
```

步骤 03　修改预备知识第 5 步中的 for 循环，分别把前置镜头与后置镜头的数据存储在第二步的变量中。

```objc
for (AVCaptureDevice *device in [AVCaptureDevice devicesWithMediaType:
AVMediaTypeVideo]) {
    // 如果相机有前置与后置镜头，我们要的是后置镜头
    if ([device position] == AVCaptureDevicePositionBack) {
        // 将后置镜头设置为 session 的数据来源
        AVCaptureDeviceInput *input = [AVCaptureDeviceInput
        deviceInputWithDevice:device error:nil];
        [session addInput:input];
        // 存储后置镜头数据
        backFacingCameraDevice = input;
    }

    if ([device position] == AVCaptureDevicePositionFront) {
        // 存储前置镜头数据
        frontFacingCameraDevice = [AVCaptureDeviceInput
        deviceInputWithDevice:device error:nil];
    }
}
```

步骤 04　实现前后镜头转换的 method。为了避免在切换过程中出现数据断断续续的情况，我们可以通过 beginConfiguration 与 commitConfiguration 这两个 method 让切换过程平滑地完成。

```objc
- (void) cameraPositionChanged
{
    static BOOL isPositionFront;
```

```objc
    // 修改前先调用 beginConfiguration
    [session beginConfiguration];
    // 将现有的 input 删除
    [session removeInput:session.inputs[0]];

    if (isPositionFront) {
        [session addInput:backFacingCameraDevice];
    } else {
        [session addInput:frontFacingCameraDevice];
    }

    // 确认以上的所有修改
    [session commitConfiguration];

    isPositionFront = !isPositionFront;
}
```

步骤 05 打开 Storyboard，在 View Controller 上放置一个 Button 或是 Switch 组件来调用上一步的 cameraPositionChanged 方法。

步骤 06 运行查看结果。

17-3 调整相机参数

> 预备知识：17-1 获取静态图片并预览　　Framework：AVFoundation.framework

Apple 从 iOS 8 起开放了可以对相机进行更多操作的 SDK，例如对焦距离、ISO 值设置、曝光时间、对焦位置、白平衡或是低光源等设置，让用户在操作相机拍照时有更多弹性的选择。

步骤与说明

步骤 01 根据预备知识创建项目。

步骤 02 实现一个自定义的方法，在这个方法中我们修改相机的测光位置、测焦位置以及快门与曝光值（ISO）设置，想要知道所属相机的 ISO 范围，可以通过 minISO 与 maxISO 属性得知。其他的设置就请读者自行参考 AVCaptureDevice 的在线帮助了。

```objc
- (void)cameraSetting
{
    AVCaptureDevice *camera = [session.inputs[0] device];

    // 修改相机属性前要先锁定
    [camera lockForConfiguration:nil];

    // 设置测光位置位于屏幕中央
    // 左上角为 (0, 0), 右下角为 (1, 1)
    if ([camera isExposureModeSupported:
AVCaptureExposureModeContinuousAutoExposure]) {
        CGPoint exposurePoint = CGPointMake(0.5f, 0.5f);
```

```
        [camera setExposurePointOfInterest:exposurePoint];
        [camera setExposureMode:AVCaptureExposureModeContinuousAutoExposure];
    }

    // 设置屏幕中央对焦点，并采用连续对焦模式
    // 左上角为 (0, 0)，右下角为 (1, 1)
    if ([camera isFocusModeSupported:AVCaptureFocusModeContinuousAutoFocus]) {
        CGPoint autofocusPoint = CGPointMake(0.5f, 0.5f);
        [camera setFocusPointOfInterest:autofocusPoint];
        [camera setFocusMode:AVCaptureFocusModeContinuousAutoFocus];
    }

    // 设置对焦距离 0.0 为最短距离，1.0 为无限远（默认值）
    [camera setFocusModeLockedWithLensPosition:0.0 completionHandler:nil];

    // 设置快门1/30秒与 ISO 200
    [camera setExposureModeCustomWithDuration:CMTimeMake(1, 30) ISO:200
completionHandler:nil];

    // 修改完解锁
    [camera unlockForConfiguration];
}
```

步骤 03 在适当的地方调用 cameraSetting 方法。

步骤 04 运行查看结果。

17-4 录制影片

难易度 ★★★

> 预备知识：无   > Framework：AVFoundation.framework、AssetsLibrary.framework

影片包含了声音与图像，因此录制影片时，我们必须同时打开相机镜头与麦克风，这样所录制的影片才会同时有声音与图像。

步骤与说明

步骤 01 创建 Single View Application 项目。将 AVFoundation.framework 与 AssetsLibrary.framework 加到项目中。

步骤 02 打开 Storyboard，在 View Controller 上添加三个 Button 组件以及一个 View 组件。三个 Button 组件的功能分别是打开相机镜头（Start）、关闭相机镜头并停止录像与存盘（Stop），以及开始录像（Record）；View 组件是用来实时显示从相机镜头传进来的图像数据。

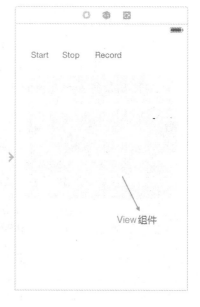

步骤 03 打开 ViewController.h,首先导入 AVFoundation.h 以及 AssetsLibrary.h 这两个头文件,设置 View 组件的 IBAction 变量。另外最重要的是声明两个成员变量,这两个变量不可以声明为区域变量,用途说明请参考程序注释。最后要使这个 class 符合 <AVCaptureFileOutputRecordingDelegate>协议的规范。

```objc
#import <UIKit/UIKit.h>
#import <AVFoundation/AVFoundation.h>
#import <AssetsLibrary/AssetsLibrary.h>

@interface ViewController : UIViewController
<AVCaptureFileOutputRecordingDelegate>
{
    // 负责协调从截取设备到输出间的数据流动
    AVCaptureSession *session;
    // 负责实时预览目前相机设备截取到的画面
    AVCaptureVideoPreviewLayer *captureVideoPreviewLayer;
}

@property (weak, nonatomic) IBOutlet UIView *myView;

@end
```

步骤 04 打开 ViewController.m,在 viewDidLoad 方法中先初始化协调器 session,然后从众多的图像获取设备中找到后置镜头,并且将后置镜头设置为 session 的数据来源,再设置麦克风也为 session 的数据来源,这样所录制的图像才包含声音。来源设置完后,再设置 session 的输出为图像 AVCaptureMovieFileOutpu,我们顺便设置了最大录制时间为 10 秒钟,时间一到就自动停止录像并存盘。最后将后置镜头所"看到"的图像实时地显示在 view 组件中,这样用户才知道何时按下快门。

```objc
- (void)viewDidLoad {
    [super viewDidLoad];
    // Do any additional setup after loading the view, typically from a nib.
    
    session = [AVCaptureSession new];
    // 设置获取的图像质量为 640×480
    session.sessionPreset = AVCaptureSessionPreset640x480;
    
    // 循环中先设置要搜索的设备类型为 Video(相机)
    for (AVCaptureDevice *device in [AVCaptureDevice devicesWithMediaType:
    AVMediaTypeVideo]) {
        // 如果相机有前置与后置镜头,那么我们要的是后置镜头
        if ([device position] == AVCaptureDevicePositionBack) {
            // 将后置镜头设置为 session 的数据来源
            AVCaptureDeviceInput *videoInput = [AVCaptureDeviceInput
            deviceInputWithDevice:device error:nil];
            [session addInput:videoInput];
        }
    }
```

```objc
// 将麦克风设置为 session 的数据来源
AVCaptureDevice *audioDevice = [AVCaptureDevice
defaultDeviceWithMediaType:AVMediaTypeAudio];
AVCaptureDeviceInput *audioInput = [AVCaptureDeviceInput
deviceInputWithDevice:audioDevice error:nil];
[session addInput:audioInput];

// 设置 movie（包含 video 与 audio）为输出对象
AVCaptureMovieFileOutput *output = [AVCaptureMovieFileOutput new];
// 录制10秒钟后自动停止，如果没有设置 maxRecordedDuration 属性的话，默认值为无限大
CMTime maxDuration = CMTimeMake(10, 1);
output.maxRecordedDuration = maxDuration;
[session addOutput:output];

// 运用 layer 的方式将镜头目前"看到"的图像实时显示到 view 组件上
captureVideoPreviewLayer = [[AVCaptureVideoPreviewLayer alloc]
initWithSession:session];
captureVideoPreviewLayer.videoGravity =
AVLayerVideoGravityResizeAspectFill;
[self.myView.layer addSublayer:captureVideoPreviewLayer];
}
```

步骤 05 实现 viewDidAppear:，在这个方法中必须设置实时预览所呈现的位置坐标与大小，而这一行程序代码不可以放在 viewDidLoad 中，否则 frame 的大小设置会抓到 0，造成预览画面无法显示。

```objc
-(void)viewDidAppear:(BOOL)animated
{
    // 这一行一定要放在 UI 画面出现之后，因为这样才能正确抓到 view 组件的 bounds
    captureVideoPreviewLayer.frame = self.myView.bounds;
}
```

步骤 06 实现 start 按钮，这个按钮按下去后要启动后置镜头。

```objc
- (IBAction)startButton:(id)sender
{
    // 开始取得数据
    [session startRunning];
}
```

步骤 07 制作 stop 按钮，这个按钮按下去后要关闭后置镜头并结束录像。

```objc
- (IBAction)stopButton:(id)sender
{
    // 停止取得数据
    [session stopRunning];
    // 停止录像
    [session.outputs[0] stopRecording];
}
```

步骤 08 制作 record 按钮,这个按钮按下去后开始录像。

```
- (IBAction)recordButton:(id)sender
{
    // 设置录像的暂存盘路径,我们把它放到 tmp 目录下
    NSString *path = [NSTemporaryDirectory() stringByAppendingString:
    @"output.mov"];
    NSURL *url = [[NSURL alloc] initFileURLWithPath:path];

    // 判断暂存盘是否已经存在,如果存在就删掉它
    if ([[NSFileManager defaultManager] fileExistsAtPath:path]) {
        [[NSFileManager defaultManager] removeItemAtPath:path error:nil];
    }

    // 开始录像
    [session.outputs[0] startRecordingToOutputFileURL:url
    recordingDelegate:self];
}
```

步骤 09 停止录像后,系统会调用 captureOutput:didFinishRecordingToOutputFileAtURL: fromConnections:error: 方法(定义在 <AVCaptureFileOutputRecordingDelegate> 协议中),因此我们要实现它。在这个方法中,先判断是否录像成功,如果成功的话,就将 tmp 目录中的图像文件复制到系统的相册目录中,之后使用内置的"照片"App 就可以播放。

```
-(void)captureOutput:(AVCaptureFileOutput *)captureOutput
didFinishRecordingToOutputFileAtURL:(NSURL *)outputFileURL
fromConnections:(NSArray *)connections error:(NSError *)error
{
    // 停止录像后,这个 method 会被调用
    // 先检查是否录像成功
    BOOL recordedSuccessfully = YES;
    if ([error code] != noErr) {
        id value = [[error userInfo] objectForKey:
        AVErrorRecordingSuccessfullyFinishedKey];
        if (value) {
            recordedSuccessfully = [value boolValue];
        }
    }

    if (recordedSuccessfully) {
        // 录像成功
        ALAssetsLibrary *library = [ALAssetsLibrary new];
        // 判断 tmp 的图像暂存盘格式是否符合 Photo Album 格式
        if ([library videoAtPathIsCompatibleWithSavedPhotosAlbum:
            outputFileURL]) {
            // 如果符合格式,就将图像暂存盘从 tmp 目录复制到系统的目录中
            [library writeVideoAtPathToSavedPhotosAlbum:outputFileURL
            completionBlock:^(NSURL *assetURL, NSError *error) {
```

```
            if (error) {
                
            }
        }];
    }
}
```

步骤 10 运行查看结果。先按 Start 按钮开启相机，再按 Record 按钮开始录像，若要停止录像就单击 Stop 按钮或 10 秒钟后自动停止，需要在实体机器上运行。

难易度 ★☆☆ 17-5 录制声音

预备知识：无   Framework：AVFoundation.framework

从麦克风收录声音后即可播放。iOS 支持的录音格式有如下 7 种，注意其中没有常见的.mp3。

格式	参数
AAC（MPEG-4 Advanced Audio Coding）	kAudioFormatMPEG4AAC
ALAC（Apple Lossless）	kAudioFormatAppleLossless
iLBC（internet Low Bitrate Codec, for speech）	kAudioFormatiLBC
IMA4（IMA/ADPCM）	kAudioFormatAppleIMA4
Linear PCM（uncompressed, linear pulse-code modulation）	kAudioFormatLinearPCM
μ-law	kAudioFormatULaw
a-law	kAudioFormatALaw

播放所支持的格式稍微多一点，包含.mp3 了，如下表所示。

格式	参数
AAC（MPEG-4 Advanced Audio Coding）	kAudioFormatMPEG4AAC
ALAC（Apple Lossless）	kAudioFormatAppleLossless
HE-AAC（MPEG-4 High Efficiency AAC）	kAudioFormatMPEG4AAC_HE
iLBC（internet Low Bitrate Codec, for speech）	kAudioFormatiLBC
IMA4（IMA/ADPCM）	kAudioFormatAppleIMA4
Linear PCM（uncompressed, linear pulse-code modulation）	kAudioFormatLinearPCM
MP3（MPEG-1 audio layer 3）	kAudioFormatMPEGLayer3
μ-law	kAudioFormatULaw
a-law	kAudioFormatALaw

在以上几种格式中 AAC、ALAC 与 MP3 播放时使用的是硬件译码方式，虽然有效率，但是同一时间只能播放一个文件，如果同时要播放很多声音文件，则需要使用 IMA4 或是 Linear

PCM 格式。

在 Mac OS 中，可以使用 afconvert 进行声音格式间的转换。

步骤与说明

步骤 01 创建 Single View Application 项目。

步骤 02 将 AVFoundation.framework 加入项目中。

步骤 03 打开 ViewController.h，导入 AVFoundation.h 头文件，声明录音与播放的两个变量，并且让这个 class 符合<AVAudioRecorderDelegate>与<AVAudioPlayerDelegate>协议的规范。

```
#import <UIKit/UIKit.h>
#import <AVFoundation/AVFoundation.h>

@interface ViewController : UIViewController <AVAudioRecorderDelegate,
AVAudioPlayerDelegate>
{
    // 录音用
    AVAudioRecorder *audioRecorder;
    // 播放用
    AVAudioPlayer *audioPlayer;
}
@end
```

步骤 04 打开 ViewController.m，我们直接在 viewDidLoad 方法中编写录音的程序代码。为了简化 UI 设计，我们设置当录音开始后 5 秒钟就自动停止录音。

```
- (void)viewDidLoad {
    [super viewDidLoad];
    // Do any additional setup after loading the view, typically from a nib.

    //使用 audio session 的目的是为了配置 audio 的 channel、取样频率或是录音时间设置等
    AVAudioSession *session = [AVAudioSession sharedInstance];
    [session setCategory:AVAudioSessionCategoryPlayAndRecord error:nil];
    [session setActive:YES error:nil];

    // 设置 audio 配置
    NSDictionary *audioSettings = @{
        [NSNumber numberWithInt:kAudioFormatAppleIMA4] : AVFormatIDKey,
        [NSNumber numberWithInt: AVAudioQualityHigh] :
        AVEncoderAudioQualityKey,
        @16 : AVEncoderBitRateKey,
        @2 : AVNumberOfChannelsKey,
        @44100 : AVSampleRateKey
    };

    // 设置录音文件路径与文件名
    NSString *path = [NSTemporaryDirectory() stringByAppendingPathComponent:
    @"audio.ima4"];
```

```objc
    NSURL *url = [[NSURL alloc] initWithString:path];

    // 初始化 audioRecorder 变量
    NSError *error = nil;
    audioRecorder = [[AVAudioRecorder alloc] initWithURL:url settings:
    audioSettings error:&error];
    audioRecorder.delegate = self;

    if (error) {
        NSLog(@"error: %@", error);
    } else {
        // 判断是否可以录音5秒钟
        if ([audioRecorder recordForDuration: 5.0]) {
            // 开始录音
            NSLog(@"开始录音");
            [audioRecorder record];
        }
    }
}
```

步骤 05 实现 audioRecorderDidFinishRecording:successfully:。这个方法是停止录音后会被调用的，定义在<AVAudioRecorderDelegate>协议中。

```objc
-(void)audioRecorderDidFinishRecording:(AVAudioRecorder *)recorder
successfully:(BOOL)flag
{
    // 录音结束后调用
    // 设置2秒钟后调用 playAudio: 方法
    NSLog(@"录音结束");
    if (flag) {
        [self performSelector:@selector(playAudio:) withObject:
        [recorder url]
afterDelay:2.0];
    }
}
```

步骤 06 实现 playAudio:方法，在这个方法中要播放之前录制的录音文件。

```objc
- (void) playAudio: (NSURL *) url
{
    NSError *error = nil;
    // 初始化 audioPlayer
    audioPlayer = [[AVAudioPlayer alloc] initWithContentsOfURL:url error:
    &error];
    audioPlayer.delegate = self;

    if (error) {
        NSLog(@"error: %@", error);
    } else {
        // 判断文件是否已经准备好可以播放
        if ([audioPlayer prepareToPlay]) {
```

```
            // 播放录音文件
            NSLog(@"开始播放");
            [audioPlayer play];
        }
    }
}
```

步骤 07　实现 audioPlayerDidFinishPlaying:successfully:，这个方法是当播放完毕后会被调用的。

```
-(void)audioPlayerDidFinishPlaying:(AVAudioPlayer *)
player successfully:(BOOL)flag
{
    // 播放完毕后调用
    NSLog(@"播放完毕");
}
```

步骤 08　运行查看结果，必须在实体机器上运行。

第18章 通 信

本章将讲解 3 个内容：蓝牙 4.0、iBeacon 与 Socket。其实 iBeacon 的底层架构是蓝牙 4.0，所以也算是蓝牙 4.0 的一种特殊应用，特别拿出来谈是因为它最近很火。

蓝牙（Bluetooth），是一种无线个人局域网，最初由易利信于 1994 年提出，后来由蓝牙技术联盟（SIG）制订技术标准。Bluetooth SIG 在 2010 年 6 月推出 4.0 规格，4.0 的核心包括了传统蓝牙技术、蓝牙 3.0 高速技术与最新的蓝牙低功耗技术（Bluetooth Low Energy，缩写为 BLE）三类，其中的低功率是 4.0 的最大特色。使用一颗"纽扣型电池"可以让某些蓝牙 4.0 设备连续使用两三年，因为该技术能使设备在闲置时休眠，仅在需要传输数据时才启动蓝牙功能，因此能有效降低电力耗损，非常适合应用于小型传感器（像是计步器、血糖记录器的使用）。在过去，蓝牙的传输距离大约为 10 米左右，在蓝牙 4.0 规格中的有效传输距离可提升至最高约 60 米。

蓝牙技术联盟的运行董事 Michael Foley 在蓝牙 4.0 发布之初，强调 4.0 主打医疗与健康监控等特殊市场，产品的应用将主要落在运动管理、医疗健康看护与家电自动化这几个方向上。

蓝牙 4.0 设备可分为 Central 端与 Peripheral 端。在架构上 Central 用来连接许多的 Peripheral，换句话说，Peripheral 负责提供服务给 Central 使用。每一项服务都使用 UUID 的唯一码来命名，当我们在设置 Peripheral 所能提供的服务时，可以在终端机输入 uuidgen 命令来产生一个 UUID。有些服务所使用的号码已经是固定的，例如编号 0x180D 的 Service 是用来提供与心跳有关的资料，0x180F 则是跟电池有关。举例而言，如果有一个 Peripheral 设备提供了 0x180F 这个 Service，若 Central 扫描 0x180F 后发现它还有提供 0x2A19 这个 Characteristic 的话，Central 端就可以通过 0x2A19 取得 Peripheral 端电池的剩余电力，这些数据可以在 https://developer.bluetooth.org 网站上找到。

iBeacon 是 Apple 在 2013 年提出的架构，目的是用来做室内定位。在室外，我们可以使用 GPS、WiFi 或是手机热点定位，但是在室内就变得很困难。于是 Apple 提出了 iBeacon 解决方案。iBeacon 是一个蓝牙 4.0 的设备，它不断地发出信号，信号中包含了三个数值：Proximity UUID、major 与 minor。这三个数值合起来让 iBeacon 设备有了唯一性，当移动设备检测到 iBeacon 发出的信号时，通过这三个数值我们可以知道是哪一个 iBeacon，又因为我们事先就已经知道这个 iBeacon 装在哪里（例如哪个房间），所以此时自然就知道移动设备位于哪一个房间。iBeacon 的信号发射范围大约为 25 米，有些 iBeacon 厂商甚至允许他们的 iBeacon 设备可以通过覆写硬件的方式缩小信号发射范围，如此一来室内位置的辨识度会更精准而且更省电。

最常看到的 iBeacon 应用是在卖场，当用户接近某个摊位时，手机就自动显示那个摊位的相关信息，例如今日折扣或是产品信息，逛到别的摊位时又会显示另外一个摊位的信息，iOS 甚至让 iBeacon 的程序可以在后台运行，用户不需要一直让 App 在前台运行。

最后我们要谈的是 Socket 技术。Socket 简单来讲就是一种专门编写 TCP/IP 网络通信的程序界面（API），最早是在 1983 年的 4.2BSD 系统中被公布。当时提出的 Socket 界面与 UNIX I/O 中的 Read/Write 有非常完美的整合，只要连接上网络，接下来只要使用操作系统提供的标准 I/O 函数，就可以将数据写到网络上或是从网络上读取数据。到了 1992 和 1993 年，微软也把这个界面放到 Windows 系统中，称为 Winsock，出现在 Windows 95 中，之前微软的操作系统基本上是使用 NetBIOS 传送数据。现今 Socket 已经是一种编写网络程序的标准界面，在非常多的系统中我们都可以看到，当然包含了 Mac OS（它本来就是一种 UNIX 系统）。通过 Socket 程序员可以很轻易地写出聊天室、网络游戏、远程控制等任何想得到的网络系统。当有人问："会不会写 Socket 程序？"意思就是问会不会编写网络程序。

Socket 本身是一种 Client/Server 架构，在服务器端，程序员必须决定要"监听"（英文为 Listen）哪一个网络端口号（Port Number），每一台计算机可以监听的范围为 0~65535 这 6 万多个端号，每个服务器程序只能监听目前没有在用的。有些端口号已经被注册或是习惯性使用，例如 80 为 Web Server，21 为 FTP，37 是时间，53 为 DNS 等。我们尽量使用 5000 以后的端口号比较好。在客户端有两个重要的参数需要决定：一个是服务器端的 IP address，另外一个就是服务器目前正在监听的端口号，当然还有一些其他的参数，但这边就不再多提了。服务器端决定端口号，并且先运行，之后客户端运行时设置服务器端的 IP 与端口号后，如果没有其他的问题（例如防火墙阻挡），这时网络就已经连接，剩下的就是两边的 I/O 而已。

Socket 程序在概念上虽然不难懂，但是 Cocoa Touch 所提供的 Socket 编写方式与其他高级语言相比是比较传统的，它在初始化阶段保留了许多参数让程序员设置，因此整个程序看起来就复杂许多，当然优点就是对熟悉 Socket 的人而言，会有最大的弹性可以控制网络运行。

在这本书中，我们设计了一套 Socket Library，一来方便熟悉 Socket 运行的读者可以了解在 iOS 中如何编写 Socket 程序，另一方面，对于 Socket 运行不熟悉的读者，建议可以跳过 Library，直接到 Socket Demo，也就是本章最后一节介绍 Library 如何调用以及如何使用。我们希望即使现阶段不熟悉 Socket 程序设计的读者，也可以通过调用 Library 的方式很快写出一个网络 App。

18-1 蓝牙 4.0 Peripheral

难易度 ★★

> 预备知识：无   > Framework：CoreBluetooth.framework

Peripheral 的意思是提供服务的蓝牙设备。每一个 Peripheral 设备可以提供一种以上的功能，类似功能会被集合成一个 Service，每个 Service 下包含的各种功能称之为 Characteristic，所以当我们在连接蓝牙设备时，会先搜索到我们需要的 Service，然后搜索我们需要的 Characteristic。每一个 Characteristic 可以分别通过参数来设置可读、可写或是需要配对才能连接。

步骤与说明

步骤 01 创建 Single View Application 项目。

步骤 02 将 CoreBluetooth.framework 加入项目中。

步骤 03 打开 ViewController.h。首先，导入 CoreBluetooth.h 头文件，然后让这个 class 符合 <CBPeripheralManagerDelegate> 协议的规范，最后声明一个类型为 CBPeripheralManager 的变量以及一个 NSMutableArray，这个 array 之后用于存储蓝牙设备能提供哪些服务类型。

```
#import <UIKit/UIKit.h>
#import <CoreBluetooth/CoreBluetooth.h>

@interface ViewController : UIViewController <CBPeripheralManagerDelegate>
{
    CBPeripheralManager *peripheralManager;
    NSMutableArray *characteristicsArray;
}
@end
```

步骤 04 打开 ViewController.m，在 viewDidLoad 中初始化 peripheralManager。

```
- (void)viewDidLoad {
    [super viewDidLoad];
    // Do any additional setup after loading the view, typically from a nib.

    // 别忘了 new 一个 characteristicsArray
    characteristicsArray = [NSMutableArray new];
    // 将触发 1号 method
    peripheralManager = [[CBPeripheralManager alloc] initWithDelegate:
    self queue:nil];
}
```

步骤 05 实现 peripheralManagerDidUpdateState:方法。在这个方法中先判断蓝牙是否打开，然后分别登录 Service 与 Characteristic 到这个蓝牙设备中。

```
// 1号 method
-(void)peripheralManagerDidUpdateState:(CBPeripheralManager *)peripheral
{
    // 先判断蓝牙是否打开，如果不是蓝牙4.x，也会返回电源未打开
    if (peripheral.state != CBPeripheralManagerStatePoweredOn) {
        NSLog(@"电源未打开");
        return;
    }
```

```objc
peripheral.delegate = self;

// 设置 Service
CBMutableService *service = [[CBMutableService alloc] initWithType:
[CBUUID UUIDWithString:@"A001"] primary:YES];

// 设置两个 Characteristic
CBMutableCharacteristic *characteristic;

// 第一个 CC01,提供信息广播 CBCharacteristicPropertyNotify 功能
characteristic = [[CBMutableCharacteristic alloc] initWithType:
[CBUUID UUIDWithString:@"CC01"] properties:CBCharacteristicPropertyNotify value:
nil permissions:CBAttributePermissionsReadable];
[characteristicsArray addObject:characteristic];

// 第二个,提供接收数据 CBCharacteristicPropertyWrite 功能
characteristic = [[CBMutableCharacteristic alloc] initWithType:[CBUUID
UUIDWithString:@"CC02"] properties:CBCharacteristicPropertyWrite value:nil
permissions:CBAttributePermissionsWriteable];
[characteristicsArray addObject:characteristic];

// 将 CC01 与 CC02 登录到 Service 中
service.characteristics = characteristicsArray;
// 将 Service 注册到蓝牙设备
// 将触发 2号 method
[peripheralManager addService:service];
}
```

步骤 06 实现 peripheralManager:didAddService:error:方法,在这个方法中使用 startAdvertising 方法让其他的蓝牙设备可以搜索到这一台。

```objc
// 2号 method
-(void)peripheralManager:(CBPeripheralManager *)peripheral didAddService:
(CBService *)service error:(NSError *)error
{
    if (error) {
        NSLog(@"%@", [error localizedDescription]);
    }

    // 取得移动设备的名字
    NSString *deviceName = [UIDevice currentDevice].name;
    // 开始广播,让其 Central 可以看到这台 (MyBT) 的 Service
    [peripheral startAdvertising:@{ CBAdvertisementDataServiceUUIDsKey:
    @[service.UUID], CBAdvertisementDataLocalNameKey: deviceName }];

    // 让 CC01 这个 characteristic 每隔1秒钟发送一个累加的数字出去
    dispatch_queue_t q = dispatch_get_global_queue
    (DISPATCH_QUEUE_PRIORITY_DEFAULT, 0);
```

```
        dispatch_async(q, ^{
            int i = 0;
            while (true) {
                NSString *s = [[NSString alloc] initWithFormat:@"%d", i++];
                // 调用 3号 method
                [self sendData:[s dataUsingEncoding:NSUTF8StringEncoding]];
                [NSThread sleepForTimeInterval:1.0];
            }
        });
    }
```

步骤 07 自行编写一个 sendData:方法，只要调用这个方法就可以将数据传送出去，也就是从 Peripheral 送到 Central。

```
// 3号 method
-(void)sendData: (NSData *) data
{
    // 取得 CC01 这个 characteristic
    CBMutableCharacteristic *characteristic = [characteristicsArray
    objectAtIndex:0];
    [peripheralManager updateValue:data forCharacteristic:characteristic
    onSubscribedCentrals:nil];
}
```

步骤 08 由于 CC02 这个 Characteristic 设置为可以接收从 Central 发送的数据，因此，我们要实现 peripheralManager:didReceiveWriteRequests:方法，以便接收数据。这里我们假设发送过来的数据是 text 格式。

```
// 4号 method
// 当收到数据时会被调用
-(void)peripheralManager:(CBPeripheralManager *)peripheral
didReceiveWriteRequests:(NSArray *)requests
{
    CBATTRequest *at = [requests objectAtIndex:0];
    NSString *str = [[NSString alloc] initWithData:at.value
    encoding:NSUTF8StringEncoding];
    NSLog(@"%@", str);
}
```

步骤 09 运行查看结果。这个程序必须在 iPhone 4s 以及 New iPad 以上的机器中才能正常运行。

18-2 蓝牙 4.0 Central

> 预备知识：18-1 蓝牙 4.0 Peripheral　　Framework：CoreBluetooth.framework

Central 代表这部蓝牙设备是接收服务的。看名字其实也不难理解，被设置为 Central 的蓝牙设备用来负责连接 Peripheral 设备，而一个 Central 可以同时连接好几个 Peripheral。

步骤与说明

步骤 01 创建 Single View Application 项目。

步骤 02 将 CoreBluetooth.framework 加入项目中。

步骤 03 打开 ViewController.h，首先导入 CoreBluetooth 头文件，然后要让这个 Class 符合 CBCentralManagerDelegate、CBPeripheralDelegate 这两个协议的规范，最后声明之后程序代码会用到的三个成员变量。

```
#import <UIKit/UIKit.h>
#import <CoreBluetooth/CoreBluetooth.h>

@interface ViewController : UIViewController <CBCentralManagerDelegate,
CBPeripheralDelegate>
{
    CBCentralManager *centralManager;
    CBPeripheral *connectPeripheral;
    CBCharacteristic *writeCharacteristic;
}
@end
```

步骤 04 打开 ViewController.m，在 viewDidLoad 方法中初始化 centralManager 变量。

```
- (void)viewDidLoad {
    [super viewDidLoad];
    // Do any additional setup after loading the view, typically from a nib.
    
    // 将触发 1号 method
    centralManager = [[CBCentralManager alloc] initWithDelegate:
    self queue:nil];
}
```

步骤 05 实现 centralManagerDidUpdateState: 方法，在这个方法中检测蓝牙是否打开，如果有，则调用 scanForPeripheralsWithServices 方法开始扫描 Peripheral 设备。

```
// 1号 method
-(void)centralManagerDidUpdateState:(CBCentralManager *)central
{
    // 如果此 method 没有实现，app 会 runtime crash
    // 先判断蓝牙是否打开，如果不是蓝牙4.x，也会返回电源未打开
    if (central.state != CBCentralManagerStatePoweredOn) {
        NSLog(@"电源未打开");
        return;
    }
    
    // 将触发 2号 method
    [centralManager scanForPeripheralsWithServices:nil options:nil];
}
```

步骤 06 实现以下的 method，这个 method 是只要扫描到蓝牙设备就会被触发。假设将要连

接的设备名称为"Sonia 的 iPad"，使用 if 判断过滤掉其他不相干的设备，并且在找到后使用 connectPeripheral 方法与之连接，然后调用 stopScan 来停止扫描以节省电力。特别需要注意的地方是：connectPeripheral 这个变量必须声明为整体变量，如果声明为区域变量，则 3 号 method（下一步）将不会被触发。

```objc
// 2号 method
-(void)centralManager:(CBCentralManager *)central didDiscoverPeripheral:
(CBPeripheral *)peripheral advertisementData:(NSDictionary *)
advertisementData RSSI:(NSNumber *)RSSI
{
    NSLog(@"found: %@", peripheral.name);
    if ([peripheral.name isEqualToString:@"Sonia的iPad"]) {
        connectPeripheral = peripheral;
        connectPeripheral.delegate = self;
        // 将触发 3号 method
        [central connectPeripheral:connectPeripheral options:nil];
        [central stopScan];
    }
}
```

步骤 07 当与指定的 Peripheral 设备连接上后，以下的 method 会被触发，在这个 method 中调用 discoverServices 来扫描设备具备哪些 Service。

```objc
// 3号 method
-(void)centralManager:(CBCentralManager *)central didConnectPeripheral:
(CBPeripheral *)peripheral
{
    NSArray *arr = [[NSArray alloc] initWithObjects: [CBUUID UUIDWithString:
    @"A001"], nil];
    // 如果 arr 为 nil，4号 method 将会收到所有的 Service
    // 将触发 4号 method
    [peripheral discoverServices:arr];
}
```

步骤 08 实现以下的 method，这个 method 是当找到 Peripheral 的 Service 后会被触发的。因为我们在上一步指定了寻找 A001 这个编号的 Service，所以传进这个 method 的只会有 A001 而已。我们要在这个 method 中寻找 A001 包含了哪些 Characteristic。

```objc
// 4号 method
-(void)peripheral:(CBPeripheral *)peripheral didDiscoverServices:
(NSError *)error
{
    // 列出所有的 Service
    for (CBService *service in peripheral.services) {
        // NSArray *arr = [[NSArray alloc] initWithObjects: [CBUUID
            UUIDWithString:@"CC01"], nil];
        // 如果 arr 为 nil，5号 method 将会收到所有的 Characteristic
        // 将触发5号 method
        [connectPeripheral discoverCharacteristics:nil forService:service];
```

```
    }
}
```

步骤 09 实现下面的 method,这个 method 会传进指定的 Service 中包含了哪些 Characteristic。请参考预备知识,我们在 Peripheral 中的 Service 有 CC01 与 CC02 这两个 Characteristic。CC01 会主动地不断传送数据出去,CC02 则是可以接收从 Central 传进来的数据。我们可以使用例如 characteristic.properties & CBCharacteristicPropertyNotify 这样的程序代码来判断每一个 characteristic 具备哪种功能。以上述的例子而言,如果具备 CBCharacteristicPropertyNotify,我们就可以调用 setNotifyValue:forCharacteristic: 来"订阅"Peripheral 发送过来的数据。

```
// 5号 method
-(void)peripheral:(CBPeripheral *)
peripheral didDiscoverCharacteristicsForService:
(CBService *)service error:(NSError *)error
{
    // 列出所有的 characteristic
    for (CBCharacteristic *characteristic in service.characteristics) {
        if ((characteristic.properties & CBCharacteristicPropertyNotify)
           == CBCharacteristicPropertyNotify) {
            // 如果收到 Peripheral 发送过来的数据,将触发6号 method
            [peripheral setNotifyValue:YES forCharacteristic:characteristic];
        }
        
        if ((characteristic.properties & CBCharacteristicPropertyWrite)
           == CBCharacteristicPropertyWrite) {
            // CC02 是可以让 Central 写数据到 Peripheral
            writeCharacteristic = characteristic;
            // 如果要写数据到 Peripheral,可调用7号 method,例如下行
            // [self sendData:[@"hello world" dataUsingEncoding:
            // NSUTF8StringEncoding]];
        }
    }
}
```

步骤 10 实现以下的 method 就会收到 Peripheral 发送的数据。

```
// 6号 method
-(void)peripheral:(CBPeripheral *)
peripheral didUpdateValueForCharacteristic:
(CBCharacteristic *)characteristic error:(NSError *)error
{
    NSString *str = [[NSString alloc] initWithData:characteristic.value
encoding:NSUTF8StringEncoding];
    NSLog(@"receive: %@", str);
}
```

步骤11 如果 Central 要写数据到 Peripheral，只要调用以下的 method 就可以了，这个 method 是自己编写的。

```
// 7号 method
-(void)sendData: (NSData *) data
{
    // 将数据写入 Peripheral 端 CC02 这个 Characteristic
    [connectPeripheral writeValue:data forCharacteristic:
    writeCharacteristic type:CBCharacteristicWriteWithResponse];
}
```

步骤12 运行查看结果。这个程序必须在 iPhone 4s 以及 New iPad 以上的机器中才能正常运行。运行结果应该会每隔一秒收到一个累加的数字，并显示在 debug console 中。

18-3　iBeacon

难易度 ★☆☆

预备知识：无　　　Framework：CoreBluetooth.framework、CoreLocation.framework

　　iBeacon 是一个以蓝牙 4.0 为基础的无线信号发报机，目的是用来进行室内定位。每个 iBeacon 有三个重要的属性：proximity UUID、major 与 minor。proximityUUID 是一个 16 字节的字符串，major 与 minor 各为 2 字节的整数数字。这三个属性合起来为一个 20 字节的唯一码。在使用 iBeacon 之前，我们必须先为 iBeacon 创建区域（region），每个区域中至少要设置 1 个 iBeacon，而每个 iBeacon 可以不仅在一个区域内，区域设置好之后再启动检测的程序。移动设备是先检测到区域，然后去分析这个区域内的 iBeacon 数量与状况。

　　在 iOS 的支持下，我们可以在 App 处于背景或是屏幕锁定的情况下还能检测到移动设备进入或是离开某个 iBeacon 形成的区域。这个功能非常重要，用户总不可能一直将 App 处于前景状态才能检测到 iBeacon 的存在，现在即使将手机放在口袋中并且屏幕已经关闭的状态下，App 还是可以收到已进入某个区域的信号，然后可以通过一些通知方式通知用户，例如声音或是震动。

步骤与说明

步骤01 创建 Single View Application 项目，并且在项目中加入 CoreBluetooth.framework 与 CoreLocation.framework。

步骤02 打开 ViewController.h，导入 CoreBluetooth.h 与 CoreLocation.h 这两个头文件，然后让 ViewControllr 符合<CLLocationManagerDelegate>协议的规范，并同时声明一个类型为 CLLocationManager 的成员变量。

```
#import <UIKit/UIKit.h>
#import <CoreBluetooth/CoreBluetooth.h>
#import <CoreLocation/CoreLocation.h>

@interface ViewController : UIViewController <CLLocationManagerDelegate>
{
    CLLocationManager *locationManager;
```

```
}
@end
```

步骤03 打开 ViewController.m，在 viewDidLoad 方法中先初始化 CLLocationManager 变量，然后设置要搜索的 iBeacon 的 UUID。CLBeaconRegion 对象会根据 UUID 来创建一个区域范围，这个区域范围的名称可以自定义，例如 myregion。最后调用 CLLocationManager 的 startRangingBeaconsInRegion:方法来让移动设备开始检测距离所设置的区域有多远，以及 startMonitorForRegion:方法来得知移动设备是否进入或是离开某个区域范围。

```
- (void)viewDidLoad
{
    [super viewDidLoad];
// Do any additional setup after loading the view, typically from a nib.

    locationManager = [CLLocationManager new];
    locationManager.delegate = self;

    NSUUID *uuid = [[NSUUID alloc] initWithUUIDString:
@"02822730-9800-2815-9249-001AC0C09006"];
    CLBeaconRegion *region = [[CLBeaconRegion alloc] initWithProximityUUID:
uuid identifier:@"myregion"];

    // 用来得知附近 beacon 的信息。触发1号 method
    [locationManager startRangingBeaconsInRegion:region];
    // 用来接收进入区域或离开区域的通知。触发2号与3号 method
    [locationManager startMonitoringForRegion:region];
}
```

步骤04 实现 locationManager:didRangeBeacons:inRegion:方法，这个方法是当移动设备进入 myregion（请见上一步的设置）范围内的时候会被调用。在这个方法中，我们可以取得当时所有检测到的 iBeacon 相关数据，例如 iBeacon 的 major、minor、accuracy 与 RSSI 等数据。

```
// 1号 method
-(void)locationManager:(CLLocationManager *)
manager didRangeBeacons:(NSArray
*)beacons inRegion:(CLBeaconRegion *)region
{
    if ([beacons count] > 0) {
        // 数组的第一个 beacon 为最靠近设备的 beacon
        CLBeacon *beacon = [beacons objectAtIndex:0];
        int major = [beacon.major intValue];
        int minor = [beacon.minor intValue];
        CLLocationAccuracy accuracy = beacon.accuracy;
        int rssi = beacon.rssi;

        switch (beacon.proximity) {
```

```
        case CLProximityUnknown:
            NSLog(@"%d %d\t 距离未知(%f)(%ddb)", major, minor, accuracy,
            rssi);
            break;

        case CLProximityImmediate:
            NSLog(@"%d %d\t 就在旁边(%f)(%ddb)", major,
            minor, accuracy, rssi);
            break;

        case CLProximityNear:
            NSLog(@"%d %d\t 在附近(%f)(%ddb)", major, minor, accuracy, rssi);
            break;

        case CLProximityFar:
            NSLog(@"%d %d\t 距离远(%f)(%ddb)", major, minor, accuracy, rssi);
            break;
    }
  }
}
```

步骤 05 实现进入与离开的 method。

```
// 2号 method
-(void)locationManager:(CLLocationManager *)
manager didEnterRegion:(CLRegion *)region
{
    NSLog(@"进入 %@ 区域", region.identifier);
}

// 3号 method
-(void)locationManager:(CLLocationManager *)manager didExitRegion:(CLRegion
*)region
{
    NSLog(@"离开 %@ 区域", region.identifier);
}
```

步骤 06 如果希望 App 在后台运行甚至在没有运行的时候也能收到 iBeacon 信息，请打开 Background Modes 的 External accessory communication 选项。特别需要注意的是，在后台状态下只能收到进入与离开区域的通知，也就是 2 号与 3 号 method 会被调用。

步骤 07 运行查看结果。这部分必须在实体设备上运行。

18-4　将手机模拟成 iBeacon

难易度 ★★★

> 预备知识：18-1 蓝牙 4.0 Peripheral
> Framework：CoreLocation.framework、CoreBluetooth.framework

只要移动设备的蓝牙是蓝牙 4.0，我们就可以把这个移动设备仿真成一个 iBeacon。

步骤与说明

步骤 01 创建 Single View Application 项目。

步骤 02 将 CoreLocation.framework 与 CoreBluetooth.framework 加入项目中。

步骤 03 打开 ViewController.h，导入 CoreLocation.h 与 CoreBluetooth.h，并且让这个 class 符合 <CBPeripheralManagerDelegate> 协议的规范。最后声明一个蓝牙 Peripheral 端的管理变量。

```objc
#import <UIKit/UIKit.h>
#import <CoreBluetooth/CoreBluetooth.h>
#import <CoreLocation/CoreLocation.h>

@interface ViewController : UIViewController <CBPeripheralManagerDelegate>
{
    CBPeripheralManager *peripheralManager;
}

@end
```

步骤 04 打开 ViewController.m，在 viewDidLoad 方法中初始化 Peripheral 管理变量。

```objc
- (void)viewDidLoad {
    [super viewDidLoad];
    // Do any additional setup after loading the view, typically from a nib.
    
    peripheralManager = [[CBPeripheralManager alloc] initWithDelegate:
    self queue:nil];
}
```

步骤 05 实现 peripheralManagerDidUpdateState: 方法。

```objc
-(void)peripheralManagerDidUpdateState:(CBPeripheralManager *)peripheral
{
    // 先判断蓝牙是否打开，如果不是蓝牙4.x，也会返回电源未打开
    if (peripheral.state != CBPeripheralManagerStatePoweredOn) {
        NSLog(@"电源未打开");
        return;
    }
    
    NSLog(@"准备启动 beacon");
    peripheral.delegate = self;
    
    // uuid 可在终端机由 uuidgen 命令产生
    NSUUID * uuid = [[NSUUID alloc] initWithUUIDString:@"87BE6010-50DC
    -444B-BEB9-1A8E2AED498F"];
    // 虽然 identifier 参数在这里没有用处，但是不可以填入 nil
    CLBeaconRegion * region = [[CLBeaconRegion alloc] initWithProximityUUID:
    uuid major:20000 minor:1000 identifier:@""];
    
    NSMutableDictionary *dict = [region peripheralDataWithMeasuredPower:nil];
```

```objc
            // fakebeacon 是当某设备扫描周围蓝牙设备时会看到的名字
            [dict setObject:@"fakebeacon" forKey:CBAdvertisementDataLocalNameKey];

            // 开始广播信号
            [peripheral startAdvertising:dict];
        }
```

步骤 06 运行查看结果。

难易度 ★★★ 18-5 设计 Socket Library

> 预备知识：22-17 编写 delegate   > Framework：无

在这个 library 中，有 1 个负责定义 protocol 的 SocketLibDelegate.h 以及 4 个 class，分别说明如下：

- SocketLibDelegate：这是一个 .h 文件，其中定义了 3 个 Protocol，一个给 Server 端使用，另一个给 Client 端使用，最后一个是给 Socket Library 内部使用。
- SocketLib class：主要负责实现 Read/Write 以及网络断线处理等重要函数。
- ServerSocket class：负责 Server 端的初始化，并且监听指定的端口号。当检测到有 Client 端连接时，会将相关的连接数据转交给 OneClient 去处理，然后继续回到监听状态。
- OneClient class：在 Server 端负责与 Client 端的连接工作，这个 class 继承自 SocketLib。
- Socket class：负责 Client 端的初始化，并且与 Server 端的 OneClient 沟通，这个 class 也继承自 SocketLib。

在本节中我们仅介绍 SocketLibDelegate 与 SocketLib，其余的 class 会在之后的章节中分别介绍，我们希望这样的安排能够降低整个说明的复杂度。

步骤与说明

步骤 01 创建 Cocoa Touch Static Library 项目，项目名称为 SocketLib。

步骤 02 在项目中新增名称为 SocketLibDelegate.h 的 Header File 文件，并且编写程序代码如下。

```objc
@class ServerSocket;
@class OneClient;
@class Socket;

//////////////////////////////////////////////////////////////
//
// 给客户端使用
//
@protocol SocketDelegate <NSObject>

@required
-(void) dataReadyForRead: (NSData *) data;
```

```
@end

///////////////////////////////////////////////////////////////////
//
// 给服务器端使用
//
@protocol ServerSocketDelegate <NSObject>

@required
-(void) oneClientDidConnect: (OneClient *) client;
-(void) dataReadyForRead: (NSData *) data;

@end

///////////////////////////////////////////////////////////////////
//
// 给 SocketLib 中的 OneClient 与 Socket 使用
//
@protocol SocketState <NSObject>

@required
-(void) dataReadyForRead:(NSData *)data;
-(void) streamDidClosed;

@end
```

步骤 03 打开 SocketLib.h,除了导入<sys/socket.h>以及<netinet/in.h>头文件外,最重要的是声明一些数据 I/O 所需要的变量以及一些跟 I/O 有关的方法。

```
#import <Foundation/Foundation.h>
#import <sys/socket.h>
#import <netinet/in.h>
#import "SocketLibDelegate.h"

// 用来设置 socket I/O 时的数据流缓冲区大小
#define BUFFER_SIZE     1024

@interface SocketLib : NSObject <NSStreamDelegate>
{
    NSInputStream *m_inputStream;
    NSOutputStream *m_outputStream;
    NSMutableData *inputData;
}

// child 是用来调用继承者中的一些 method
@property (nonatomic, assign) id child;

-(void)openReadStream:(CFReadStreamRef)readStream writeStream:
(CFWriteStreamRef)writeStream child:(id)aChild;
```

```
-(NSData *)readData;
-(NSUInteger)writeData:(NSData *)data;
-(void) disconnect;

@end
```

步骤 04　打开 SocketLib.m，总共有 6 个 method 要实现，第 1 个先初始化 SocketLib 对象。

```
// 1号
-(instancetype)init
{
    // 初始化
    self = [super init];
    if (self) {
        inputData = [NSMutableData new];
    }
    return self;
}
```

步骤 05　接下来设置网络连接的 Read/Write 数据流，在程序代码的最后，我们打开了 m_inputStream 与 m_outputStream，这两个变量就是之后专门用来对网络进行访问操作的，它们声明在 SocketLib.h 中。最后需要说明的是，这个 method 的运行会在 OneClient.m 以及 Socket.m 中调用。

```
// 2号
-(void)openReadStream:(CFReadStreamRef)readStream writeStream:
(CFWriteStreamRef)writeStream child:(id)aChild
{
    // 设置数据流
    self.child = aChild;

    m_inputStream = (__bridge_transfer NSInputStream *)readStream;
    m_outputStream = (__bridge_transfer NSOutputStream *)writeStream;

    m_inputStream.delegate = self;
    m_outputStream.delegate = self;

    [m_inputStream scheduleInRunLoop:[NSRunLoop currentRunLoop] forMode:
NSDefaultRunLoopMode];
    [m_outputStream scheduleInRunLoop:[NSRunLoop currentRunLoop] forMode:
NSDefaultRunLoopMode];

    [m_inputStream open];
    [m_outputStream open];
}
```

步骤 06　实现 readData，顾名思义就是读取数据用的。特别需要说明的是，我们所设计的这个 SocketLib 在运行时，发送的数据前面会自行加上 4 个字节的表头数据，用来存放要传送的数据大小，所以接收数据的时候先解析这 4 个字节的表头数据后，就知道另外一端传送的数据是否收完。

```objc
// 3号
-(NSData *)readData
{
    // 从 socket 读取数据
    uint8_t buff[BUFFER_SIZE];
    long length = [m_inputStream read:buff maxLength:BUFFER_SIZE];
    [inputData appendBytes:buff length:length];
    
    // 判断目前收到的数据是否已经可完整读取"数据大小"部分
    if ([inputData length] >= sizeof(NSUInteger)) {
        // 读取"数据大小"
        NSUInteger dataLength;
        [inputData getBytes:&dataLength length:sizeof(NSUInteger)];
        
        if ([inputData length] - sizeof(NSUInteger) == dataLength) {
            // 根据"数据大小"判断数据已全部读取完毕
            // tmpData 为去除"数据大小"后的原始数据
            NSData *tmpData = [inputData subdataWithRange:NSMakeRange
                (sizeof(NSUInteger), dataLength)].copy;
            // 将 inputData 的数据清除 => 归零
            [inputData setData:nil];
            
            return tmpData;
        }
    }
    return nil;
}
```

步骤 07 实现 writeData:，这个 method 用来将数据写到网络上，传输的数据类型为 NSData，因此可以发送两位格式的数据，例如图片。这个 method 在发送数据之前，先将数据最前面补上一个 4 个字节的表头，存放要发送的实际数据长度，这样另一端在接收数据的时候才知道什么时候是数据结束的位置。另外，因为发送数据所需要的缓存不可能无限大，通常就是 1024 字节（定义在 SocketLib.h 中），因此发送时需要先将数据依据缓存大小切割成许多段，然后依序发送。我们借助 Window 的概念，将 Window 从数据的开始端移动到结束端，只要将 Window "看到"的数据传输出去即可，而 Window 大小就设置成缓存的大小。

```objc
// 4号
-(NSUInteger)writeData:(NSData *)data
{
    // 将数据写到 socket 上
    uint8_t buff[BUFFER_SIZE];
    NSRange window = NSMakeRange(0, BUFFER_SIZE);
    
    // 在要发送的数据前面先补上这条数据的大小
    NSUInteger dataLength = [data length];
```

```objc
            NSMutableData *tmpData = [NSMutableData dataWithBytes:&dataLength length:
            sizeof(NSUInteger)];
            // tmpData 格式为 "数据大小 + 数据"
            [tmpData appendData:data];

    long length;

    do {
        if ([m_outputStream hasSpaceAvailable]) {

            if ((window.location + window.length) > [tmpData length]) {
                window.length = [tmpData length] - window.location;
                buff[window.length] = '\0';
            }

            [tmpData getBytes:buff range:window];

            if (window.length == 0) {
                buff[0] = '\0';
            }

            length = [m_outputStream write:buff maxLength:window.length];
            window = NSMakeRange(window.location + BUFFER_SIZE, window.length);
        }
    } while (window.length == BUFFER_SIZE);

    return [data length];
}
```

> **步骤 08** 这个方法是当 stream 发生任何变化时系统会调用的,我们只要处理两个事件即可:NSStreamEventHasBytesAvailable 代表有数据可以读取;NSStreamEventEndEncountered 代表网络断线。注释中标识为"调用继承者"表示调用的方法是在继承的 class 中。

```objc
// 5号
-(void)stream:(NSStream *)aStream handleEvent:(NSStreamEvent)eventCode
{
    // socket 连接的状态会通过此方法传进来
    switch (eventCode) {
        case NSStreamEventNone:
            break;

        case NSStreamEventOpenCompleted:
            break;

        case NSStreamEventHasBytesAvailable:
            if (aStream == m_inputStream) {
                // 可以从网络上读取数据了
                NSData *data = [self readData];
                if (data != nil) {
```

```
                    [self.child dataReadyForRead:data];   // <== 调用继承者
                }
            }
            break;

        case NSStreamEventHasSpaceAvailable:
            if (a3tream == m_outputStream) {
                // 可以准备写数据到网络上了
            }
            break;

        case NSStreamEventErrorOccurred:
            break;

        case NSStreamEventEndEncountered:
            // Socket 断线
            NSLog(@"网络断线");
            [self disconnect];
            [self.child streamDidClosed];   // <== 调用继承者
            break;

        default:
            break;
    }
}
```

步骤 09 最后一个要实现的 method 是 disconnect，即当网络断线或是要将网络断线时调用的 method，它会将数据流关闭。

```
// 6号
-(void)disconnect
{
    // 当网络断线时，关闭数据流
    [m_inputStream removeFromRunLoop:[NSRunLoop currentRunLoop]
    forMode:NSDefaultRunLoopMode];
    [m_outputStream removeFromRunLoop:[NSRunLoop currentRunLoop]
    forMode:NSDefaultRunLoopMode];
    [m_inputStream close];
    [m_outputStream close];
}
```

步骤 10 操作完成。

18-6 设计 Socket Library（Server）

> 预备知识：18-5 设计 Socket Library   > Framework：无

服务器端主要有两个类：一个称为 ServerSocket，另一个则是继承 SocketLib（参考预备知识）的 OneClient。ServerSocket 负责监听指定的网络端口号，查看是否有客户端连接上来，如果有，ServerSocket 就会将连接相关的参数交给 OneClient 去运行，ServerSocket 会再回到监听状态。换句话说，如果有 5 个客户端与服务器端连接，ServerSocket 就会产生 5 个 OneClient 与之对应，所以 ServerSocket 负责监听，OneClient 负责与客户端 I/O。

步骤与说明

步骤 01 根据预备知识，在 SocketLib 项目中新增名称为 ServerSocket 与 OneClient 的 Cocoa Touch Class。

步骤 02 打开 ServerSocket.h，clientList 变量用来存储每一个 OneClient，存储的目的是：如果服务器想对所有的客户广播信息时（例如通知客户端，服务器 5 分钟后要关闭），只要使用循环对 clientList 中所有的 OneClient 运行网络写入操作，那么所有的客户端就会收到信息，或是服务器需要从客户 A 传送信息到客户 B。最后一行 thisClass 变量所在的位置与类型都很特殊，它必须是 Static 类型而且位置要在@end 之后。thisClass 的目的是为了让一个 static 等级的 C 函数可以调用 Objective-C 函数。由于 Cocoa Touch 所提供的 socket 函数比较低级，很多函数都是 C 函数，但我们声明的 class 都是 Objective-C，所以在某些情况下，我们必须要从 C 函数中调用 Objective-C 函数，这时就要通过 thisClass 这个变量来桥接。

```
#import "SocketLib.h"
#import "OneClient.h"

@interface ServerSocket : NSObject
{
    // 用来存储每个客户端连接
    NSMutableArray *clientList;
}

@property (nonatomic, assign) id<ServerSocketDelegate> delegate;

- (instancetype) initWithListeningPort: (int) port delegate: (id) delegate;
- (void) removeOneClient: (OneClient *) client;

@end

// 这一行的目的是让 C function 可以调用 Objective-C method
// thisClass 的初始化位于 .m 文件的 init 方法中
static ServerSocket *thisClass;
```

步骤 03 打开 ServerSocket.m，总共有 5 个方法要实现，第 1 个用途为对象初始化。

```
// 1号
- (instancetype) init
{
    // 用途：初始化 ServerSocket
    self = [super init];
```

```
    if (self) {
        thisClass = self;
        clientList = [NSMutableArray new];
    }
    
    return self;
}
```

步骤 04　第 2 个也是初始化，但接收一些重要的参数，例如要监听的端口号。这个 method 调用完，服务器就进入监听状态了。

```
// 2号
- (instancetype) initWithListeningPort: (int) port delegate: (id) delegate
{
    // 用途：传进 port number，并且让服务器开始监听网络
    self = [self init];
    if (self) {
        self.delegate = delegate;
        
        // 参数 handleConnect 将会调用3号 method
        CFSocketRef myipv4cfsock = CFSocketCreate(
                    kCFAllocatorDefault,
                    PF_INET,
                    SOCK_STREAM,
                    IPPROTO_TCP,
                    kCFSocketAcceptCallBack, handleConnect, NULL);
        struct sockaddr_in sin;
        
        memset(&sin, 0, sizeof(sin));
        sin.sin_len = sizeof(sin);
        sin.sin_family = AF_INET;
        sin.sin_port = htons(port);
        sin.sin_addr.s_addr= INADDR_ANY;
        
        CFDataRef sincfd = CFDataCreate(
                    kCFAllocatorDefault,
                    (UInt8 *)&sin,
                    sizeof(sin));
        
        CFSocketSetAddress(myipv4cfsock, sincfd);
        CFRelease(sincfd);
        
        CFRunLoopSourceRef socketsource = CFSocketCreateRunLoopSource(
                    kCFAllocatorDefault,
                    myipv4cfsock,
                    0);
        
        // 服务器开始监听
        CFRunLoopAddSource(
                    CFRunLoopGetCurrent(),
```

```
                             socketsource,
                             kCFRunLoopDefaultMode);

        NSLog(@"开始监听 port: %d", port);
    }

    return self;
}
```

步骤 05 handleConnect 是一个 callback 函数，是在上一步中注册到系统中的。当服务器端进入监听状态后，如果检测到有客户端连接，那么这个函数就会被调用，相关的连接参数也会传进这个函数中。在这个函数中最重要的事情就是要通过 thisClass 变量将连接参数转到 Objective-C 的方法中。

```
// 3号
static void handleConnect(CFSocketRef socket, CFSocketCallBackType type,
CFDataRef address, const void *data, void *info)
{
    // 用途：只要有客户端连上此函数就会触发，并且传进 Socket 连接的相关数据
    // 此函数中需要调用 OneClient 对象的初始化函数
    if ( type != kCFSocketAcceptCallBack ) {
        return;
    }

    CFSocketNativeHandle nativeSocketHandle = *(CFSocketNativeHandle *)data;
    [thisClass initOneClient:nativeSocketHandle];
}
```

步骤 06 这个 Objective-C 方法就是由上一步 C 函数调用来的，在这里面，我们要新增一个 OneClient 实体，并且将连接相关的数据交给它。

```
// 4号
- (void) initOneClient: (CFSocketNativeHandle) nativeSocketHandle
{
    // 用途：产生 OneClient 实体，并且将这个实体加入到 clientList 中
    // 然后将连接转给 OneClient 去处理
    OneClient *client = [[OneClient alloc] initWithServerSocket:self];
    [clientList addObject:client];

    [client handleNewNativeSocket:nativeSocketHandle];
    [self.delegate oneClientDidConnect:client];
}
```

步骤 07 实现 removeClient:，这个方法是当客户端断线后，我们要将 clientList 中所存储的客户端数据删除，这个方法是由 OneClient 调用。

```
// 5号
- (void) removeOneClient: (OneClient *) client
{
    // 用途：当网络断线后，调用此方法将 OneClient 实体从 clientList 中删除
```

```
        [clientList removeObject:client];
    }
```

步骤 08 打开 OneClient.h。这个 class 要继承 SocketLib 并且要符合 SocketState 协议的规范。

```
#import <Foundation/Foundation.h>
#import "SocketLib.h"
#import "ServerSocket.h"

@interface OneClient : SocketLib <SocketState>

@property (nonatomic, assign) id<ServerSocketDelegate> delegate;

- (instancetype) initWithServerSocket: (ServerSocket *) server;
- (void) handleNewNativeSocket:(CFSocketNativeHandle)nativeSocketHandle;

@end
```

步骤 09 打开 OneClient.m。总共有 5 个方法需要实现,第 1 个用途为对象初始化。

```
// 1号
- (instancetype) init
{
    // OneClient 初始化
    self = [super init];
    if (self) {
        
    }
    return self;
}
```

步骤 10 第 2 个也是初始化,但是要传进 ServerSocket 的实体。

```
// 2号
- (instancetype) initWithServerSocket: (ServerSocket *) server
{
    // 将 ServerSocket 实体传进 OneClient
    self = [self init];
    if (self) {
        self.delegate = server.delegate;
        serverSocket = server;
    }
    return self;
}
```

步骤 11 handleNewNativeSocket:方法是根据 ServerSocket 传进来的 socket 连接参数打开对应的 I/O。

```
// 3号
- (void) handleNewNativeSocket:(CFSocketNativeHandle)nativeSocketHandle
{
```

```
    // 设置并打开 socket 连接上的 I/O stream
    CFReadStreamRef readStream;
    CFWriteStreamRef writeStream;

    CFStreamCreatePairWithSocket(
                        kCFAllocatorDefault,
                        nativeSocketHandle,
                        &readStream,
                        &writeStream
                        );
    [super openReadStream:readStream writeStream:writeStream child:self];
}
```

步骤 12 根据 SocketState 协议，我们需要实现 dataReadyForRead:方法，这个方法是当一条完整的数据已经从网络上读取下来后会调用的 callback 方法。

```
// 4号
-(void)dataReadyForRead:(NSData *)data
{
    // 读取到一条数据
    [self.delegate dataReadyForRead:data];
}
```

步骤 13 最后，根据 SocketState 协议，要实现 streamDidClosed 方法，当网络断线后要将目前这个 OneClient 实体从 ServerSocket 对象中的 clientList 变量删除。

```
// 5号
-(void)streamDidClosed
{
    // 数据流关闭或是网络断线
    [serverSocket removeOneClient:self];
}
```

步骤 14 操作完成。

18-7 设计 Socket Library（Client）

难易度 ★★★

预备知识：18-5 设计 Socket Library　　Framework：无

客户端只有一个类，目的是用来与服务器端连接时使用，类名称为 Socket。Socket 的初始化参数中有两个重要参数需要指定：一个为服务器端的 IP address，另一个是端口号。连接后的 I/O 已经写在 SocketLib 类中，所以 Socket 必须继承 SocketLib。

步骤与说明

步骤 01 根据预备知识，在 SocketLib 项目中新增名称为 Socket 的 Cocoa Touch Class。

步骤 02 打开 Socket.h，这个文件没有太多特殊需要说明的地方，照着输入就可以了，也很容易理解。

```
#import "SocketLib.h"

@interface Socket : SocketLib <SocketState>

@property (nonatomic, assign) id<SocketDelegate> delegate;

- (instancetype) initWithIP: (NSString *) ip port: (int) port delegate: (id) delegate;

@end
```

步骤 03 打开 Socket.m，总共有 3 个方法要实现，第 1 个用途为对象初始化。

```
// 1号
- (instancetype) init
{
    // Socket 初始化
    self = [super init];
    if (self) {

    }
    return self;
}
```

步骤 04 第 2 个也是初始化，但接收一些重要的参数，例如服务器端的 IP address 与监听的端口号。这个 method 调用完，客户端就与服务器连接了。

```
// 2号
- (instancetype) initWithIP: (NSString *) ip port: (int) port delegate: (id) delegate
{
    // 与服务器连接，并且打开 I/O stream
    self = [self init];
    if (self) {
        self.delegate = delegate;

        CFReadStreamRef readStream;
        CFWriteStreamRef writeStream;

        CFStreamCreatePairWithSocketToHost(
                                NULL,
                                (__bridge CFStringRef)ip,
                                port,
                                &readStream,
                                &writeStream);

        [super openReadStream:readStream writeStream:
        writeStream delegate:self];
    }
    return self;
}
```

步骤 05 根据 SocketState 协议，我们需要实现 dataReadyForRead:方法，这个方法是当一条完整的数据已经从网络上读取下来后会调用的 callback 方法。

```
// 3号
-(void)dataReadyForRead:(NSData *)data
{
    // 读取到一条数据
    [self.delegate dataReadyForRead:data];
}
```

步骤 06 最后，根据 SocketState 协议，要实现 streamDidClosed 方法，在这里我们不用做任何的事情，只要实现它即可。

```
//4号
-(void)streamDidClosed
{
    // 数据流关闭或是网络断线
}
```

步骤 07 操作完成。

18-8 Socket 范例程序

难易度 ★★★

预备知识：无　　Framework：libSocketLib.a

这是使用前面所建立的 Socket Library 为基础所编写的范例，目的是为了让用户了解如何使用 Socket Library 传输数据。如果对于 socket 底层运行已经有某种程度的认识，建议先将前面有关 Socket Library 的建立操作熟悉一遍，再看此小节，这样可以根据实际需要将 Socket Library 修改成自己的需求。当然如果对 socket 底层运行不是很熟悉，或是想要立刻编写一个网络 App，也可以跳过前面的小节，直接从这个范例下手。

步骤与说明

步骤 01 创建两个 Single View Application 项目：一个给服务器端使用，另一个则是给客户端使用。

步骤 02 将 libSocketLib.a（我们自己创建的）以及 header 目录加到这两个项目中，或是直接将 SocketLib 的原始文件加到项目中。

步骤 03 打开服务器端的 Main.storyboard，我们在 ViewController 上加入一个 Image View 以及一个 Label 组件。Image View 组件用来显示从客户端传过来的图片，而 Label 组件用来显示一些信息。

步骤 04 打开服务器端的 ViewController.h，我们为 Image View 与 Label 组件设置 IBOutlet 变量（再次强调，这个变量不是自己输入的，而是 Xcode 产生的，请参考第 3-1 节）。除此之外，这个 class 要符合 <ServerSocketDelegate> 协议的规范，定义在 ServerSocket.h 中。

```
#import <UIKit/UIKit.h>
#import "ServerSocket.h"

@interface ViewController : UIViewController <ServerSocketDelegate>
{
    ServerSocket *server;
    OneClient *client;
}

@property (weak, nonatomic) IBOutlet UIImageView *myImg;
@property (weak, nonatomic) IBOutlet UILabel *myLabel;

@end
```

步骤 05 打开服务器端的 ViewController.m，在 viewDidLoad 方法中开始监听 6000 端口号。

```
- (void)viewDidLoad {
    [super viewDidLoad];
    // Do any additional setup after loading the view, typically from a nib.
    
    server = [[ServerSocket alloc] initWithListeningPort:6000 delegate:self];
}
```

步骤 06 在客户端的 ViewController.m 中实现 oneClientDidConnect: 与 dataReadyForRead: 这两个方法。前者是当客户端连接时触发，后者是当数据发送到的时候触发。

```
-(void)oneClientDidConnect:(OneClient *)oneClient
{
    client = oneClient;
    self.myLabel.text = @"client 端连接";
}

-(void)dataReadyForRead:(NSData *)data
{
    UIImage *image = [[UIImage alloc] initWithData:data];
    self.myImg.image = image;
    // 返回已收到信息给客户端
    [client writeData:[@"数据已收到"
    dataUsingEncoding:NSUTF8StringEncoding]];
}
```

步骤 07 服务器端操作完成。请打开客户端项目，并且在项目中加入两张图片。

步骤 08 打开客户端的 Main.storyboard，在 ViewController 上加上两个按钮，并且在 Attributes inspector 面板上将这两个按钮的 tag 分别设置为 0 与 1。

步骤 09 打开客户端的 ViewController.h。

```
#import <UIKit/UIKit.h>
#import "Socket.h"

@interface ViewController : UIViewController <SocketDelegate>
{
    Socket *socket;
}
@end
```

步骤 10 打开客户端的 ViewController.m，在 viewDidLoad 方法中连接服务器端。请注意 initWithIP 后面的参数必须转换成服务器端的 IP，千万不要照着书上的 IP 来输入。

```
- (void)viewDidLoad {
  [super viewDidLoad];
  // Do any additional setup after loading the view, typically from a nib.
  
  socket = [[Socket alloc] initWithIP:@"192.168.90.111" port:
  6000 delegate:self];
}
```

步骤 11 实现 dataReadyForRead:方法，这是当服务器端有数据传过来时会调用的。

```
-(void)dataReadyForRead:(NSData *)data
{
    // 收到服务器端传来的数据
    NSLog(@"%@", [[NSString alloc] initWithData:
    data encoding:NSUTF8StringEncoding]);
}
```

步骤 12 最后，编写两个按钮的 IBAction 方法。同样提醒读者，onClick:不是我们自己输入的，而是 Xcode 帮我们产生的。

```
- (IBAction)onClick:(UIButton *)sender
{
    NSString *filename;
    
    if (sender.tag == 0) {
        filename = @"IMG_1801";
    } else {
        filename = @"IMG_1843";
    }
    
    NSString *path = [[NSBundle mainBundle] pathForResource:filename ofType:
    @"jpg"];
    NSData *data = [NSData dataWithContentsOfFile:path];
    
    NSLog(@"发送长度 %u" ,[socket writeData:data]);
}
```

步骤 13 运行查看结果。运行时请先运行服务器端，然后运行客户端。

第19章 CloudKit

CloudKit 是一套访问 iCloud 服务器的 API，它可以同时在 iOS 与 OS X 上运行，这是 iOS 8 的新亮点，大幅提升了 iCloud 原有的功能。CloudKit 使用 iCloud 账号来访问 iCloud 服务器上的数据。这些数据可放在 iCloud 服务器的公用区或是私有区。公用区代表不同的用户都可以访问，例如我们写一个照片分享的 App，每个用户都可以将他想要分享的照片传到这个公用区存储并且分享给大家。私有区，顾名思义，只有自己能够访问其中的内容，别人是无法接触到的。不论是公用区还是私有区，这些数据都是以结构化的方式存储，结构化数据的意思是，它的架构跟现在的关联式数据库类似。表在 CloudKit 称为中 Record Type，表中有字段，每个字段都有它自己的数据类型，表与表之间还可以设置关联，这看起来就是一个数据库了，只不过它是否在线而已。

Apple 把存储在 iCloud 服务器上的数据根据它们的数据类型，分为 database 与 asset 两种，asset 类型是用来存储照片、声音、图像等类型的二维数据，也就是非一般文字数据，而且 asset 数据通常很大。其他的文字、数字、时间/日期，甚至是经纬度坐标等数据类型，就称为 database。这样区分的原因是与存储空间大小有关。公用区所需要的数据存储空间容量来自于这个 App 的开发者，而私有区则是占据用户个人的 iCloud 容量，也就是一开始免费的 5GB。Apple 对于公用区的存储空间容量提供了不错的免费政策，database 类最高可达 10TB，asset 类的数据，存储空间更可高达 1PB。当然，也不是一开始 Apple 就给每个开发者这么大的空间，若没用完不是很浪费吗？因此，Apple 会根据 App 使用人数的增加而逐步往上加，详细数据如下。

	一开始	每增加一个用户	上限
存储空间	5GB for assets 50MB for database	100MB for assets 1MB for database	1PB for assets 10TB for database
传输限制	25MB/天 for assets 250KB/天 for database	0.5MB/user for assets 5KB/user for database	5TB/天 for assets 50GB/天 for database

这样的策略可以解决很多与存储空间有关的问题。如果我们想编写一个照片分享的 App，第一个会考虑的问题就是：照片要存在哪里？空间问题怎么解决？现在 Apple 在某种程度上已帮我们解决这些问题了。在这个解决方案下，某些功能的 App 可能连服务器端的网站都不需

要架设，例如，在过去我们可能还要写一套访问照片用的 Web Service 来上传与下载图片。当然，Apple 的 CloudKid 未来会不会收费不知道，但现在我们确实可以暂时把存储空间的问题抛诸脑后。

最后，iCloud 服务器还提供了一个 Web 操作界面，称为 iCloud Dashboard（或称 CloudKit Dashboard）。在这个 Dashboard 网站上可以设计我们需要的 schema（数据的结构），也可以读取以及编辑公用区的数据，也提供了权限设置的界面，可以设置每个 Record Type 的访问权限。虽然还很简单，但是相信其功能应该会越来越完善。进入网址 http://developer.icloud.com/dashboard 或是在 Xcode 打开 iCloud 功能后，可以看到 CloudKit Dashboard 按钮，单击后也会来到同样的网站。

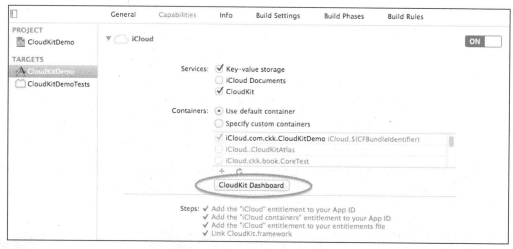

19-1 判断是否登录 iCloud 并取得登录者信息

> 预备知识：无   > Framework：CloudKit.framework

判断用户是否已经在移动设备上登录 iCloud，如果已经登录，我们可以取得用户在 iCloud 上注册的姓名数据，至于其他比较敏感的个人基本数据是无法取得的，例如信用卡数据或是住址等。

步骤与说明

步骤 01 创建 Single View Application 项目。

步骤 02 在项目的 Capabilities 页面打开 iCloud，并且勾选 CloudKit，然后使用默认的 Use default container。

步骤 03 打开 VewController.h，导入 CloudKit.h 头文件，最后声明两个使用 CloudKit 所需要的变量。

```
#import <UIKit/UIKit.h>
#import <CloudKit/CloudKit.h>

@interface ViewController : UIViewController
{
    CKContainer *container;
    CKDatabase *database;
}
@end
```

步骤 04 打开 ViewController.m，在 viewDidLoad 方法中编写相关程序代码。Database 变量在本节虽然暂时用不到，但是我们先初始化，之后的程序都会跟这个变量有关。

```
- (void)viewDidLoad {
    [super viewDidLoad];
    // Do any additional setup after loading the view, typically from a nib.
    
    container = [CKContainer defaultContainer];
    database = [container publicCloudDatabase];
    
    [container requestApplicationPermission:
    CKApplicationPermissionUserDiscoverability completionHandler:^
    (CKApplicationPermissionStatus applicationPermissionStatus,
    NSError *error) {
        if (error) {
            // 用户没有登录 iCloud
            NSLog(@"error1: %@", error);
        } else {
            [container fetchUserRecordIDWithCompletionHandler:^(CKRecordID
            *recordID, NSError *error) {
                if (error) {
```

```
                // 在 iCloud dashboard 网站未授权用户可以读取数据
                NSLog(@"error2: %@", error);
            } else {
                [container discoverUserInfoWithUserRecordID:recordID
                completionHandler:^(CKDiscoveredUserInfo
                *userInfo, NSError *error) {
                    if (error) {
                        NSLog(@"error3: %@", error);
                    } else {
                        // 取得登录者信息。
                        // 如果用户在移动设备中的 iCloud 中的 iCloud
                            Drive 设置 "不允许通过电子邮件搜索本人"，userInfo
                            会返回 nil
                        NSLog(@"user name: %@ %@", userInfo.firstName,
                        userInfo.lastName);
                    }
                }];
            }
        }];
    }
}];
```

步骤 05　运行查看结果。

19-2　创建表并读写数据

难易度 ★★☆

> 预备知识：19-1 判断是否登录 iCloud 并取得登录者信息
> Framework：CloudKit.framework

通过 CloudKid Dashboard 网站，我们可以在 iCloud 上创建类似数据库的数据结构，例如创建表，并且每个表中可以再创建许多的字段，每个字段可以指定不同的数据类型。然后我们在 App 中就可以直接将数据写入某个表的某个字段中，当然也可以将数据从表中取出，非常方便。我们还可以不事先在 CloudKid Dashboard 上创建数据库 schema，CloudKid 会根据程序以及输入的数据类型自动创建。

步骤与说明

步骤 01　参考预备知识创建 Single View Application 项目。

步骤 02　在 Capabilities 页面单击 CloudKit Dashboard 按钮，这时会打开浏览器进入 CloudKit Dashboard 网页。

步骤 03　在左上角的下拉菜单中先选择正确的 iCloud container（如果是第一次进来，应该只有一个选项）。在 Record Types 中创建一个新的 record type（相当于是表），名称定为 MyNote。然后在 MyNote 中新增两个 attributes（相当于字段）：一个为 note，类型为 String；另一个为 date，类型为 Date/Time。

- 步骤 04　回到 Xcode，打开 Storyboard，在 View Controller 上放置一个 Text Field 与两个 Button 组件。这两个 Button 组件一个负责将 Text Field 上的数据新增到 iCloud，另一个负责查询所有已存储的数据。
- 步骤 05　打开 ViewController.h，先导入 CloudKit.h 头文件，然后声明两个 CloudKit 变量，以及 Text Field 的 IBOutlet 变量。

```
#import <UIKit/UIKit.h>
#import <CloudKit/CloudKit.h>

@interface ViewController : UIViewController
{
    CKContainer *container;
    CKDatabase *database;
}

@property (weak, nonatomic) IBOutlet UITextField *myText;

@end
```

- 步骤 06　打开 ViewController.m，在 viewDidLoad 方法中初始化 CloudKit 相关变量。

```
- (void)viewDidLoad {
    [super viewDidLoad];
    // Do any additional setup after loading the view, typically from a nib.
    
    container = [CKContainer defaultContainer];
    database = [container publicCloudDatabase];
}
```

- 步骤 07　实现新增数据 Button 的 IBAction 方法。

```
- (IBAction)insertText:(id)sender
{
    // MyNote 为 Record Type（相当于表名称）
```

```objc
CKRecord *record = [[CKRecord alloc] initWithRecordType:@"MyNote"];
// note 与 date 为 attribute  (相当于字段名称)
record[@"note"] = self.myText.text;
record[@"date"] = [NSDate date];

// 存储数据
[database saveRecord:record completionHandler:^(CKRecord *record,
NSError *error) {
    if (error) {
        NSLog(@"error: %@", error);
    } else {
        NSLog(@"新增一条数据完成");
    }
}];
}
```

步骤 08 实现查询 Button 的 IBAction 方法。我们设置查询所有数据,并且对查询结果进行排序。

```objc
- (IBAction)searchButton:(id)sender
{
    ///////////////// 查询数据
    // 如果没有查询条件, predicate 不可设置为 nil
    CKQuery *query = [[CKQuery alloc] initWithRecordType:@"MyNote" predicate:
    [NSPredicate predicateWithValue:YES]];
    // 按照 date 字段 "顺向" 排序数据
    query.sortDescriptors = @[[NSSortDescriptor sortDescriptorWithKey:
    @"date" ascending:YES]];
    // 初始化 queryoption
    
    CKQueryOperation *queryOperation = [[CKQueryOperation alloc]
    initWithQuery:query];
    // 当 fetch 到数据时设置 queryoperation 的 callback
    queryOperation.recordFetchedBlock = ^(CKRecord *record) {
        // 输出 fetch 到的数据。如果有三条数据,这个 block 会被调用三次
        NSLog(@"%@", record[@"note"]);
    };
    
    // 设置 query 结束后调用的 callback
    queryOperation.queryCompletionBlock = ^(CKQueryCursor *cursor, NSError
    *operationError) {
        if (operationError) {
            NSLog(@"error: %@", operationError);
        }
    };
    
    // 运行此 query
    [database addOperation:queryOperation];
}
```

步骤09　运行查看结果。运行时请先登录 iCloud，若要检查用户是否登录 iCloud，请参考预备知识编写检查的程序代码。

步骤10　新增几条数据后，请回到 CloudKit Dashboard 网页，在 Public Data 的 Default Zone 中可以看到新增的数据。

19-3　访问图片或二进制数据

难易度 ★★★

预备知识：19-2 创建表并读写数据　　Framework：CloudKit.framework

如果在 CloudKid Dashboard 上将某个 Record Type 的字段类型设置为 Asset，这个字段就可以存储二进制数据，例如图片、声音或是影像。在这个单元中，我们不使用项目默认的 iCloud container，而是特别使用另外一个已经存在的 container 来访问数据，其目的是让读者知道如何在不同 App 间共享 iCloud 数据。

步骤与说明

步骤01　创建 Single View Application 项目。

步骤02　在项目的 Capabilities 页面打开 iCloud，并且勾选 CloudKit，然后单击 Specify custom containers，其意思是打算使用别的 App 所创建的 container。然后勾选一个想要存放数据的 container，例如勾选之前通过预备知识创建的 iCloud.com.ckk.CloudKitDemo。

步骤03　进入 CloudKit Dashboard 网站，在左上角选择 iCloud.com.ckk.CloudKitDemo 这个 container，注意名称要跟上一步所勾选的 container 名称一致，然后创建一个名称为 MyPicture 的 Record Type，并且加入一个名称为 image、类型为 asset 的 attribute。

步骤04　回到 Xcode 的 Storyboard，在 View Controller 上加入一个 Image View 组件以及两个 Button 组件：一个用来 upload 图片，另外一个负责 download 图片。

步骤05　打开 ViewController.h，先导入 CloudKid.h 头文件，并且加入两个协议，这两个协议可以提供之后挑选照片的功能。成员变量 recordID 负责存储上传照片在 iCloud 上的 ID，我们打算下载时就使用这个 ID 去 iCloud 下载图片。最后将 Image View 组件连接到 myImg 这个 IBOutlet 变量。

```
#import <UIKit/UIKit.h>
#import <CloudKit/CloudKit.h>

@interface ViewController : UIViewController
<UINavigationControllerDelegate,
UIImagePickerControllerDelegate>
{
    CKContainer *container;
    CKDatabase *database;
    // 用来存储上传的照片 ID，给之后下载时使用
    CKRecordID *recordID;
}

@property (weak, nonatomic) IBOutlet UIImageView *myImg;

@end
```

步骤 06 打开 ViewController.m，在 viewDidLoad 方法中初始化 CloudKid 相关的变量。

```
- (void)viewDidLoad {
    [super viewDidLoad];
    // Do any additional setup after loading the view, typically from a nib.
    
    container = [CKContainer containerWithIdentifier:@"iCloud.com.ckk.CloudKitDemo"];
    database = [container publicCloudDatabase];
}
```

步骤 07 实现 upload 按钮的 IBAction 方法，在这个方法中先让用户挑选一张图片。特别需要注意的是，这里所呈现的程序代码是专门给 iPhone 使用的，比较简单，如果要同时在 iPhone 与 iPad 中使用，请参考本书的第 7-4 节。

```
- (IBAction)uploadButton:(id)sender
{
    // 让用户挑选照片
    // 注意这种写法只适用于 iPhone
    UIImagePickerController *imagePicker = [UIImagePickerController new];
    imagePicker.sourceType = UIImagePickerControllerSourceTypePhotoLibrary;
    imagePicker.delegate = self;
    [self presentViewController:imagePicker animated:YES completion:nil];
}
```

步骤 08 在实现了用户单击相册中的图片后，系统会调用的方法为 imagePickerController:didFinishPickingMediaWithInfo:。特别需要注意的是，这边我们并没有先将图片变小后再上传，因此在上传时会花费比较多的时间。

```objc
-(void)imagePickerController:(UIImagePickerController *)picker
didFinishPickingMediaWithInfo:(NSDictionary *)info
{
    // image 存储用户单击的照片
    UIImage *image = [info valueForKey:UIImagePickerControllerOriginalImage];
    // 设置照片暂存的目录与文件名
    NSString *path = [NSTemporaryDirectory() stringByAppendingString:
    @"output.jpg"];
    // 判断暂存盘是否已经存在，如果存在就删掉它
    if ([[NSFileManager defaultManager] fileExistsAtPath:path]) {
        [[NSFileManager defaultManager] removeItemAtPath:path error:nil];
    }
    
    // 将照片写入暂存文件
    [UIImageJPEGRepresentation(image, 1.0) writeToFile:path atomically:NO];
    // 取得暂存盘路径的 url
    NSURL *url = [[NSURL alloc] initFileURLWithPath:path];
    
    // 准备将照片上传到 iCloud
    CKRecord *assetRecord = [[CKRecord alloc] initWithRecordType:
    @"MyPicture"];
    CKAsset *photo = [[CKAsset alloc] initWithFileURL:url];
    assetRecord[@"image"] = photo;
    
    [database saveRecord:assetRecord completionHandler:^(CKRecord *record,
    NSError *error) {
        if (error) {
            // 上传图片失败
            NSLog(@"error: %@", error);
        } else {
            // 将图片在 iCloud 上的 ID 记录下来
            recordID = record.recordID;
            NSLog(@"上传成功");
        }
        [self dismissViewControllerAnimated:YES completion:nil];
    }];
}
```

步骤 09 别忘了需要实现用户在选择照片的画面中按下的"取消"按钮功能。

```objc
-(void)imagePickerControllerDidCancel:(UIImagePickerController *)picker
{
    [self dismissViewControllerAnimated:YES completion:nil];
}
```

步骤 10 实现 download 按钮的 IBAction 方法，这个方法负责下载刚刚上传的图片。

```objc
- (IBAction)downloadButton:(id)sender
{
    // 根据照片在 iCloud 上的 ID 搜索图片
    [database fetchRecordWithID:recordID completionHandler:^(CKRecord
```

```objc
            *record, NSError *error) {
        if (!error) {
            // 找到图片之后抓取下来，转换成 UIImage 格式后显示在 Image View 组件上
            CKAsset *photoAsset = record[@"image"];
            UIImage *image = [UIImage imageWithContentsOfFile:
            photoAsset.fileURL.path];
            self.myImg.image = image;
        }
    }];
}
```

步骤 11　运行查看结果。

19-4　修改与删除数据

难易度 ★★

> 预备知识：19-2 创建表并读写数据　　　　> Framework：CloudKit.framework

 步骤与说明

步骤 01　创建 Single View Application 项目。

步骤 02　在 Capabilities 页面打开 iCloud 功能，并且勾选 CloudKit，然后选一个打算使用的 container。

步骤 03　打开 ViewController.h。

```objc
#import <UIKit/UIKit.h>
#import <CloudKit/CloudKit.h>

@interface ViewController : UIViewController
{
    CKContainer *container;
    CKDatabase *database;
}
@end
```

步骤 04　打开 ViewController.m，在 viewDidLoad 方法中初始化 CloudKit 数据库。

```objc
- (void)viewDidLoad {
    [super viewDidLoad];
    // Do any additional setup after loading the view, typically from a nib.
    
    container = [CKContainer defaultContainer];
    database = [container publicCloudDatabase];
}
```

步骤 05　先写一段简单的程序代码用来新增两条数据。

```objc
- (void)insertData
{
    CKRecord *record;
```

```objc
    record = [[CKRecord alloc] initWithRecordType:@"Member"];
    record[@"id"] = @"a01";
    record[@"name"] = @"王大明";
    [database saveRecord:record completionHandler:nil];

    record = [[CKRecord alloc] initWithRecordType:@"Member"];
    record[@"id"] = @"a02";
    record[@"name"] = @"李大妈";
    [database saveRecord:record completionHandler:nil];
}
```

步骤 06 如下命令用于把 a01 王大明这条数据删除。

```objc
- (void)deleteData
{
    //////////////////// 查询数据
    NSPredicate *predicate;
    predicate = [NSPredicate predicateWithFormat:@"id == %@", @"a01"];
    CKQuery *query = [[CKQuery alloc] initWithRecordType:@"Member" predicate:predicate];

    CKQueryOperation *queryOperation = [[CKQueryOperation alloc] initWithQuery:query];
    // 当 fetch 到数据时设置 queryoperation 的 callback
    queryOperation.recordFetchedBlock = ^(CKRecord *record) {
        [database deleteRecordWithID:record.recordID completionHandler:nil];
        NSLog(@"数据删除完毕");
    };

    // 运行此 query
    [database addOperation:queryOperation];
}
```

步骤 07 修改数据比较特殊，我们不能 fetch 到数据，修改完之后用 saveRecord:这个命令存盘，因为这个命令只能用于新增数据，所以我们要使用 CKModifyRecordsOperation 对象来修改已经存在的数据。在这里，我们把 a02 的"李大妈"改为"王小明"。

```objc
-(void)modifyData
{
    //////////////////// 查询数据
    NSPredicate *predicate;
    predicate = [NSPredicate predicateWithFormat:@"id == %@", @"a02"];
    CKQuery *query = [[CKQuery alloc] initWithRecordType:@"Member" predicate:predicate];

    CKQueryOperation *queryOperation = [[CKQueryOperation alloc] initWithQuery:query];
    // 当 fetch 到数据时设置 queryoperation 的 callback
    queryOperation.recordFetchedBlock = ^(CKRecord *record) {
```

```
        record[@"name"] = @"王小明";
        NSArray *array = [[NSMutableArray alloc] initWithObjects:record, nil];
        CKModifyRecordsOperation *modifyOperation =
        [[CKModifyRecordsOperation
        alloc] initWithRecordsToSave:array recordIDsToDelete:nil];
        
        modifyOperation.perRecordCompletionBlock = ^(CKRecord *record,
        NSError *error) {
            NSLog(@"数据修改完毕");
        };
        
        [database addOperation:modifyOperation];
    };
    
    // 运行此 query
    [database addOperation:queryOperation];
}
```

步骤 08 在适当的地方，例如 viewDidLoad 方法中，调用新增两条数据的方法，然后删除 a01，最后修改 a02。

```
[self insertData];
[self deleteData];
[self modifyData];
```

步骤 09 运行查看结果。

19-5 关联性设置

难易度 ★★

> 预备知识：19-2 创建表并读写数据   > Framework：CloudKit.framework

既然 iCloud Server 是一种数据库，那表与表之间还有可能会存在关联性，例如"顾客"与"车子"之间就存在着某个顾客拥有哪几辆车子的关联。每个表（称为 Record Type）中的每一条数据（称为 Record）都有一个唯一的编号（称为 Record ID），如果表 A 与表 B 有关联，并且是 B 参考 A，我们只要在表 B 中的某个字段存放表 A 中的数据编号即可。每一条数据的数据编号，属于 CKReference 类型。

本节我们创建两个很简单的表，一个名称为 Customer，只有一个字段 name，存放顾客姓名。另一个表为 Car，有两个字段：一个是 plate，记录车牌；另一个字段为 belongto，记录这辆车属于谁，这个字段用于存放 Customer 表中某条数据的编号。

 步骤与说明

步骤 01 创建 Single View Application 项目。

步骤 02 在 Capabilities 页面打开 iCloud 功能，并且勾选 CloudKit，至于要使用哪一个 container 由读者自行决定。

步骤 03 打开 ViewController.h，先导入 CloudKit.h 头文件，然后声明两个 CloudKit 变量。

```
#import <UIKit/UIKit.h>
#import <CloudKit/CloudKit.h>

@interface ViewController : UIViewController
{
    CKContainer *container;
    CKDatabase *database;
}

@end
```

步骤 04 打开 ViewController.m，我们先实现 insertData 这个自定义的方法，在这个方法中我们要新增两条顾客数据，以及这两个顾客所拥有的车辆数据。请注意一下，在这段程序代码中我们没有处理 completionHandler 的部分，如果需要判断是否存储成功，请自行实现 completionHandler 的 block 程序。

```
-(void) insertData
{
    CKRecord *customerRecord;
    CKReference *reference;
    CKRecord *carRecord;

    /////////////////// 新顾客数据
    customerRecord = [[CKRecord alloc] initWithRecordType:@"Customer"];
    reference = [[CKReference alloc] initWithRecord:customerRecord
    action:CKReferenceActionDeleteSelf];

    // 顾客数据：王大明
    customerRecord[@"name"] = @"王大明";
    [database saveRecord:customerRecord completionHandler:nil];

    // 设置车牌 AA-1111 属于王大明
    carRecord = [[CKRecord alloc] initWithRecordType:@"Car"];
    carRecord[@"plate"] = @"AA-1111";
    carRecord[@"belongto"] = reference;
    [database saveRecord:carRecord completionHandler:nil];

    // 设置车牌 AA-2222 属于王大明
    carRecord = [[CKRecord alloc] initWithRecordType:@"Car"];
    carRecord[@"plate"] = @"AA-2222";
    carRecord[@"belongto"] = reference;
    [database saveRecord:carRecord completionHandler:nil];


    /////////////////// 新顾客数据
    customerRecord = [[CKRecord alloc] initWithRecordType:@"Customer"];
    reference = [[CKReference alloc] initWithRecord:customerRecord
    action:CKReferenceActionDeleteSelf];
```

```objc
// 顾客数据：李大妈
customerRecord[@"name"] = @"李大妈";
[database saveRecord:customerRecord completionHandler:nil];

// 设置车牌BB-1111属于李大妈
carRecord = [[CKRecord alloc] initWithRecordType:@"Car"];
carRecord[@"plate"] = @"BB-1111";
carRecord[@"belongto"] = reference;
[database saveRecord:carRecord completionHandler:nil];
}
```

步骤 05 实现 queryData:这个自定义的方法，在这个方法中我们要根据传入的顾客姓名来找出所有他名下的车子。

```objc
-(void) queryData: (NSString *) customerName
{
    // 设置查询条件
    NSPredicate *predicate = [NSPredicate predicateWithFormat:@"name == %@", customerName];
    CKQuery *query = [[CKQuery alloc] initWithRecordType:@"Customer" predicate:predicate];
    CKQueryOperation *queryOperation = [[CKQueryOperation alloc] initWithQuery:query];
    
    queryOperation.recordFetchedBlock = ^(CKRecord *record) {
        // 先找到Customer的数据后再查询Car
        NSLog(@"顾客名：%@", record[@"name"]);
        
        CKReference *reference = [[CKReference alloc] initWithRecord:record action:CKReferenceActionNone];
        NSPredicate *predicate = [NSPredicate predicateWithFormat:@"belongto == %@", reference];
        CKQuery *query = [[CKQuery alloc] initWithRecordType:@"Car" predicate:predicate];
        CKQueryOperation *queryOperation = [[CKQueryOperation alloc] initWithQuery:query];
        
        queryOperation.recordFetchedBlock = ^(CKRecord *record) {
            NSLog(@"车牌为：%@", record[@"plate"]);
        };
        
        [database addOperation:queryOperation];
    };
    
    [database addOperation:queryOperation];
}
```

步骤 06 在适当的地方分别调用 inserData 与 queryData 这两个方法。

步骤 07 运行查看结果。

```
CloudKitDemo1[1906:260876] 顾客名：李大妈
CloudKitDemo1[1906:260876] 车牌为：BB-1111
```

19-6 订阅与删除异动通知

难易度 ★★

> 预备知识：16-9 本地信息推送、19-2 创建表并读写数据
> Framework：CloudKit.framework

如果有两个以上的 App 共同使用同一个 iCloud container，当其中一个 App 更改了 iCloud 上的数据，或是直接从 iCloud Dashboard 上更改数据，我们希望 App 会自动收到更新信息的推送通知。

步骤与说明

步骤 01 建立 Single View Application 项目。

步骤 02 在项目的 Capabilities 页面打开 iCloud，并勾选 Cloud Kit，然后将 containers 设置为打算要接收异动通知的那一个。

步骤 03 在同样的页面中打开 Background Modes，然后将 Remote notifications 勾选。

步骤 04 打开 Storyboard，在默认的 View Controller 上放置一个 UISwitch 组件。

步骤 05 打开 AppDelegate.m，在 application:didFinishLaunchingWithOptions:方法中设置 App 可以接收哪些信息。信息类型中 Alert 表示文字、红色圆圈上有个数字的为 Badge，或是 Sound 声音。

```
- (BOOL)application:(UIApplication *)
application didFinishLaunchingWithOptions:(NSDictionary *)launchOptions {
    // Override point for customization after application launch.

    UIUserNotificationSettings *setting = [UIUserNotificationSettings
    settingsForTypes:UIUserNotificationTypeBadge |
    UIUserNotificationTypeAlert | UIUserNotificationTypeSound
    categories:nil];
    [application registerUserNotificationSettings:setting];

    [application registerForRemoteNotifications];

    return YES;
}
```

步骤 06 打开 ViewController.h，填入需要的程序代码，并且设置 UISwitch 组件的 IBOutlet 变量，名称为 mySwitch（注意这一行不是我们自己输入的，而是从 Storyboard 的组件上按住鼠标右键拖出一条蓝线产生的）。

```
#import <UIKit/UIKit.h>
#import <CloudKit/CloudKit.h>
```

```
@interface ViewController : UIViewController
{
    CKContainer *contrainer;
    CKDatabase *database;
}
// 注意这一行不能自己输入
@property (weak, nonatomic) IBOutlet UISwitch *mySwitch;

@end
```

步骤 07 打开 ViewController.m，在 viewDidLoad 方法中，我们检查目前这个 App 在 CloudKit 的订阅状况，我们主要是确认"新增数据"的订阅情况，然后根据订阅情况来设置 UISwitch 组件。

```
- (void)viewDidLoad {
    [super viewDidLoad];
    // Do any additional setup after loading the view, typically from a nib.
    
    contrainer = [CKContainer containerWithIdentifier:
    @"iCloud.com.ckk.CloudKitDemo"];
    database = [contrainer publicCloudDatabase];
    
    // 检查目前的订阅状况
    [database fetchAllSubscriptionsWithCompletionHandler:^(NSArray
    *subscriptions, NSError *error) {
        if (!error) {
            for (CKSubscription *scription in subscriptions) {
                dispatch_async(dispatch_get_main_queue(), ^{
                    // 将目前的 RecordCreation（新增一条数据）订阅状况反映到 switch
                    // 组件上
                    self.mySwitch.on = (scription.subscriptionOptions ==
                    CKSubscriptionOptionsFiresOnRecordCreation);
                });
            }
        }
    }];
}
```

步骤 08 实现 UISwitch 组件的 IBAction 方法，在这个方法中，我们根据 UISwitch 的 On/Off 状态来新增一条订阅通知，或是将订阅通知删除。

```
- (IBAction)subscriptHandle:(UISwitch *)sender
{
    if (sender.isOn) {
        NSPredicate *truePredicate = [NSPredicate predicateWithValue:YES];
        // 设置在 MyNote 表中新增一条数据时发送信息推送
        CKSubscription *itemSubscription = [[CKSubscription alloc]
        initWithRecordType:@"MyNote" predicate:truePredicate
        options:CKSubscriptionOptionsFiresOnRecordCreation];
```

```objc
// 设置信息种类与信息内容
CKNotificationInfo *notification = [CKNotificationInfo new];
notification.alertBody = @"MyNote 有新增数据";
itemSubscription.notificationInfo = notification;

// 将订阅规则存储到 iCloud
[database saveSubscription:itemSubscription completionHandler:nil];
NSLog(@"订阅");
    } else {
        // 查询目前订阅推送状况
        [database fetchAllSubscriptionsWithCompletionHandler:^(NSArray
*subscriptions, NSError *error) {
            if (!error) {
                for (CKSubscription *scription in subscriptions) {
                    if (scription.subscriptionOptions ==
                    CKSubscriptionOptionsFiresOnRecordCreation) {
                        // 如果已经有订阅推送，删除它
                        [database deleteSubscriptionWithID:
                        scription.subscriptionID completionHandler:nil];
                        NSLog(@"删除订阅");
                    }
                }
            }
        }];
    }
}
```

步骤 09 运行查看结果。运行后让 App 进入背景状态，然后在 iCloud Dashboard 上对 MyNote 表新增一条数据，这时在手机上应该会看到内容为"MyNote 有新增数据"的信息推送。

第20章　HealthKit

安装 iOS 8 后，细心的读者一定会发现多了一个名称为"健康"并且有个心脏图案的 App，打开后会发现其中存放的都是跟个人健康有关的数据，例如心率、身高、体重、体温、血氧浓度等。

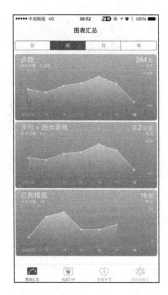 

"健康" App 是一个内置的 App，它是以图形方式来呈现 Health Store 数据库的内容。这个 Health Store 数据库是 iOS 8 内置的，专门负责存储跟个人健康数据有关的数据。这个数据库的数据来源除了用户通过"健康"App 手动慢慢输入之外，最重要的是它可以通过别的 App 输入数据。例如我们买了一个计步器，这个计步器有个对应的 App，这个 App 除了可以收到计步器传进来的数据外，还可以将所收到的数据再存储到 Health Store 数据库中，当然存储进去的数据可以再读取出来，除了这个计步器 App 可以读之外，别的 App 通过授权也可以读取。通过这样的设计可以很明显地看出，Apple 打算利用 Health Store 集中管理所有跟个人健康有关的数据。

如果我们没有一个量完体重后会自动输入体重的体重计，那么我们是否可以利用"健康"App 来输入每天的体重呢？当然可以，我们刚才说过，用户可以手动慢慢输入。除此之外，如果觉得"健康"App 的画面不好看,没关系,我们可以自己编写一个。当然在安全措施的保护下,除了"健康"App 外,所有要从 Health Store 访问数据的 App 都必须先取得用户的授权,只有用户同意后,App 才能够访问数据。

凡是要编写能够从 Health Store 数据库中访问数据的 App 都必须使用 HealthKid 这一套 framework 才行。HealthKit 把 Health Store 中的健康数据分为三种类型,分别是特征(characteristic)、非数值(category)与可量化(quantity),对应的参数与说明如下:

- HKCharacteristicType:生日、性别与血型(目前只有这三种)。
- HKCategoryType:睡眠分析(目前只有这一种)。
- HKQuantityType:身高、体重、心跳、卡路里、各种维生素摄入量等。

HealthKit 提供了一系列的类与方法来访问 Health Store 中的数据,在这些类与方法中,我们还可以通过条件设置来查询特定的数据,例如半年内的体重变化数据,或是查询最大、最小与平均值等统计数据(统计数据查询只能使用在 quantity 类型中)。在未来,当穿戴式设备风起云涌并且可以持续检测或记录生理数据时,我想,一定会有一些 App 用来帮助从 Health Store 中分析出一些更健康的生活方式。

20-1 读取生日性别与血型

预备知识:无   Framework:HealthKit.framework

在 Health App 的分类项目"本人"中,用户可以事先填入生日、性别与血型这三项数据,之后其他的 App 就可以通过 Health Kit 取得 Health Store 中的这三项数据,当然取得前得先经过用户的授权同意才可以进行。

步骤与说明

步骤 01 创建 Single View Application 项目。

步骤 02 在 Capabilities 页面打开 HealthKit,这个操作会在开发者网站的 Certificates、Identifiers & Profiles 网页上新增一条 App ID,并且 enable 这个 ID 的 Health Kit 功能。

步骤 03 打开 ViewController.h,先导入 HealthKit.h 头文件,并且声明一个类型为 HKHealthStore 的成员变量,之后访问 Health Store 中的数据都要利用这个变量。

```
#import <UIKit/UIKit.h>
#import <HealthKit/HealthKit.h>

@interface ViewController : UIViewController
{
    HKHealthStore *healthStore;
}
@end
```

步骤 04 打开 ViewController.m，在 viewDidLoad 中的主要工作是向 Health Store 请求分享数据的访问（读写）权限，注意程序代码中有三个自定义的 method 之后要实现：dataTypesToWrite、dataTypesToRead 与 readDataOfMe。这三个 method 的功能请参考程序代码中的注释。

```
- (void)viewDidLoad {
    [super viewDidLoad];
    // Do any additional setup after loading the view, typically from a nib.

    // 初始化 healthStore 变量
    healthStore = [HKHealthStore new];

    // 确认设备是否支持 HeadthKit
    if ([HKHealthStore isHealthDataAvailable]) {
        // 设置哪些数据要写入 Health Store
        NSSet *writeDataTypes = [self dataTypesToWrite];
        // 设置要从 Health Store 读出哪些数据
        NSSet *readDataTypes = [self dataTypesToRead];
        // 向 Health Store 请求访问数据的分享权限
        [healthStore requestAuthorizationToShareTypes:writeDataTypes
         readTypes:readDataTypes completion:^(BOOL success, NSError *error) {
            if (error) {
                NSLog(@"请求数据分享失败: %@", error);
            } else {
                // 请求成功
                // 取得 main queue 的目的是为了将读取到的数据显示在视图组件上
                // 但这里我们用 NSLog 将数据显示在 debug console，
                // 理论上程序代码不需要放在
                // main queue 中，这样写主要是怕读者忘记要先取得 main queue
                dispatclh_async(dispatch_get_main_queue(), ^{
                    // 调用自定义 method, 取得生日、性别与血型
                    [self readDataOfMe];
                });
            }
        }];
    }
}
```

步骤 05 实现 dataTypesToWrite 方法。目前我们还没有打算要写数据到 Health Store，因此让这个 method 返回 nil 即可。

```
// 设置哪些类型的数据要写入 Health Store
-(NSSet *)dataTypesToWrite {
    return nil;
}
```

步骤 06 实现 dataTypesToRead 方法，在这个方法中我们要设置好从 Health Store 读取的数据为生日、性别与血型。

```
// 设置要从 Health Store 读出哪些类型的数据
-(NSSet *)dataTypesToRead {
    return [NSSet setWithObjects:
            [HKCharacteristicType characteristicTypeForIdentifier:HKCharacteristicTypeIdentifierDateOfBirth],
            [HKCharacteristicType characteristicTypeForIdentifier:HKCharacteristicTypeIdentifierBiologicalSex],
            [HKCharacteristicType characteristicTypeForIdentifier:HKCharacteristicTypeIdentifierBloodType],
            nil
            ];
}
```

步骤 07 最后实现 readDataOfMe 方法,如果 App 已经从 Health Store 取得读取数据的授权,我们就在这个方法中向 Health Store 取得生日、性别与血型这三样数据。

```
-(void) readDataOfMe
{
   NSError *error;
   // 取得生日数据
   NSDate *dateOfBirth = [healthStore dateOfBirthWithError:&error];
   if (!dateOfBirth) {
      NSLog(@"读取生日数据错误,请先至 Health App 中填写数据或是授权读取");
   } else {
      NSDateFormatter *format = [[NSDateFormatter alloc] init];
      [format setDateFormat:@"公元 yyyy 年 M 月 d 日"];
      NSLog(@"%@", [format stringFromDate:dateOfBirth]);
   }

   // 取得性别数据
   HKBiologicalSexObject *sex = [healthStore biologicalSexWithError:&error];
   if (!sex) {
      NSLog(@"读取性别错误,请先至 Health App 中填写数据或是授权读取");
   } else {
      switch (sex.biologicalSex) {
         case HKBiologicalSexFemale:
            NSLog(@"我是女性");
            break;

         case HKBiologicalSexMale:
            NSLog(@"我是男性");
            break;

         case HKBiologicalSexNotSet:
            NSLog(@"我尚未设置性别");
            break;
      }
   }

   // 取得血型数据
   HKBloodTypeObject *blood = [healthStore bloodTypeWithError:&error];
   if (!blood) {
      NSLog(@"读取血型错误,请先至 Health App 中填写数据或是授权读取");
   } else {
```

```
        switch (blood.bloodType) {
            case HKBloodTypeABNegative:
                NSLog(@"AB-");
                break;

            case HKBloodTypeABPositive:
                NSLog(@"AB+");
                break;

            case HKBloodTypeANegative:
                NSLog(@"A-");
                break;

            case HKBloodTypeAPositive:
                NSLog(@"A+");
                break;

            case HKBloodTypeBNegative:
                NSLog(@"B-");
                break;

            case HKBloodTypeBPositive:
                NSLog(@"B+");
                break;

            case HKBloodTypeONegative:
                NSLog(@"O-");
                break;

            case HKBloodTypeOPositive:
                NSLog(@"O+");
                break;

            case HKBloodTypeNotSet:
                NSLog(@"血型尚未设置");
                break;
        }
    }
}
```

步骤08 运行查看结果。

20-2 写入与读取心跳数据

难易度 ★★★

> 预备知识：20-1 读取生日性别与血型   > Framework：HealthKit.framework

在 HealthKit 中已经定义好许多与健康信息有关的数据类型，心跳就是其中一种。我们可以在 Health 这个 App 中显示所有送进 Health Store 中的心跳数据，也可以让其他的 App 来取得这些数据。

第 20 章　HealthKit

步骤与说明

步骤 01　创建 Single View Application 项目。

步骤 02　在 Capabilities 页面打开 HealthKit，这个操作会在开发者网站的 Certificates、Identifiers & Profiles 网页上新增一条 App ID，并且 enable 这个 ID 的 Health Kit 功能。

步骤 03　在 Storyboard 上新增两个 Button 组件：一个用来新增心跳数据，另一个用来读取心跳数据。

步骤 04　打开 ViewController.h，先导入 HealthKit.h 头文件，并且声明一个类型为 HKHealthStore 的成员变量，之后访问 Health Store 中的数据都要利用这个变量。

```objc
#import <UIKit/UIKit.h>
#import <HealthKit/HealthKit.h>

@interface ViewController : UIViewController
{
    HKHealthStore *healthStore;
}

@end
```

步骤 05　打开 ViewController.m，在 viewDidLoad 中的主要工作是向 Health Store 请求分享数据的访问（读写）权限，注意程序代码中有两个自定义的 method 之后要实现：dataTypesToWrite 与 dataTypesToRead。这两个 method 的功能请参考程序代码中的注释。

```objc
- (void)viewDidLoad {
    [super viewDidLoad];
    // Do any additional setup after loading the view, typically from a nib.
    
    // 初始化 healthStore 变量
    healthStore = [HKHealthStore new];
    
    // 确认设备是否支持 Health Store
    if ([HKHealthStore isHealthDataAvailable]) {
        // 设置哪些数据要写入 Health Store
        NSSet *writeDataTypes = [self dataTypesToWrite];
        // 设置要从 Health Store 读出哪些数据
        NSSet *readDataTypes = [self dataTypesToRead];
        // 向 Health Store 请求访问数据的分享权限
        [healthStore requestAuthorizationToShareTypes:writeDataTypes
            readTypes:readDataTypes completion:^(BOOL success, NSError *error) {
            if (error) {
                NSLog(@"请求数据分享失败：%@", error);
            } else {
                // 请求成功
                NSLog(@"请求数据分享成功");
            }
        }];
```

        }
    }

步骤 06 实现 dataTypesToWrite 与 dataTypesToRead 方法，我们只要求获取心跳数据的访问权限。

```
// 设置哪些类型的数据要写入 Health Store
-(NSSet *)dataTypesToWrite {
    return [NSSet setWithObjects:
            [HKQuantityType quantityTypeForIdentifier:
HKQuantityTypeIdentifierHeartRate],
            nil
            ];
}

// 设置要从 Health Store 读出哪些类型的数据
-(NSSet *)dataTypesToRead {
    return [NSSet setWithObjects:
            [HKQuantityType quantityTypeForIdentifier
:HKQuantityTypeIdentifierHeartRate],
            nil
            ];
}
```

步骤 07 实现新增心跳数据到 Health Store 的自定义方法。特别要注意的是，将数据存入 Health Store 中必须先设置数据的单位，心跳单位是"次/每分钟"。

```
- (void)addHeartRate:(double)heartrate {
    // 设置单位：每分钟几次
    HKUnit *heartrateUnit = [[HKUnit countUnit] unitDividedByUnit:[HKUnit minuteUnit]];
    // 将数字与单位绑在一起
    HKQuantity *heartrateQuantity = [HKQuantity quantityWithUnit:
heartrateUnit doubleValue:heartrate];
    // 设置 Health Store 要处理的数据类型为"心跳"
    HKQuantityType *heartrateType = [HKQuantityType
quantityTypeForIdentifier:HKQuantityTypeIdentifierHeartRate];
    // 取得现在时间
    NSDate *now = [NSDate date];
    // 设置心跳数据以及记录的时间
    HKQuantitySample *heartrateSample = [HKQuantitySample
quantitySampleWithType:
heartrateType quantity:heartrateQuantity startDate:now endDate:now];
    // 存储数据
    [healthStore saveObject:heartrateSample withCompletion:^(BOOL success,
NSError *error) {
        if (!success) {
            NSLog(@"心跳数据存盘失败");
        } else {
            NSLog(@"数据已存入 Health Store");
```

```
        }
    }];
}
```

步骤 08 实现从 Health Store 读出数据的自定义方法。这个方法基本上是万能的，大部分位于 Health Store 中的数据都可以使用这个方法取出。

```
- (void)fetchDataOfQuantityType:(HKQuantityType *)quantityType
  withCompletion:(void (^)(NSArray *result, NSError *error)) completion {
    // 设置 Health Store 要处理的数据类型为"心跳"
    HKQuantityType *heartrateType = [HKQuantityType
    quantityTypeForIdentifier:HKQuantityTypeIdentifierHeartRate];
    // 设置以时间排序
    NSSortDescriptor *timeSortDescriptor = [[NSSortDescriptor alloc]
    initWithKey:HKSampleSortIdentifierEndDate ascending:YES];
    // 从 Health Store 读取心跳数据。因为没有限制读取条件，所以 predicate:nil,
    //HKObjectQueryNoLimit 代表要读取所有记录数，并且以时间来排序
    HKSampleQuery *query = [[HKSampleQuery alloc] initWithSampleType:
    heartrateType predicate:nil limit:HKObjectQueryNoLimit sortDescriptors:
    @[timeSortDescriptor] resultsHandler:^(HKSampleQuery *query, NSArray
    *results, NSError *error) {
        if (!results) {
            if (completion) {
                // 读取数据错误
                completion(nil, error);
            }
        } else {
            // 读取数据成功
            completion(results, error);
        }
    }];

    // 运行查询
    [healthStore executeQuery:query];
}
```

步骤 09 实现新增数据 Button 的 IBAction 方法，在新增数据的 Button 按下去后，我们写入三条心跳数据仿真一下。

```
- (IBAction)addButton:(id)sender {
    // 写三条心跳数据到 Health Store
    [self addHeartRate:72];
    [self addHeartRate:83];
    [self addHeartRate:75];
}
```

步骤 10 实现查询 Button 的 IBAction 方法，我们将查询出来的数据显示到 Debug Console 中。

```
- (IBAction)queryButton:(id)sender {
    // 从 Health Store 读出所有的心跳数据
    HKQuantityType *heartrateType = [HKQuantityType
```

```objc
quantityTypeForIdentifier:HKQuantityTypeIdentifierHeartRate];
    [self fetchDataOfQuantityType:heartrateType withCompletion:^(NSArray
*results, NSError *error) {
        // 取得 main queue 的目的是为了将读取到的数据显示在视图组件上
        // 但是这里我们用 NSLog 将数据显示在 debug console，理论上程序代码不需要放在
        // main queue 中，这样写主要是怕读者忘记要先取得 main queue
        dispatch_async(dispatch_get_main_queue(), ^{
            // 设置单位：每分钟几次
            HKUnit *heartrateUnit = [[HKUnit countUnit]
            unitDividedByUnit:[HKUnit minuteUnit]];
            // 读出来的数据可能超过一条，因此使用循环取出
            for (HKQuantitySample *p in results) {
                HKQuantity *quantity = p.quantity;
                double heartrate = [quantity
                doubleValueForUnit:heartrateUnit];
                NSLog(@"%f", heartrate);
            }
        });
    }];
}
```

步骤 11 运行查看结果。插入三条心跳数据后可以先到 Health App 中确认数据是否已存储进去。

20-3 写入与读取睡眠数据

难易度 ★★★

> 预备知识：20-2 写入与读取心跳数据   > Framework：HealthKit.framework

睡眠数据属于 HKCategoryType，也是 HealthKit 中唯一属于 category 类型的数据。睡眠数据中再细分为 InBed 与 Asleep 两种，顾名思义就是躺上床的时间以及睡着的时间。

步骤与说明

步骤 01 依照预备知识创建 Single View Application 项目。

步骤 02 修改 dataTypesToWrite 与 dataTypesToRead 这两个方法。

```objc
// 设置哪些类型的数据要写入 Health Store
-(NSSet *)dataTypesToWrite {
    return [NSSet setWithObjects:
            [HKCategoryType categoryTypeForIdentifier:
             HKCategoryTypeIdentifierSleepAnalysis],
            nil
            ];
}

// 设置要从 Health Store 中读出哪些类型的数据
-(NSSet *)dataTypesToRead {
    return [NSSet setWithObjects:
            [HKCategoryType categoryTypeForIdentifier:
```

```
            HKCategoryTypeIdentifierSleepAnalysis],
            nil
            ];
}
```

步骤 03 实现 updateData 这个自定义方法，目的是为了更新 Health Store 中的睡眠数据，程序代码如下。

```
-(void) updateData
{
    HKCategoryType *sleepType = [HKCategoryType categoryTypeForIdentifier:
    HKCategoryTypeIdentifierSleepAnalysis];

    NSDateFormatter *dateFormatter = [NSDateFormatter new];
    dateFormatter.dateFormat = @"yyyy/MM/dd HH:mm:ss";
    NSDate *startDate, *endDate;
    HKCategorySample *sleepSample;

    // 躺上床的时间
    startDate = [dateFormatter dateFromString:@"2014/7/19 23:0:0"];
    endDate = startDate;
    sleepSample = [HKCategorySample categorySampleWithType:sleepType
    value:HKCategoryValueSleepAnalysisInBed startDate:startDate
    endDate:endDate];
    [healthStore saveObject:sleepSample withCompletion:^(BOOL success,
    NSError *error) {
        if (success) {
            NSLog(@"成功");
        } else {
            NSLog(@"error: %@", error);
        }
    }];

    // 睡着的时间
    startDate = [dateFormatter dateFromString:@"2014/7/19 23:30:0"];
    endDate = [dateFormatter dateFromString:@"2014/7/20 6:20:0"];
    sleepSample = [HKCategorySample categorySampleWithType:sleepType value:
    HKCategoryValueSleepAnalysisAsleep startDate:startDate endDate:endDate];
    [healthStore saveObject:sleepSample withCompletion:^(BOOL success,
    NSError *error) {
        if (success) {
            NSLog(@"成功");
        } else {
            NSLog(@"error: %@", error);
        }
    }];
}
```

步骤 04 实现 fetchData 这个自定义方法，目的是为了取得 Health Store 中的睡眠数据，程序代码如下。

```
-(void) fetchData
{
    HKCategoryType *sleepType = [HKCategoryType
    categoryTypeForIdentifier:HKCategoryTypeIdentifierSleepAnalysis];
    
    HKSampleQuery *query = [[HKSampleQuery alloc] initWithSampleType:
    sleepType predicate:nil limit:HKObjectQueryNoLimit sortDescriptors:nil
    resultsHandler:^(HKSampleQuery *query, NSArray *results, NSError *error) {
        if (!results) {
            NSLog(@"error: %@", error);
        } else {
            NSDateFormatter *dateFormatter = [NSDateFormatter new];
            dateFormatter.dateFormat = @"yyyy/MM/dd HH:mm:ss";
            
            for (HKCategorySample *p in results) {
                if (p.value == HKCategoryValueSleepAnalysisInBed) {
                    NSLog(@"躺上床时间: %@", [dateFormatter stringFromDate:
                    p.startDate]);
                } else {
                    NSLog(@"睡着时间: %@ - %@", [dateFormatter stringFromDate:
                    p.startDate], [dateFormatter stringFromDate:p.endDate]);
                }
            }
        }
    }];
    
    // 运行查询
    [healthStore executeQuery:query];
}
```

步骤 05 在适当的地方调用 updateData 与 fetchData 这两个方法。

```
[self updateData];
// 读取睡眠数据
dispatch_async(dispatch_get_main_queue(), ^{
    [self fetchData];
});
```

步骤 06 运行查看结果。

20-4 查询条件设置

难易度 ★☆☆

预备知识：20-2 写入与读取心跳数据　　　　Framework：CloudKit.framework

我们在查询 Health Store 中的数据时，可使用 HKSampleQuery 类中的 initWithSampleType:predicate:limit:sortDescriptors:resultsHandler:方法，其中 predicate 部分就是用来设置查询条件。在上一个单元中（请参考预备知识），predicate 设置为 nil，代表没有任何条件。如果我们想要设置条件，例如只想查看某个时段的数据，我们可以使用 NSPredicate 或 HKQuery 来创建 predicate。

步骤与说明

步骤 01 查询过去 24 小时以内的数据。

```
NSDate *endDate = [NSDate date];
NSDate *startDate = [endDate dateByAddingTimeInterval:-1 * 24 * 60 * 60];

NSPredicate *predicate = [HKQuery predicateForSamplesWithStartDate:
startDate endDate:endDate options:HKQueryOptionNone];
```

步骤 02 查询特定时段内的数据。

```
NSDateFormatter *dateFormatter = [NSDateFormatter new];
dateFormatter.dateFormat = @"yyyy/MM/dd HH:mm:ss";
NSDate *startDate = [dateFormatter dateFromString:@"2014/7/18 0:0:0"];
NSDate *endDate = [dateFormatter dateFromString:@"2014/7/18 23:59:59"];
NSPredicate *predicate = [HKQuery predicateForSamplesWithStartDate:startDate
endDate:endDate options:HKQueryOptionNone];
```

步骤 03 查询心跳大于 100 的数据 I。predicateWithFormat 中的%K 与 %@是很重要的两个参数，%K 代表 key，%@代表 value。相关格式请参考附录 B。

```
HKUnit *heartrateUnit = [[HKUnit countUnit] unitDividedByUnit:[HKUnit
minuteUnit]];
HKQuantity *heartrateQuantity = [HKQuantity quantityWithUnit:
heartrateUnit doubleValue:100];
NSPredicate *predicate = [NSPredicate predicateWithFormat:@"%K > %@",
HKPredicateKeyPathQuantity, heartrateQuantity];
```

步骤 04 查询心跳大于 100 的数据 II。

```
HKUnit *heartrateUnit = [[HKUnit countUnit] unitDividedByUnit:[HKUnit
minuteUnit]];
HKQuantity *heartrateQuantity = [HKQuantity quantityWithUnit:
heartrateUnit doubleValue:100];

NSPredicateOperatorType greaterThan = NSGreaterThanPredicateOperatorType;
NSPredicate *predicate = [HKQuery
predicateForQuantitySamplesWithOperatorType:
greaterThan quantity:heartrateQuantity];
```

20-5 列出最大值、最小值或平均值等统计数据

> 预备知识：20-2 写入与读取心跳数据　　　Framework：HealthKit.framework

想要查找 Health Store 中某个项目的最大值、最小值或是平均值等经由统计运算后的数据，只需要使用 HKStatisticsQuery 就可以了，并不需要把全部的数据取出后再去查找最大值或最小值。使用 HKStatisticsQuery 的条件是仅能使用于 HKQuantityType 类型中的数据，例如心跳、身高、体重这种以数字类型为基础的数据。

步骤与说明

步骤 01 根据预备知识创建 Single View Application 项目。

步骤 02 实现 showStatisticsQuery 这个自定义的方法，在这个方法中我们列出 Health Store 中所记录的所有心跳最小值、最大值与平均值。

```
-(void)showStatisticsQuery
{
    // 设置单位：每分钟几次
    HKUnit *heartrateUnit = [[HKUnit countUnit] unitDividedByUnit:[HKUnit minuteUnit]];
    HKQuantityType *heartrateType = [HKQuantityType quantityTypeForIdentifier:HKQuantityTypeIdentifierHeartRate];

    // 最小心跳
    HKStatisticsQuery *minQuery = [[HKStatisticsQuery alloc] initWithQuantityType:heartrateType quantitySamplePredicate:nil options:HKStatisticsOptionDiscreteMin completionHandler:^(HKStatisticsQuery *query, HKStatistics *result, NSError *error) {
        HKQuantity *quantity = [result minimumQuantity];
        double heartrate = [quantity doubleValueForUnit:heartrateUnit];
        NSLog(@"最小值: %f", heartrate);
    }];
    [healthStore executeQuery:minQuery];

    // 最大心跳
    HKStatisticsQuery *maxQuery = [[HKStatisticsQuery alloc] initWithQuantityType:heartrateType quantitySamplePredicate:nil options:HKStatisticsOptionDiscreteMax completionHandler:^(HKStatisticsQuery *query, HKStatistics *result, NSError *error) {
        HKQuantity *quantity = [result maximumQuantity];
        double heartrate = [quantity doubleValueForUnit:heartrateUnit];
        NSLog(@"最大值: %f", heartrate);
    }];
    [healthStore executeQuery:maxQuery];

    // 平均心跳
    HKStatisticsQuery *avgQuery = [[HKStatisticsQuery alloc] initWithQuantityType:heartrateType quantitySamplePredicate:nil options:HKStatisticsOptionDiscreteAverage completionHandler:
    ^(HKStatisticsQuery *query, HKStatistics *result, NSError *error) {
        HKQuantity *quantity = [result averageQuantity];
        double heartrate = [quantity doubleValueForUnit:heartrateUnit];
        NSLog(@"平均值: %f", heartrate);
    }];
    [healthStore executeQuery:avgQuery];
}
```

步骤 03 找个适合的地方调用 showStatisticsQuery。

```
[self showStatisticsQuery];
```

步骤 04 运行查看结果。

第21章 Extension

从 iOS 8 开始，我们可以自行设计一些 Extension 来扩展其他 App 甚至是 OS 本身不足的部分。Extension 可以让程序员更专注于他们自己拿手的部分，例如一个对图像处理非常擅长的程序员，原本要写一个图像处理 App，可能还要在他的 App 中编写拍照的功能，或是要从原本的相簿中读取照片，并且修改后还要再写回去，为了怕覆盖掉原本的照片，又要换一个文件名或是存到另外一个目录，但他原本只是要写一个功能强大的图像处理 App，拍照功能可能不是他的强项，存盘这些可能也不是他关注的目标，但他的 App 被迫要处理这些部分。现在通过 Photo Editing Extension，他可以完完全全地把心力放在图像处理上，拍照操作就交给专门拍照的 App，当用户想要修改照片时，就从内置的"照片"App 中将照片（或影片）送到这个 Extension 去处理，处理完后的照片会回写到原本的相册中，但不会覆盖掉原本的照片，这个概念有点像是在原本的照片上再加上一个图层，所以用户随时可将修改后的图层删除，照片就恢复原状了。

除了照片编辑的 Extension 外，在 iOS 部分还有另外 6 个 Extension，现列举如下（Mac OS 中还多一个，但未列在此表中）。

Extension 名称	说明
Today	可以将信息显示在推送通知的 Today 分页上，让用户可以不用打开 App 或是解锁设备就可以获得最新的信息，这个 Extension 也称为 widget
Action	Action 可让数据呈现另外一种不同的风貌，例如将一段中文文章传到一个可以进行翻译的 Extension，这段文章就以英文方式呈现
Share	之前如果要将文章或是图片共享到社区网站，除非该社区网站的共享功能被 Apple 内置在 iOS 中（例如 FB 或是新浪微博等），否则数据要上传到该社区网站时只能使用他们自己的 App，现在我们可以通过这个 Extension 来增加原本 iOS 内置的共享对象
Photo Editing	新版的"照片"App 虽然已经有一些照片编辑的功能，但是很简单，如果想要更多的功能，可以写一个 Extension 来扩充不足的部分。可以预期，App Store 上未来会有非常多的这种 Extension 诞生
Document Provider	提供了文件管理功能
Customer Keyboard	这个 Extension 应该是最让人期待的，因为现在可以很容易地新增自行开发的输入法，过去要先 JB，可能要进行一大堆恼人的步骤程序后才能有一个习惯的输入法，以后都不再是问题了

Extension 必须依附在一个 App 中才能运行，所以编写 Extension 时需要先创建一个 App 项目，然后在项目中加入需要的 Extension。方法是：打开项目后在 Xcode 的下拉菜单中的 File 中新增一个 Target，然后就可以看到 Extension 列表。

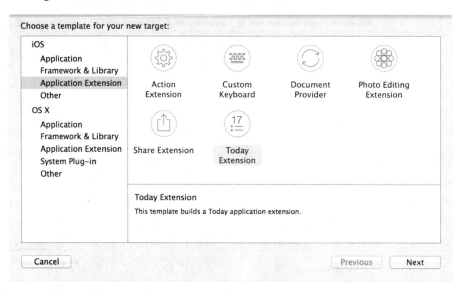

Extension 的生命周期是当用户在 Host App 中选择了某个 Extension 后开始的。所谓的 Host App 就是用户现在正在操作的 App，例如"照片"App 或是"备忘录"App。当 Host App 要求某个 Extension 进行服务时（例如照片 App 要启动 Photo Editing Extension 来为某张照片加上滤镜特效），iOS 会启动那个 Extension，然后就开始运行 Extension 内的程序代码，Extension 结束之后，控制权再次回到 Host App（例如照片 App），然后 iOS 结束这个 Extension。

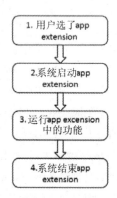

之前提过，每个 Extension 都无法独立存在，它必须依附在一个 App 中，这个被依附的 App 称为 Containing App，调用 Extension 的 App 则称为 Host App。Host App 与 Extension 之间的数据传递是通过 NSExtensionItem 这个对象来进行的。

第 21 章　Extension

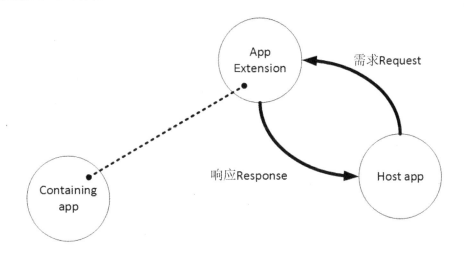

Extension 虽然是依附在 Containing App 之中，但是它们之间是无法直接沟通的，Extension 必须通过 Open URL 的方式启动 Containing App，并且数据传递是通过数据共享区进行交换，也就是设置 Containing App 与 Extension 为同一个 App group。

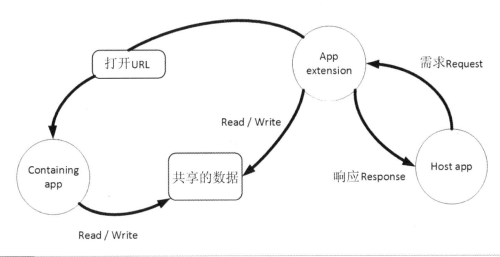

难易度 ★☆☆　21-1　Today——今天

> 预备知识：22-6 App 间的数据共享　　　 > Framework：无

这个 Extension 是将数据显示在下拉列表的"今天"位置。如果原本承载这个 Extension 的 App 要跟 Today Extension 共享数据，方法与两个 App 间数据沟通的方法相同，也就是设置 App 与 Extension 的 App Groups 名称相同即可。

步骤与说明

步骤01　创建 Single View Application 项目。

步骤02　在 Xcode 的下拉菜单中选择 File→New→Target→Application Extension→Today

371

Extension。请将 extension 的名字设置成 MyToday。

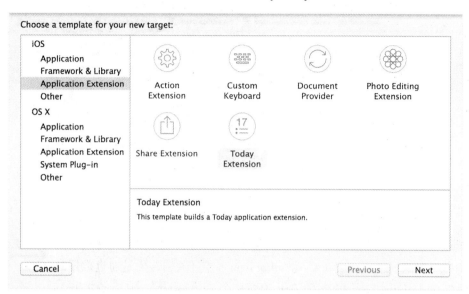

步骤 03 打开 MyToday 的 Storyboard，可以看到 Xcode 已经帮我们预设了 Today View Controller，上面也已经放上了一个 Hello World 的 Label 组件。我们调整一下画面设计，首先将 Label 的右边往左边拉一点，并且单击 Label 组件，然后按一下右下角的三角形图标，选择 Update Constraints。这个步骤是为了将 Label 与右侧边界的 constraint 重新设置为目前的状态。

步骤 04 现在在右边多出来的空间放置一个 Button 组件，然后将按钮的文字改为 More，记得还要设置这个按钮的"上下左右"这 4 个 Constraint。

步骤 05 在 TodayViewController.h 中设置 Hello World 这个 Label 的 IBOutlet 变量，特别提醒

读者，IBOutlet 变量不是我们自己输入的（请参考 3-1 节）。

```
#import <UIKit/UIKit.h>

@interface TodayViewController : UIViewController

@property (weak, nonatomic) IBOutlet UILabel *label;

@end
```

步骤 06 回到原本项目创建的文件（请注意不是 MyToday 这个 Extension），在原本项目的 Supporting Files 文件夹中打开 Info.plist 文件，新增一个 URL Types 项目，然后在这个项目下再新增一个 URL Schemas 项目，输入 todayapp 字符串，目的是为了单击 More 按钮后打开名为 todayapp 的 App。

步骤 07 回到 MyToday，打开 TodayViewController.m。先来处理 More 按钮单击后的操作，同样提醒读者，IBAction 方法并不是我们输入的（请参考 3-1 节）。

```
- (IBAction)moreButton:(id)sender
{
    NSURL *url = [NSURL URLWithString:@"todayapp://"];
    [self.extensionContext openURL:url completionHandler:nil];
}
```

步骤 08 在 widgetPerformUpdateWithCompletionHandler: 方法中，我们将最新时间显示在 Today Extension 上。

```
- (void)widgetPerformUpdateWithCompletionHandler:
(void (^)(NCUpdateResult))completionHandler {
    // Perform any setup necessary in order to update the view.
    
    // If an error is encoutered, use NCUpdateResultFailed
    // If there's no update required, use NCUpdateResultNoData
    // If there's an update, use NCUpdateResultNewData
    
    NSDateFormatter *format = [NSDateFormatter new];
```

```
    [format setDateFormat:@"yyyy/M/d H:m:s"];
    NSDate *now = [NSDate date];
    self.label.text = [format stringFromDate:now];
    
    completionHandler(NCUpdateResultNewData);
}
```

步骤 09 如果现在运行，会发现 Label 组件左边会空出比较多的空间，导致画面不好看，所以我们实现 widgetMarginInsetsForProposedMarginInsets:方法，在这个方法中重新调整左侧边界的距离。

```
-(UIEdgeInsets)widgetMarginInsetsForProposedMarginInsets:
(UIEdgeInsets)defaultMarginInsets
{
    UIEdgeInsets newInset = defaultMarginInsets;
    newInset.left -= 30;
    return newInset;
}
```

步骤 10 运行查看结果。

21-2 Action——动作

难易度 ★★☆　　预备知识：无　　Framework：无

Action 这个 Extension 的目的是让其他的 App 可以发送数据到具有 Action Extension 的 App 中去处理。例如可在"照片" App 中挑选一张照片发送到另外一个 App 中去进行特效处理，或是将某一段文字送到另外一个 App 中，使用不同的格式显示（例如另外一种语言）。Xcode 默认产生的 Action Extension 提供了显示照片的功能，也就是让照片 App 中的照片可以传送过来显示。

第 21 章　Extension

在本节中我们要创建两个 App，其中名为 SomeApp 的 App 负责将一段小写字符串传送到 Action Extension App 中，转换成大写字母后再返回给 SomeApp。

步骤与说明

步骤 01　创建 Single View Application 项目。

步骤 02　在项目中创建 Action Extension，创建方式请参考第 21.1 节，名称命名为 MyAction。

步骤 03　打开 MyAction 的 Info.plist，展开 NSExtension 项目，在这个项目中有负责向 OS 注册 Action 能够提供哪些服务类型的信息，其中包括了文件、图片、文字、图像与网址共 5 种。这里请将 NSExtensionActivationSupportsText 项目设置为 YES，让 Extension 提供文字服务。另外可以看到 NSExtensionActivationSupportsImageWithMaxCount 项目设置为 1，代表可以一次接收一张图片。请读者特别留意，Xcode 在这部分默认产生的 NSExtensionActivatonRule 类型为 String，其值为 TRUEPREDICATE，代表所有类型全部支持，但是这个只能使用于开发时期，如果 App 要上架，一定要删除 TRUEPREDICATE，并将类型改为 Dictonary，然后根据需要自行输入可支持的类型（请参考下图），如果不这样做，Apple 在其官方文件上已警告，此 App 会被拒绝上架。

Key	Type	Value
▼ Information Property List	Dictionary	(11 items)
Localization native development region	String	en
Bundle display name	String	MyAction
Executable file	String	$(EXECUTABLE_NAME)
Bundle identifier	String	com.ckk.ActionExtension.$(PRODUCT_NAME:rfc
InfoDictionary version	String	6.0
Bundle name	String	$(PRODUCT_NAME)
Bundle OS Type code	String	XPC!
Bundle versions string, short	String	1.0
Bundle creator OS Type code	String	????
Bundle version	String	1
▼ NSExtension	Dictionary	(3 items)
▼ NSExtensionAttributes	Dictionary	(3 items)
▼ NSExtensionActivationRule	Dictionary	(5 items)
NSExtensionActivationSupportsFileWithMaxCount	Number	0
NSExtensionActivationSupportsImageWithMaxCount	Number	1
NSExtensionActivationSupportsMovieWithMaxCount	Number	0
NSExtensionActivationSupportsText	Boolean	YES
NSExtensionActivationSupportsWebURLWithMaxCount	Number	0
NSExtensionPointName	String	com.apple.ui-services
NSExtensionPointVersion	String	1.0
NSExtensionMainStoryboard	String	MainInterface
NSExtensionPointIdentifier	String	com.apple.ui-services

步骤 04　打开 ActionViewController.h，声明一个 myString 变量，负责存储 SomeApp 传送过来的字符串。

```
#import <UIKit/UIKit.h>

@interface ActionViewController : UIViewController
{
    NSString *myString;
}
@end
```

375

步骤 05 打开 ActionViewControllr.m，在 viewDidLoad 方法中可以看到 Xcode 已经产生了一些程序代码，这些程序代码的用途就是从传进来的参数中将图片取出并且显示在 UIImageView 组件上，在 MyAction 的 Storyboard 上可以看到这个组件。我们重写这段程序代码，让原本从参数中取出图片改为取出文字。kUTTypeText 就是要取出文字类型的数据，建议读者在这个参数上按住鼠标右键后选择 Jump to Definition，看看还有哪些参数，例如为图片的话就是 kUTTypeImage。

```
- (void)viewDidLoad {
    [super viewDidLoad];
    
    // 所有要通过 Action Extension I/O 的数据都被封装成 NSExtensionItem
    // 传进来的数据会放在 inputItems 数组中
    for (NSExtensionItem *item in self.extensionContext.inputItems) {
        // 实际数据会放在 attachments 数组中
        for (NSItemProvider *itemProvider in item.attachments) {
            // 判别只要从 attachments 数组中取出 kUTTypeText 类型（也就是文字）的数据
            if ([itemProvider hasItemConformingToTypeIdentifier:
                (NSString *)kUTTypeText]) {
                [itemProvider loadItemForTypeIdentifier:
                (NSString *)kUTTypeText options:nil completionHandler:
                ^(NSString * text, NSError *error) {
                    if (! error) {
                        // 全部转换为大写后指定给 myString
                        myString = [text uppercaseString];
                    }
                }];
                break;
            }
        }
    }
}
```

步骤 06 我们在 MyExtension 的 Storyboard 中会看到一个 done 按钮，这个按钮会触发 done 的 IBAction 方法，这些已经是 Xcode 帮我们产生的，直接利用即可。在 done 方法中，我们将 myString 中的大写字母封装成 NSExtensionItem 后返回给 HostApp（补充说明：原本在 done 按钮中默认的那行程序代码只是原封不动地将收到的数据再传回去）。

```
- (IBAction)done {
    // Return any edited content to the host app.
    
    NSExtensionItem *outputItem = [NSExtensionItem new];
    NSItemProvider *item = [[NSItemProvider alloc] initWithItem:
    myString typeIdentifier:(NSString *)kUTTypeText];
    outputItem.attachments = @[item];
    NSArray *outputItems = @[outputItem];
```

第 21 章 Extension

```
    [self.extensionContext completeRequestReturningItems:
    outputItems completionHandler:nil];
}
```

步骤07 到这边可以先来运行一下，让 MyAction 这个 Extension 在 iOS 中注册。

步骤08 创建另一个 Single View Application 项目，这个项目就是要来开发 SomeApp。

步骤09 打开 Storyboard，在 View Controller 上加入一个 Text Field 与 Button 组件。

步骤10 在 ViewController.h 中先导入 MobileCoreServices.h 头文件，并且设置 Text Field 的 IBOutlet 变量。

```
#import <UIKit/UIKit.h>
#import <MobileCoreServices/MobileCoreServices.h>

@interface ViewController : UIViewController

@property (weak, nonatomic) IBOutlet UITextField *myText;

@end
```

步骤11 打开 ViewController.m，设置 Button 的 IBAction 方法。

```
- (IBAction)onClick:(id)sender
{
    // 初始化一个 Activety View Controller
    UIActivityViewController *vc = [[UIActivityViewController alloc]
    initWithActivityItems:@[self.myText.text] applicationActivities:nil];

    [vc setCompletionWithItemsHandler:^(NSString *activityType, BOOL
    completed, NSArray *returnedItems, NSError *activityError) {
        // 接收从 MyAction 传回来的数据（全部大写的字符串）
        NSExtensionItem *item = [returnedItems firstObject];
        NSItemProvider *itemProvider = [item.attachments firstObject];
        [itemProvider loadItemForTypeIdentifier:(NSString *)kUTTypeText
        options:nil completionHandler:^(NSString * text, NSError *error) {
            dispatch_async(dispatch_get_main_queue(), ^{
                self.myText.text = text;
            });
        }];
    }];

    [self presentViewController:vc animated:YES completion:nil];
}
```

步骤12 运行查看结果。随意输入小写字符串后单击按钮，打开 Activity 窗口后单击 More 按钮将 MyAction 打开，然后单击 MyAction，在 MyAction 打开后单击 done 按钮，会发现刚刚输入的小写字符串全部改为大写了。

21-3 Share——共享

> 预备知识：21-2 Action——操作　　　> Framework：无

共享这个功能是让用户可以将文字或是图片等数据，发送到另一个 App 后共享到其他的地方，例如社区网站。过去 iOS 仅提供它们允许的 App 共享其他 App 的数据，例如"信息"、"邮件"、Twitter、Facebook 等，现在 iOS 可以让我们编写自己的"共享 App"，换句话说，如果我们有一个自己架设的社区网站，我们就可以编写一个这样的 App，让其他的 App 可以将数据通过我们写的"共享 App"共享到我们架设的社区网站上。

步骤与说明

步骤 01　创建 Single View Application 项目。

步骤 02　在项目中创建 Action 的 Extension Target 并命名为 MyShare。

步骤 03　打开 MyShare 的 Info.plist，展开 NSExtension 后将 NSExtensionActivationSupportsText 设置为 YES，例如"备忘录"App 可以将数据共享给这个 App。此部分请读者务必参考预备知识的第 3 步说明。

步骤 04　打开 ShareViewController.m，didSelectPost 方法是当用户单击 Post 按钮后会调用的，我们就在这个方法中取得用户要共享的数据，并且上传到我们的社区网站。self.contentText 用于存放用户要共享的文字，其余要共享的图片或是影片等数据，可以通过 NSExtensionItem 中的 attachments 属性取得，这部分请参考预备知识。以下这段程序代码主要是将 input 进来的数据再原封不动地传回原本的 App，当然也可以不传。

```
- (void)didSelectPost {
    // This is called after the user selects Post.
    // Do the upload of contentText and/or NSExtensionContext attachments.
    NSExtensionItem *inputItem =
    self.extensionContext.inputItems.firstObject;
```

```
    NSExtensionItem *outputItem = [inputItem copy];
    outputItem.attributedContentText = [[NSAttributedString alloc]
    initWithString:self.contentText attributes:nil];

    NSLog(@"User input: %@", self.contentText);

    // Inform the host that we're done, so it un-blocks its UI. Note:
    // Alternatively you could call super's -didSelectPost,
    // which will similarly complete the extension context.
    NSArray *outputItems = @[outputItem];

    [self.extensionContext completeRequestReturningItems:
    outputItems completionHandler:nil];
}
```

步骤 05　另外在 ShareViewController.m 中可以看到 Xcode 已帮我们实现了 isContentValid 这个方法，这个方法是当共享数据的文字有变动时被调用，所以我们可以在这个方法中对资料做一些检查，然后决定 Post 按钮是否被按下，或是通过 charactersRemaining 属性告诉用户还可以输入几个字。

```
- (BOOL)isContentValid {
    // Do validation of contentText and/or NSExtensionContext attachments here
    NSInteger messageLength = [[self.contentText
    stringByTrimmingCharactersInSet:[NSCharacterSet
    whitespaceCharacterSet]] length];
    NSInteger charactersRemaining = 100 - messageLength;
    self.charactersRemaining = @(charactersRemaining);

    if (charactersRemaining >= 0) {
        return YES;
    }

    return NO;
}
```

步骤 06　运行查看结果。运行后可以从"备忘录"或是"照片" App 中共享数据。

21-4 PhotoEditing——照片编辑

难易度 ★★

> 预备知识：22-15 让照片套用滤镜特效   > Framework：无

步骤与说明

步骤 01 创建 Single View Application 项目。

步骤 02 在项目中加入 Photo Editing 的 Extension，并命名为 MyPhoto。

步骤 03 打开 MyPhoto 的 Storyboard，将默认的 Hello World 标签移除，加入一个 Image View 以及两个 Button，这两个 Button 分别标识为"褐色"与"宝丽莱"，代表可以让照片加上这两种不同的滤镜效果。

步骤 04 打开 PhotoEditingViewController.h，声明一个存放滤镜名称的变量以及 Storyboard 上 Image View 的 IBOutlet 变量。

```
#import <UIKit/UIKit.h>

@interface PhotoEditingViewController : UIViewController
{
    NSString *filterName;
}
@property (weak, nonatomic) IBOutlet UIImageView *myImg;
@end
```

步骤 05 打开 PhotoEditingViewController.m，在 canHandleAdjustmentData:这个方法中，我们先利用传进来的参数 adjustmentData 中的 formatIdentifier 与 formatVersion 来判定这张图片上的滤镜等特效是否能被 extension 处理，如果能处理就返回 YES，如果不能处理就返回 NO。这两个属性是在图片修改后要存盘前写入的，所以如果一张图片的这两个属性值跟当初存盘时写入的一样，在逻辑上可视为这张图片上的滤镜特效是这个 extension 可以处理的，于是返回 YES。

```objc
- (BOOL)canHandleAdjustmentData:(PHAdjustmentData *)adjustmentData {
    BOOL result = [adjustmentData.formatIdentifier
    isEqualToString:@"ckk.photoeditor"];
    result &= [adjustmentData.formatVersion isEqualToString:@"1.0"];
    return result;
}
```

步骤 06 在 startContentEditingWithInput: placeholderImage:方法中，如果 canHandleAdjustmentData:方法返回 YES，那么参数 contentEditingInput 包含了未修改过的原始图片以及加上去的滤镜名称，如果 canHandleAdjustmentData: 方法返回 NO，那么参数 contentEditingInput 中包含的图片是最后一次修改完的图片，所以在这个方法中，我们先取得照片上的特效名称，如果照片上有加特效，就调用我们自己写的 showImage 方法，否则就将照片直接显示在 Image View 上。

```objc
- (void)startContentEditingWithInput:(PHContentEditingInput
*)contentEditingInput placeholderImage:(UIImage *)placeholderImage {
    PHAdjustmentData *adjustmentData = contentEditingInput.adjustmentData;
    filterName = [NSKeyedUnarchiver
    unarchiveObjectWithData:adjustmentData.data];
    self.input = contentEditingInput;

    if (filterName) {
        [self showImage];
    } else {
        self.myImg.image = contentEditingInput.displaySizeImage;
    }
}
```

步骤 07 参考预备知识，在图片上加上特效。

```objc
-(void)showImage
{
    CIImage *inputImg = [CIImage imageWithCGImage:self.input.
    displaySizeImage.CGImage];
    CIFilter *filter = [CIFilter filterWithName:filterName];
    [filter setDefaults];
    [filter setValue:inputImg forKey:kCIInputImageKey];

    CIImage *outputImg = filter.outputImage;
    CIContext *context = [CIContext contextWithOptions:nil];
    CGImageRef imageRef = [context createCGImage:outputImg fromRect:
    outputImg.extent];

    UIImage *image = [UIImage imageWithCGImage:imageRef];

    self.myImg.image = image;
}
```

步骤 08 设置两个滤镜按钮的 IBAction 方法，我们先在 Storyboard 上指定这两个按钮的 Tag

属性值，然后将这两个按钮的 IBAction 方法指向同一个。最后要记住调用 showImage 方法来显示图片。

```objc
- (IBAction)imageFilter:(UIButton *)sender
{
    switch (sender.tag) {
        case 0:
            filterName = @"CISepiaTone";
            break;

        case 1:
            filterName = @"CIPhotoEffectInstant";
    }

    [self showImage];
}
```

步骤 09 在 finishContentEditingWithCompletionHandler:方法中，我们将图片以及加上去的特效保存，特效的识别码（formatIdentifier）与版本编号（formatVersion）的值就是在这个时候指定的。

```objc
- (void)finishContentEditingWithCompletionHandler:
(void (^)(PHContentEditingOutput *))completionHandler {
    // Update UI to reflect that editing has finished and output
    // is being rendered.

    // Render and provide output on a background queue.
    dispatch_async(dispatch_get_global_queue(DISPATCH_QUEUE_PRIORITY_DEFAULT, 0),^{
        // Create editing output from the editing input.
        PHContentEditingOutput *output = [[PHContentEditingOutput alloc]
        initWithContentEditingInput:self.input];

        // Provide new adjustments and render output to given location.
        NSData *archivedData = [NSKeyedArchiver archivedDataWithRootObject:
        filterName];
        PHAdjustmentData *adjustmentData = [[PHAdjustmentData alloc]
        initWithFormatIdentifier:@"ckk.photoeditor" formatVersion:@"1.0"
        data:archivedData];
        output.adjustmentData = adjustmentData;

        NSData *renderedJPEGData = UIImageJPEGRepresentation(self.myImg.image, 0.9f);
        [renderedJPEGData writeToURL:output.renderedContentURL atomically:YES];

        // Call completion handler to commit edit to Photos.
        completionHandler(output);

        // Clean up temporary files, etc.
    });
}
```

第 21 章 Extension

步骤 10　运行查看结果。运行后打开"照片"App，挑一张照片编辑它，进入编辑模式后单击左上角一个圆圈中有三个点的图标，然后可以看到这个项目已经出现在列表中了，单击即可。

难易度 ★★★　21-5　Document Provider——文件管理

> 预备知识：无　　> Framework：无

Document Provider Extension 是用来扩展 UIDocumentPickerViewController 这个类，而这个类让我们可以很容易地选取自己沙盒外的文件。它其实原本用来访问 iCloud 上的文件，但是通过 Document Provider Extension，我们就可以自己创建一个类似 iCloud 的云文件存储中心，然后通过 UIDocumentPickerViewController 来访问我们自己的云端文件，就像访问 iCloud 文件一样方便。除了 UIDocumentPickerViewController 类之外，同样也可以使用 UIDocumentMenuViewController，目的是为了可以产生 popover 视图。

如同 Action Extension 一样，我们要创建两个 App：一个是 Host App 负责启动 UIDocumentPickerViewController；另一个 App 负责提供 Extension。Document Picker View Controller 对文件管理有 4 种功能：open、import、export 与 move，分别表示打开、导入、导出与移动。

步骤与说明

步骤 01　创建 Single View Application 项目。

步骤 02　在项目中增加 Document Provider Extension，命名为 MyDocument。在创建的过程中，Xcode 还会再产生一个名称为 MyDocumentFileProvider 的 Extension，负责处理 Document Picker View Controller 的 open 与 import 功能。一般来说，除非有特别需要，不然不需要修改 FileProvider 的内容。

步骤 03　打开 MyDocument 中的 DocumentPickerViewController.m，找到 prepareForPresentationInMode:

方法，这个方法是在 Host App 中通过 UIDocumentPickerViewController 启动 Extension 后调用的，我们可以通过传进来的参数来判定用户要对文件进行 open、import、export 还是 move 等操作。不同的功能如果要显示不同的用户界面，可以在这个方法中加载 Storyboard 中不同的 View Controller 或是 xib 文件。为了简化说明，我们只在这个方法中处理 Export 功能。Export 基本上就是将 Host App 中的文件导入到这个 Extension 并存储起来，所以我们先取得原始文件的 url 以及 Extension 存储区的 url 后，执行 copyItemAtURL 命令即可。特别需要说明的是，不论要 Export 进来的文件名是什么，我们一律存储为 Untitled.txt，这个是为了配合 Xcode 所产生的程序代码，我们不想修改太多以免读者越看越混乱。

```objc
-(void)prepareForPresentationInMode:(UIDocumentPickerMode)mode {
    // TODO: present a view controller appropriate for picker mode here
    NSFileManager *fm = [NSFileManager defaultManager];
    NSURL *src = self.originalURL;
    NSURL *dst = [self.documentStorageURL
    URLByAppendingPathComponent:@"Untitled.txt"];
    NSError *error;
    
    if (mode == UIDocumentPickerModeExportToService) {
        if ([fm fileExistsAtPath:[dst path]]) {
            [fm removeItemAtURL:dst error:nil];
        }
        
        [fm copyItemAtURL:src toURL:dst error:&error];
        if (error) {
            NSLog(@"export error: %@", error);
        } else {
            UIAlertController *alertController = [UIAlertController
            alertControllerWithTitle:@"信息" message:@"导出文件完成，
            请单击右上角 Done。" preferredStyle:UIAlertControllerStyleAlert];
            UIAlertAction *okAction = [UIAlertAction actionWithTitle:@"确定"
            style:UIAlertActionStyleDefault handler:^(UIAlertAction *action) {
                [self dismissViewControllerAnimated:YES completion:nil];
            }];
            [alertController addAction:okAction];
            [self presentViewController:alertController animated:
            YES completion:nil];
        }
    }
}
```

步骤 04 找到 openDocument:这个 IBAction 方法，并请读者观察 MyDocument 的 Storyboard，Xcode 帮我们在默认的 View Controller 上加了一个 Button，Button 上显示 Untitled.txt，openDocument:方法就是这个 Button 单击后运行的。这个方法中的两行程序代码，第一行用于取得 Untitled.txt 在存储中心的 URL 路径，最后一行调用了

dismissGrantingAccessToURL:方法，这个方法是把 URL 路径返回给 Host App 并且结束 Extension。这里我们不需要修改任何程序。单击这个按钮的时机是当 Host App 要求打开（open）Untitled.txt 文件时，如果是 export 就不要单击这个按钮。

```objc
- (IBAction)openDocument:(id)sender {
    NSURL* documentURL =
    [self.documentStorageURL URLByAppendingPathComponent:@"Untitled.txt"];
    
    // TODO: if you do not have a corresponding file provider,
    // you must ensure that the URL returned here is backed by a file
    [self dismissGrantingAccessToURL:documentURL];
}
```

步骤 05　运行这个 App，让 Extension 先在系统中注册一下。

步骤 06　现在要开始创建 Host App，创建一个新的 Single View Application 项目。

步骤 07　在 Capabilities 页面打开这个项目的 iCloud 功能，并且勾选 iCloud Documents。设置 Info.plist 文件中的 Key 字段 NSUbiquitousContainerIsDocumentScopePublic，类型为 BOOL，值为 YES。

步骤 08　将一个文本文件加入项目中，并且随意输入一些内容并保存。

步骤 09　打开 Storyboard，在 View Controller 上放置两个 Button：一个标识为 Export，另一个标识为 Open，然后加一个 Text View。

步骤 10　打开 ViewController.h，先导入 MobileCoreServices.h 头文件，因为此头文件定义了文件类型常量。声明一个变量，用来存储从 Extension 返回要打开的文件 URL。View Controller 必须要符合 <UIDocumentPickerDelegate> 协议，最后设置 Text View 组件的 IBOutlet 变量。

```objc
#import <UIKit/UIKit.h>
#import <MobileCoreServices/MobileCoreServices.h>
```

```objc
@interface ViewController : UIViewController <UIDocumentPickerDelegate>
{
    NSURL *documentURL;
}

@property (weak, nonatomic) IBOutlet UITextView *myText;

@end
```

步骤 11 打开 ViewController.m，在 viewDidLoad 中取得项目之后要导出到 Extension 的文字文件路径。

```objc
- (void)viewDidLoad {
    [super viewDidLoad];
    // Do any additional setup after loading the view, typically from a nib.
    documentURL = [[NSBundle mainBundle] URLForResource:
    @"readme" withExtension:@"txt"];
}
```

步骤 12 实现 Export 按钮单击后的 IBAction 方法。

```objc
- (IBAction)exportButton:(id)sender
{
    UIDocumentPickerViewController *picker =
    [[UIDocumentPickerViewController alloc] initWithURL:
    documentURL inMode:UIDocumentPickerModeExportToService];
    
    picker.delegate = self;
    [self showViewController:picker sender:self];
}
```

步骤 13 实现 Open 按钮单击后的 IBAction 方法。

```objc
- (IBAction)openButton:(id)sender
{
    UIDocumentPickerViewController *picker =
    [[UIDocumentPickerViewController alloc] initWithDocumentTypes
    :@[(NSString *)kUTTypeText] inMode:UIDocumentPickerModeOpen];
    picker.delegate = self;
    [self showViewController:picker sender:self];
}
```

步骤 14 实现 documentPicker: didPickDocumentAtURL:方法，这个方法会在 Extenstion 调用 dismissGrantingAccessToURL:后运行（请参考第 4 步）。

```objc
-(void)documentPicker:(UIDocumentPickerViewController *)
controller didPickDocumentAtURL:(NSURL *)url
{
    NSError *error;
    NSString *text = [[NSString alloc] initWithContentsOfURL:
```

```
      url encoding:NSUTF8StringEncoding error:&error];
    if (error) {
       NSLog(@"open file error: %@", error);
    } else {
       self.myText.text = text;
    }
  }
```

步骤 15　运行查看结果。运行后先单击 Export 按钮，如果是第一次运行这个 App，请在 Document Picker View Controller 中的左上角单击"位置"按钮（英文是 Locations），选择 More 后打开 MyDocument。选择 Done 之后再单击 Export 按钮，应该就可以看到 MyDocument 出现在列表中了。

21-6　Keyboard——键盘

难易度 ★★★

> 预备知识：无　　　> Framework：无

大家期盼已久的输入法，Apple 在 iOS 8 中开放给第三方开发了。许多大家耳熟能详的中文输入，或许都有机会在 iOS 上看到了，我认为这是 iOS 8 最有价值的一个 Extension。

步骤与说明

步骤 01　创建 Single View Application 项目。

步骤 02　在项目中加入 Custom Keyboard 的 Target 并且命名为 MyKeyboard。

步骤 03　打开 MyKeyboard 的 Info.plist，将 Bundle display name 改为"我的输入法"，然后展开 NSExtension NSExtensionAttributes PrimaryLanguage，将 en-US 改为 zh-Hant，这样可以在输入法的副标题位置显示"中文"两个字，原本的 en-US 会显示为"英文"。

步骤 04 在 MyKeyboard Target 中新增一个类型为 View 的 xib 文件。方法是在 Xcode 中单击 MyKeyboard 文件夹→单击鼠标右键→New File…→iOS User Interface View, xib 文件的名称就维持默认值即可。

步骤 05 打开 xib 文件，添加几个 button 到 View 上，其中 A、B、C、D 这 4 个按钮就是输出 A、B、C、D 这 4 个字母（我们这个输入法只能输出 A、B、C、D），另外加上一个 delete 键以及一个"下一个输入法"按钮。请特别注意，Apple 要求自定义键盘一定要有"下一个输入法"这个按钮，否则用户切换到自定义输入法后就无法切换到其他的输入法。最后在 Attributes 面板上设置这 6 个按钮的 Tag 值，用来辨别用户按下哪一个键。

步骤 06 打开 KeyboardViewController.h，我们自定义一个 enum，用来管理 Key Code，其实就是根据每个按钮的 Tag 给这个按钮一个名称。

```
#import <UIKit/UIKit.h>

@interface KeyboardViewController : UIInputViewController

@end

typedef enum
{
    KeyNextInput   = 0,
    KeyA           = 1,
    KeyB           = 2,
    KeyC           = 3,
    KeyD           = 4,
    KeyDelete      = 99
} KeyCode;
```

步骤 07 打开 KeyboardViewController.m，在 viewDidLoad 方法中加载 View.xib 文件，并且为每个按钮加上 IBAction 方法，名称设置为 keyPress。

```
- (void)viewDidLoad {
```

```objc
    [super viewDidLoad];
    
    UIView *inputView = [[[NSBundle mainBundle] loadNibNamed:
    @"View" owner:self options:nil] firstObject];
    [self.inputView addSubview:inputView];
    
    for (id p in inputView.subviews) {
        if ([p isKindOfClass:[UIButton class]]) {
            [p addTarget:self action:@selector(keyPress:)
            forControlEvents:UIControlEventTouchUpInside];
        }
    }
}
```

步骤 08 实现 viewDidAppear:方法,在这个方法中可以改变自定义输入法画面的高度,这段程序代码为官方提供,我们直接复制、粘贴即可。

```objc
-(void)viewDidAppear:(BOOL)animated
{
    CGFloat _expandedHeight = 200;
    NSLayoutConstraint *_heightConstraint =
    [NSLayoutConstraint constraintWithItem: self.view
                        attribute: NSLayoutAttributeHeight
                        relatedBy: NSLayoutRelationEqual
                           toItem: nil
                        attribute: NSLayoutAttributeNotAnAttribute
                       multiplier: 0.0
                         constant: _expandedHeight];
    [self.view addConstraint:_heightConstraint];
}
```

步骤 09 自己实现 keyPress:方法,该方法是当每一个按钮被触发后调用的,在这个方法中判断用户按下哪一个按钮后输出对应的字符或字符串即可,其中 advanceToNextInputMode 方法用来切换到下一个输入法,目前切换输入法只有这一个方法可以调用,另外 Delete 键则是调用 deleteBackward 方法。

```objc
-(IBAction)keyPress:(UIButton *)sender
{
    switch (sender.tag) {
        case KeyNextInput:
            [self advanceToNextInputMode];
            break;
            
        case KeyA:
            [self.textDocumentProxy insertText:@"A"];
            break;
            
        case KeyB:
            [self.textDocumentProxy insertText:@"B"];
            break;
```

```
        case KeyC:
            [self.textDocumentProxy insertText:@"C"];
            break;
            
        case KeyD:
            [self.textDocumentProxy insertText:@"D"];
            break;
            
        case KeyDelete:
            [self.textDocumentProxy deleteBackward];
            break;
            
        default:
            break;
    }
}
```

步骤 10　在这个项目的 Storyboard 上放置一个 Text Field，用来启动我们的输入法。

步骤 11　运行查看结果。第一次运行后，需要在"系统"中加入这个输入法。

第22章 其 他

至此，虽然无法完全涵盖 iOS 程序设计过程中可能遇到的困境，但是就一般需求而言，尚能提供参考方向。然而，在回头审视本书架构的过程中发现，事实上仍然有一些主题可供讨论。在历经几番思索后，觉得如果因主题无法归类以及篇幅不足以成为一章，而排除它们进入本书的机会，实属可惜。再者，损及读者权益之事更有违本书的立意。因此，不只是因为不想有遗珠之憾，更是为了读者的福祉，决定将无法归类以及篇幅尚不足以成为一章的主题统一编在这一章中。

另外，在此也想提醒读者，本章虽然名为"其他"，并不代表它在本书的重要性低于其余各章。它的内容也很重要，例如与时间日期有关的处理，或是多语言的处理等，在很多地方都会遇到或是想要处理这类问题，这类问题都可以在本章中找到参考方向。

22-1 从 View 中调用 AppDelegate 方法

难易度 ★☆☆

> 预备知识：无　　> Framework：无

在某些情况下，我们会将方法写在 AppDelegate 中，然后让 ViewController 可以调用。

步骤与说明

步骤 01　创建 Single View Application 项目。

步骤 02　在 AppDelegate.h 中声明一个用户自定义的方法。

```
#import <UIKit/UIKit.h>

@interface AppDelegate : UIResponder <UIApplicationDelegate>

@property (strong, nonatomic) UIWindow *window;

-(NSInteger)add:(NSInteger)x value:(NSInteger)y;

@end
```

步骤 03　在 AppDelegate.m 中实现这个方法。

```
-(NSInteger)add:(NSInteger)x value:(NSInteger)y
```

```
{
    return x + y;
}
```

步骤 04 打开 ViewController.m，导入 AppDelegate.h 头文件。

```
#import "AppDelegate.h"
```

步骤 05 在 ViewController.m 的 viewDidLoad 方法中调用 AppDelegate 中的方法。

```
- (void)viewDidLoad
{
    [super viewDidLoad];

    AppDelegate *app = (AppDelegate *)[[UIApplication sharedApplication]
                      delegate];
    NSLog(@"%d", [app add:5 value:3]);
}
```

步骤 06 运行查看结果。

```
CallDelegateMethod[992:11303] 8
```

22-2 取得电池状态

难易度 ★★★

> 预备知识：无   > Framework：无

通过 UIDevice 类可以得到目前设备的一些信息，例如设备名称、操作系统版本以及电池状态等。如果要得知电池的状态，必须先打开"电池状态监视"的开关，否则读不到电池的状态。

步骤与说明

步骤 01 创建 Single View Application 项目。

步骤 02 打开 ViewController.m，在 viewDidLoad 方法中先将电池状态监视属性设为 YES，然后通过 batteryLevel 就可以得到目前电池的剩余电力；而 batteryState 属性可以知道设备目前是否在充电或是电力已满。

```
- (void)viewDidLoad
{
    [super viewDidLoad];

    // 打开电池状态监视开关
    [UIDevice currentDevice].batteryMonitoringEnabled = YES;
    // 取得目前电力，如果得到-1，代表未打开电池状态监视
    NSLog(@"Battery Level: %3.0f%%", [UIDevice
        currentDevice].batteryLevel * 100);

    // 取得目前电池状态
    switch ([UIDevice currentDevice].batteryState) {
        case UIDeviceBatteryStateUnknown:
            NSLog(@"无法读取电池状态");
            break;

        case UIDeviceBatteryStateUnplugged:
```

```
            NSLog(@"未充电");
            break;

        case UIDeviceBatteryStateCharging:
            NSLog(@"充电中");
            break;

        case UIDeviceBatteryStateFull:
            NSLog(@"电力已满");
            break;
    }
}
```

步骤03 运行查看结果。

```
BatteryInfo[924:907] Battery Level: 40%
BatteryInfo[924:907] 充电中
```

22-3 打开机背的 LED

难易度 ★★★

> 预备知识：无   > Framework：AVFoundation.framework

　　iPhone 机背的 LED（有些机型没有）通常与相机快门配合，然后拿来当相机的闪光灯使用。但我们也可以拿来当手电筒使用，只要将 LED 灯一直打开着，这时手机就相当于是个手电筒会一直发光。其实相机、相机的快门、焦距或是 LED 等这些硬件设备都被包括在 AVCaptureDevice 类中，我们可以通过这个类对这些硬件获取设备做更进一步的控制，例如在不打开相机的情况下让 LED 恒亮。

步骤与说明

步骤01 创建 Single View Application 项目

步骤02 将 AVFoundation.framework 加入此项目。

步骤03 从组件库中拖放一个 Switch 组件到 Storyboard 上，用来作为 LED 的开关，并且将此 Switch 的默认值设置为 Off。

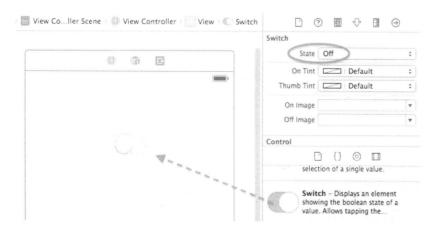

步骤04 打开 ViewController.h，导入 AVFoundation.h 头文件。

```
#import <UIKit/UIKit.h>
#import <AVFoundation/AVFoundation.h>

@interface ViewController : UIViewController

@end
```

步骤 05 在 ViewController.m 中创建 Switch 组件的 IBAction 方法，记得要将传进去的参数 sender 类型由 id 改为 UISwitch *。在这个方法中用循环检查移动设备上所有的获取设备是否为"手电筒"，然后检查该设备是否支持 LED 恒亮。最后要修改系统设置值之前，必须先锁定，以确保同一时间只会有一个程序在修改。最后根据 Switch 组件的状态来设置手电筒的状态。属性 touchMode 的值应设置为 AVCaptureTorchModeOff 或是 AVCaptureTorchModeOn，但是因为这个值跟 Switch 组件的 on 属性的返回值一样，所以我们为了程序的运行效率，就直接将 Switch 组件的 on 属性与 touchMode 连接在一起，这样就可以少写一个条件判断。

```
- (IBAction)switchOnOff:(UISwitch *)sender
{
    // 取得设备上的所有截取设备
    NSArray *array = [AVCaptureDevice devices];
    
    for (AVCaptureDevice *p in array) {
        // 判断此设备是否是"手电筒"
        if ([p hasTorch]) {
            // 判断设备是否支持 LED 恒亮
            if ([p isFlashModeSupported:AVCaptureTorchModeOn]) {
                // 修改设备设置值之前必须先锁定，以确保同一时间只会有一个程序在修改
                if ([p lockForConfiguration:nil]) {
                    // 根据 switch 组件的状态来设置手电筒的状态
                    p.torchMode = sender.on;
                }
                // 修改完解除锁定
                [p unlockForConfiguration];
            }
        }
    }
}
```

步骤 06 在 iPhone 上运行查看结果。

22-4 拨打电话

难易度 ★★★

> 预备知识：无   > Framework：无

让 iPhone 拨打电话很简单，只要将 tel://123456 这样的字符串交给 openURL 方法去运行就可以了。

步骤与说明

步骤 01 创建 Single View Application 项目。

步骤 02 打开 ViewController.m，在 viewDidLoad 方法中使用 openURL 方法去打开以"tel://"

开头的字符串，iPhone 就会自动开始拨号。

```
- (void)viewDidLoad
{
    [super viewDidLoad];

    NSURL *url = [NSURL URLWithString:@"tel://123456"];
    [[UIApplication sharedApplication] openURL:url];
}
```

步骤 03　运行查看结果。

22-5　E-mail

> 预备知识：无　　　Framework：无

移动设备发送 E-mail 很容易，只要准备好以 mailto:开头的字符串，然后交给 openURL 方法就可以了。

步骤与说明

步骤 01　创建 Single View Application 项目。

步骤 02　打开 ViewController.m，在 viewDidLoad 方法中将 mailto:字符串准备好，然后发信。

```
- (void)viewDidLoad
{
    [super viewDidLoad];
 // Do any additional setup after loading the view, typically from a nib.

    NSString *to = @"to@email.com";
    NSString *subject = @"TEST";
    NSString *cc = @"cc@email.com";
    NSString *bcc = @"bcc@email.com";
    NSString *mailStr =
    [NSString stringWithFormat:@"mailto:%@?subject=%@&cc=%@&bcc=%@",
     to, subject, cc, bcc];
    [[UIApplication sharedApplication] openURL:
     [NSURL URLWithString:mailStr]];
}
```

步骤 03　运行查看结果。

22-6　App 间的数据共享

> 预备知识：无　　　Framework：无

App 的数据区位于沙盒（sandbox）中，这个位置是被保护的，因此其他的 App 无法读取另一个 App 的数据。现在 Apple 开放了一个共享区域，这个区域内的数据可以让不同的 App 共同访问，但前提是这些 App 要来自于同一个开发者。

在本节中将展示两种数据共享方式：一种是文件共享，另一种是 plist 数据共享，plist 是一种 key-value 格式的文件。

步骤与说明

步骤 01 创建两个 Single View Application 项目，一个负责写数据到共享区，另一个则是从共享区读出数据。

步骤 02 分别在这两个项目的 Capabilities 页面，打开 App Groups 功能，然后选择同一个要共享的 app group，或者也可以新增一个新的 app group。唯一需要注意的是，这两个 App 所选择的 app group 必须要一样才能共享数据。

步骤 03 打开写入数据 App 的 ViewController.m，在 viewDidLoad 方法中使用 containerURLForSecurityApplicationGroupIdentifier:方法来决定数据要存储在哪一个共享的 app group，例如 group.test.ckk。synchronize 的用途是为了将内存中的数据写入存储区，否则 iOS 会因为考虑 I/O 性能的关系，不一定会立即将数据写入共享存储区，这时另一个 App 要从数据共享区读数据就可能读不到，因此下一个 synchronize 命令要求 iOS 将内存数据写入存储区。

```
- (void)viewDidLoad {
    [super viewDidLoad];
    // Do any additional setup after loading the view, typically from a nib.
    
    // 共享方式一：文件共享 - 写入
    NSFileManager *fm = [NSFileManager defaultManager];
    NSURL *baseURL = [fm containerURLForSecurityApplicationGroupIdentifier:@"gropu.test.ckk"];
    NSURL *url= [[NSURL alloc] initWithString:@"a.txt" relativeToURL:baseURL];
    [@"中文测试" writeToURL:url atomically:YES encoding:NSUTF8StringEncoding error:nil];
    
    // 共享方式二：系统默认的 plist 文件数据共享 - 写入
    NSUserDefaults *user = [[NSUserDefaults alloc] initWithSuiteName:@"group.test.ckk"];
    [user setObject:@"hello world" forKey:@"test"];
    [user synchronize];
}
```

步骤 04 现在打开读取数据 App 的 ViewController.m，在 viewDidLoad 方法中将共享区数据读出来。

```
- (void)viewDidLoad {
    [super viewDidLoad];
    // Do any additional setup after loading the view, typically from a nib.
    
    // 共享方式一：文件共享 - 读取
    NSFileManager *fm = [NSFileManager defaultManager];
    NSURL *baseURL =
```

```
[fm containerURLForSecurityApplicationGroupIdentifier:@"group.test.ckk"];
NSURL *url = [[NSURL alloc] initWithString:@"a.txt"
relativeToURL:baseURL];
NSString *text= [[NSString alloc] initWithContentsOfURL:url
encoding:NSUTF8StringEncoding error:nil];
NSLog(@"%@", text);

// 共享方式二：系统默认的 plist 文件数据共享 - 读取
NSUserDefaults *user = [[NSUserDefaults alloc]
initWithSuiteName:@"group.test.ckk"];
NSString *str = [user valueForKey:@"test"];
NSLog(@"%@", str);
}
```

步骤 05 运行查看结果。先打开写入数据的 App，然后打开读取数据的 App，在读取数据 App 的 debug console 中就可以看到另一个 App 写入的数据。

22-7 将日期时间格式化输出

> 预备知识：无　　　Framework：无

所谓的日期时间格式化输出，意思是先取得一个日期时间（例如现在的时间），然后按照自己定义的格式来输出一个字符串类型的日期时间。方法是利用 NSDateFormatter 类，并给予适当的格式化参数，就可以任意调整日期时间的输出格式。例如"yyyy 年 MM 月 dd 日"就可以产生"2012 年 04 月 01 日"这样的输出结果，其中 yyyy、MM 与 dd（有大小写区别）就是所谓的格式化参数。这些参数与日期时间的表示方式有国际标准，建议有兴趣的读者可以参考 ISO 8601 以及 Mac OS X 中的 Date Format Pattern 文件。

步骤与说明

步骤 01 创建 Single View Application 项目。

步骤 02 在 ViewController.m 的 viewDidLoad 方法中准备好一个自定义的日期时间输出格式。

```
// 准备好显示格式
NSDateFormatter *format = [[NSDateFormatter alloc] init];
[format setDateFormat:@"公元yyyy年M月d日 H时m分s秒"];
```

步骤 03 接下来取得现在的日期时间。

```
// 取得现在时间
NSDate *today = [NSDate date];
```

步骤 04 最后按照先前自定义的格式，格式化输出。

```
// 格式化输出
NSLog(@"%@", [format stringFromDate:today]);
```

步骤 05 运行查看结果。

DateFormat[4315:907] 公元2012年6月30日 9时13分8秒

 我们将经常使用到的格式化参数列举如下，以便读者查看。

类	符号	连续数量	范例	说明
Era	G	1..3	AD	显示公元前（BC）或是公元后（AD）
		4	Anno Domini	
		5	A	
year	y，Y	1..n	1996	y: 1996 yy: 96 yyy:1996 yyyy: 1996 yyyyy: 01996
quarter	q，Q	1..2	02	显示现在是第几季。Q 显示一位数字；QQ 显示两位数字，开头为 0（例如第二季显示 02）；QQQ 显示 Q2（如果是第二季）；QQQQ 显示全名
		3	Q2	
		4	2nd quarter	
month	M	1..2	09	显示月份
		3	Sept	
		4	September	
		5	S	
week	w	1..2	27	1月1日为第一周，查看现在是第几周
	W	1	3	每月1日为第一周，查看现在是第几周
day	d	1..2	1	日期
	D	1..3	345	从1月1日开始，现在是第几天
week day	E	1..3	Tues	星期几
	e	1..2	2	一样显示星期几，跟 E 不同的地方为多了数字输出，但是 1 代表星期一还是星期日，则要根据每个地区的使用习惯而有所不同
		3	Tues	
		4	Tuesday	
		5	T	
period	a	1	AM	AM 或 PM
hour	h	1..2	11	时[1-12]
	H	1..2	13	时[0-23]
	K	1..2	0	时[0-11]
	k	1..2	24	时[1-24]
minute	m	1..2	59	分
second	s	1..2	12	秒
	S	1..n	3457	秒（但显示至小数）
	A	1..n	69540000	以每天零点开始，现在是第几微秒

22-8 使用日历类

难易度 ★★
预备知识：无   **Framework**：无

iOS 在日期与时间的处理上，因为牵涉到了全球用户，例如语言、时区或是习惯等，因此在取得现在的日期与时间上，稍微有一点复杂。NSDate 中包含了日期与时间信息，再利用 NSCalendar 中的 components 参数来决定要处理 NSDate 中的哪些信息，并将要处理的信息封装到 NSDateComponents 中，然后可以通过 NSDateComponents 的函数来进一步取得封装进去的信息。由于利用这种方式所取得的日期时间信息属于原始信息，并没有经过格式化的处理，例如假设通过 weekday 得到数字 3，这个 3 表示是星期二，但如果需要输出的是星期二，程序员就必须自己编写程序进行转换。因此，如果主要目的是将日期时间输出到屏幕上让读者看，建议还是通过 NSDateFormatter 的方式将日期时间格式化会比较方便。

步骤与说明

步骤 01 创建 Single View Application 项目。

步骤 02 打开 ViewController.m，在 viewDidLoad 方法中取得现在的日期时间。

```
// 取得现在的时间
NSDate *today = [NSDate date];
```

步骤 03 取得系统现在的日历设置（iOS 设备的系统→通用→日期与时间）。

```
// 取得"日期与时间"中的相关设置，例如时区
NSCalendar *calendar = [NSCalendar currentCalendar];
```

步骤 04 将现在的日期时间依据 NSCalendar 的设置封装到 NSDateComponents 中，其中 components 参数决定哪些信息要被封装，例如年、月、日、时、分、秒等。

```
// 哪些信息要被封装
NSInteger flag = kCFCalendarUnitYear | kCFCalendarUnitMonth | kCFCalendarUnitDay;
NSDateComponents *c = [calendar components:flag fromDate:today];
```

步骤 05 结果输出。

```
// 输出结果
NSLog(@"%d/%d/%d", [c year], [c month], [c day]);
```

步骤 06 运行查看结果。

```
Calendar[4346:907] 2014/8/3
```

对如上代码中的参数说明如下。

NSCalendar :components:	NSDateComponents:	说明
kCFCalendarUnitEra	era	世纪，但只列出个位数，例如 21 世纪只返回 1
kCFCalendarUnitYear	year	年
kCFCalendarUnitMonth	month	月
kCFCalendarUnitDay	day	日
kCFCalendarUnitHour	hour	时
kCFCalendarUnitMinute	minute	分
kCFCalendarUnitSecond	second	秒
kCFCalendarUnitWeekday	weekday	星期（星期日为 1）
kCFCalendarUnitQuarter	quarter	季
kCFCalendarUnitWeekOfMonth	weekOfMonth	每月第一周为 1，现在是第几周
kCFCalendarUnitWeekOfYear	weekOfYear	每年第一周为 1，现在是第几周

22-9 将程序设置放在系统设置区中

难易度 ★★☆

> 预备知识：无　　　　Framework：无

系统的"设置"区除了用来开关飞行模式，设置无线网络连接或是修改屏幕亮度、桌面背景等这些改变系统本身的设置外，我们自行开发的 App 也可以将一些设置放在这个地方。

步骤与说明

步骤 01　创建 Single View Application 项目。

步骤 02　新增一个我们自定义的系统设置文件（下拉菜单 File→New→File→Resource/Settings Bundle），并且记得在创建的过程中勾选此文件所属的 Targets，全部勾选就可以了。

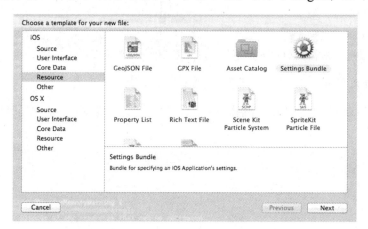

步骤 03　单击 Root.plist 文件，然后将 Preference Items 展开，默认有 4 个选项 Item 0~Item3。Item 0 只是用来将 Item 1~Item 3 在屏幕上放到同一个组中而已；Item 1 是一个 Text Field，可以让用户输入文字；Item 2 是一个 Toggle Switch，让用户可以开关某件事情；Item 3 则是一个 Slider，并且默认值为 0.5，表示一开始 Slider 的指示器刚好在一半的位置。

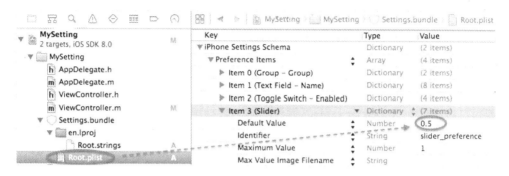

步骤 04　先运行查看结果，了解一下这样的设置到底会呈现什么画面。编译后请到系统的"设置"中找到这个项目的图标，单击它。

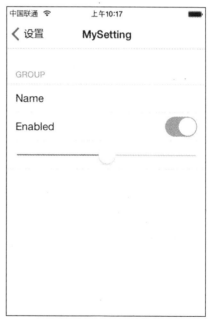

步骤 05　回到 Root.plist，展开 Item 1 观察一下，其中有几个子选项是很重要的。Default Value 存放着用户输入的数据；Identifier 的默认值为 name_preference，这个值是可以随意修改的，如果要使用程序来访问这个选项的 Default Value 内容，就要通过 Identifier 所指定的名称实现；Keyboard Type 的默认值为 Alphabet，这个选项用来决定当用户要开始输入数据时键盘的种类，例如换成 Number Pad，就只会出现数字键盘（打电话用的）。

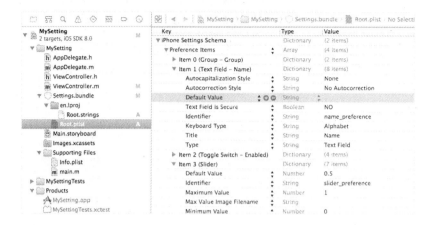

步骤 06 我们在这个 App 的画面上增加一个按钮，按钮单击后取得 name_preference 这个 Item 的设置值，然后全部改为大写后再写回去。

```
- (IBAction)buttonPress:(id)sender
{
// 取得 name_preference 的 Item 设置值
   NSString *app_title = [[NSUserDefaults standardUserDefaults]
       stringForKey:@"name_preference"];
// 全部改为大写
   app_title = [app_title uppercaseString];

// 将修改后的数据写回去
   [[NSUserDefaults standardUserDefaults] setValue:app_title
       forKey:@"name_preference"];
}
```

步骤 07 运行时先到系统进行设置，在 Name 处输入 abcdef，然后回到 App 后按下按钮，再回到系统设置中检查 Name 后可以发现，abcdef 已经全部改为大写了。

22-10 让系统设置区支持多语言

难易度 ★★★

▶ 预备知识：22-9 将程序设置放在系统设置区中　　▶ Framework：无

当我们决定将自己开发的 App 的一些设置画面移到系统设置区时，如何根据当时的系统语言将呈现的文字自动对应到适当的语言呢？下面将进行说明。

第 22 章 其他

步骤与说明

步骤 01 创建 Single View Application 项目。

步骤 02 新增一个我们自定义的系统设置文件（下拉菜单 File→New→File→iOS / Resource→新增一个 Settings Bundle）。

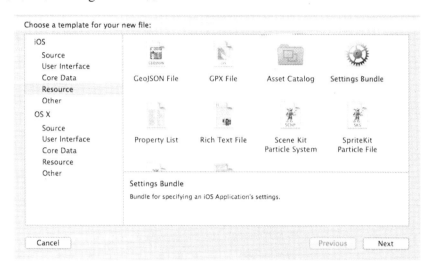

步骤 03 单击 Root.plist 文件，展开 Preference Items 以及其中的 Item 0。在 Item 0 的 Title 项目上，目前的值为 Group 字符串。这个字段值有两个含义，如果在 Settings.bundle 的语言文件中有这个字段的值，例如在 en.lproj/Root.strings 文件中可以找到 "Group" = "Group" 这一行，那么程序在运行时，画面上就会显示等号右边的字符串；如果找不到，则直接显示该字段的值。

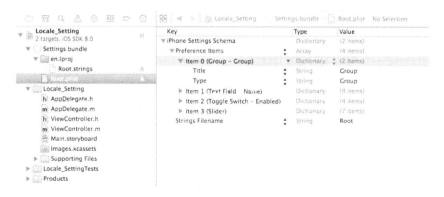

步骤 04 增加一个中文语言文件。在这个项目的实际文件夹中，找到 Settings.bundle 这个文件（事实上它也是一个文件夹，只是 Mac OS 做了一些处理，让用户看不出它是文件夹），在这个文件上打开 popup 菜单后单击"显示包内容"选项后可以发现有一个 en.lproj 文件夹，这就是英文语言文件。

403

步骤 05 复制 en.lproj 这个文件夹，并且修改名称为 zh-Hant.lproj，现在这个文件夹就是存放简体中文语言的地方。复制完后回到 Xcode 就可以看到 Settings.bundle 下多了一个 zh-Hant 语言。

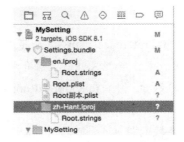

步骤 06 打开 zh-Hant.lproj 下的 Root.strings 文件，我们将每一行等号右边的英文改为中文。

```
"Group" = "群组";
"Name" = "姓名";
"none given" = "未给值";
"Enabled" = "启动";
```

步骤 07 将仿真器语言改为"简体中文"后，运行查看结果。

22-11 让 App 支持多国/地区语言

难易度 ★★★

预备知识：3-2 让两个按钮调用同一个事件处理方法　　Framework：无

要想让开发出来的 App 能够给用户亲切的感受，最重要的方式之一就是 App 画面呈现用户熟悉的语言。只要我们的 App 增加各个国家/地区的语言文件，我们就可以让 App 根据用户在设备上所设置的语言而自动调整。

步骤与说明

步骤 01　创建 Single View Application。

步骤 02　在 Supporting Files 文件夹中（不一定非是此文件夹，只是放在这比较适当而已），从下拉菜单 File→New→File→iOS / Resource→新增一个 String File，文件名一定要改为 Localizable.string，不可以取别的名字。这个文件的目的是如果需要输出字符串到屏幕上，输出的字符串可以根据语言来调整，只要调用 NSLocalizedString() 函数即可，而这个函数会固定读取 Localizable.string 文件的内容，因此这个文件名不能随意乱取。

步骤 03　创建完成后单击 Localizable.strings 文件，然后在 File inspector 面板中单击 Localized 按钮，先选择默认语言（Base）即可，Info.plist 也进行相应处理。

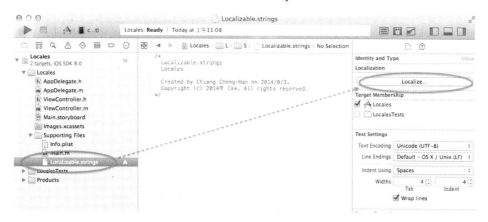

步骤 04　在 Navigation 窗口中单击项目名称，然后单击 PROJECT，在 Localizations 中可以看到目前的语言，默认值只有 English。

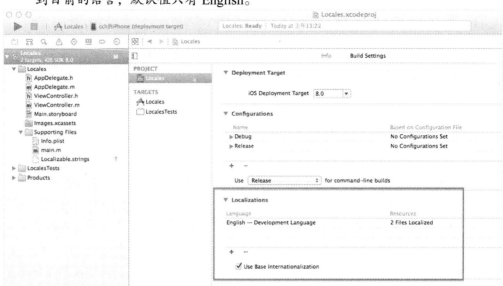

步骤 05　单击"+"按钮后我们新增一个 Chinese（zh-Hant）的简体中文语言，然后可以根据需要决定哪些文件要支持多国/地区语言，我们先维持默认值就好。如果 Localizable.strings 这个项目没有出现，代表第三步忘了做，没关系，先产生语言文件后再回头去补也可以。

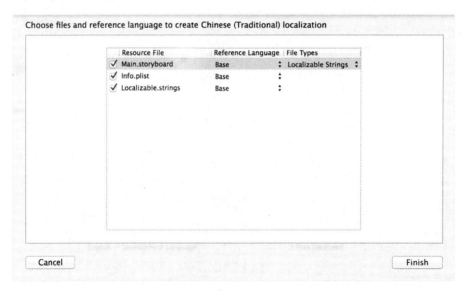

步骤 06　单击 Finish 按钮后，现在我们的项目除了默认的语言之外，还多了简体中文语言。

第 22 章 其他

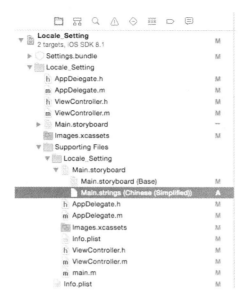

步骤07 在 Main.storyboard 中，如果发现简体中文的部分为 Main.strings 而不是 Main.storyboard 的话，我们需要在 File inspector 面板中将其改为 Storyboard。

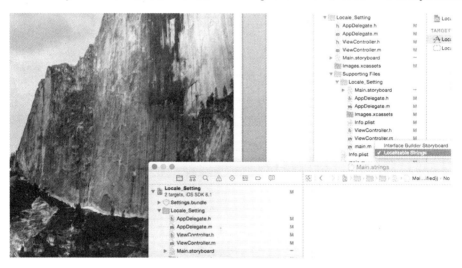

步骤08 分别在 Base 与中文的 Storyboard 上设计画面，当然，Base 版全部显示英文，中文版就全部显示中文。我们在 Storyboard 上拖放两个标签与一个按钮，第一个标签上的文字为"姓名"（Base 版为 Name），另外一个标签中的按钮按下去后，用来显示用户姓名（这个姓名放在 Localizable.strings 中）。当然，按钮上的文字也会因 Base 版与中文版的不同而不同。

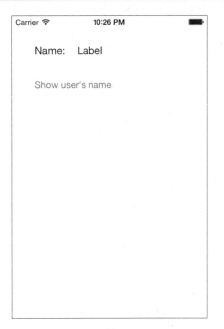

Base 语言　　　　　　　　　　　　中文语言

步骤 09　打开 Localizable.strings（Base）与 Localizable.strings（Chinese），分别在这两个文件中输入以下的语法。等号左边为字符串名称，等号右边为字符串的值，都要用双引号引起来，并且每行都要以分号结尾。

```
// Localizable.strings (English)         // Localizable.strings (Chinese)
"username" = "David Wang";               "username" = "王大明";
```

步骤 10　如果想要让我们的 App 在桌面图标下方的文字叙述也支持多国语言的话，请打开 InfoPlist.strings（English）与 InfoPlist.strings（Chinese）。App 的显示名称使用的是 CFBundleDisplayName。

```
// InfoPlist.strings (English)           // InfoPlist.strings (Chinese)
"CFBundleDisplayName" = "Locales Test";  "CFBundleDisplayName" = "多国语言测试";
```

步骤 11　打开 ViewController.h，我们设置 Storyboard 上要显示用户名字的标签的 IBOutlet 变量名称为 nameLabel，并且要让 Base 版与中文版的标签都对应上这个名字。

```
#import <UIKit/UIKit.h>

@interface ViewController : UIViewController
@property (weak, nonatomic) IBOutlet UILabel *nameLabel;

@end
```

步骤 12　打开 ViewController.m，设置按钮的 IBAction 方法，在这个方法中我们使用 NSLocalizedString() 函数来取得 Localizable.strings 中对应的字符串值。

```
- (IBAction)buttonPress:(id)sender
{
    self.nameLabel.text = NSLocalizedString(@"username", nil);
}
```

步骤 13 运行查看结果。

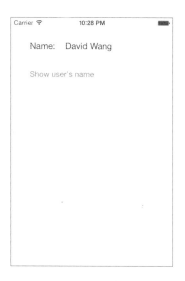

（a）在 Base 语言状态下

（b）在中文语言状态下

22-12　将屏幕关闭功能取消

难易度 ★★★

预备知识：无　　　Framework：无

如果一段时间没有操作，iPhone 或是 iPad 就会自动关闭屏幕，但是有些 App 在运行时必须要将这个功能取消，例如导航、电子书阅读或是简报，用户不会喜欢当使用这些 App 的时候因屏幕突然关掉而造成困扰。

 步骤与说明

步骤 01　创建 Single View Application 项目。

步骤 02　打开 ViewController.m，在 viewDidLoad 方法中将屏幕关闭功能取消。

```
- (void)viewDidLoad
{
    [super viewDidLoad];

    // 取消屏幕关闭功能
    [UIApplication sharedApplication].idleTimerDisabled = YES;
}
```

步骤 03　运行查看结果。

22-13　隐藏画面最上方的状态栏

难易度 ★☆☆

预备知识：无　　Framework：无

画面最上方的状态栏可显示时间、电量、无线网络信号强弱等，有时为了画面美观，例如游戏 App，我们可以将状态栏隐藏。

 步骤与说明

步骤 01　创建 Single View Application 项目。

步骤 02　打开 ViewController.m，实现 prefersStatusBarHidden 方法，并在此方法中返回 YES。

```
- (BOOL)prefersStatusBarHidden
{
    return YES;
}
```

步骤 03　运行查看结果。

22-14　Undo 与 Redo 功能

难易度 ★☆☆

预备知识：无　　Framework：无

Undo/Redo 功能是 UIResponder 类提供的服务，而所有的可视化组件都继承 UIResponder，换句话说，所有的可视化组件都具备 Undo/Redo 功能。

 步骤与说明

步骤 01　创建 Single View Application 项目。

步骤 02　打开 Storyboard，拖放一个 Text View 组件以及两个按钮，这两个按钮分别标上 Undo

与 Redo。

步骤 03 打开 Assistant editor 模式，在 ViewController.h 中声明 Text View 的 IBOutlet 变量 textView。

```
#import <UIKit/UIKit.h>

@interface ViewController : UIViewController

@property (weak, nonatomic) IBOutlet UITextView *textView;

@end
```

步骤 04 在 ViewController.m 中实现 Undo 按钮的 IBAction 方法，在这个方法中调用 UIResponder 的 undoManager 方法，取得 NSUndoManager 的实体后调用 undo 方法即可。

```
- (IBAction)undoButton:(id)sender
{
    [[_textView undoManager] undo];
}
```

步骤 05 同样实现 Redo 按钮的 IBAction 方法，在这个方法中我们要调用 redo。

```
- (IBAction)redoButton:(id)sender
{
    [[_textView undoManager] redo];
}
```

步骤 06 运行查看结果。

22-15 让照片套用滤镜特效

难易度 ★★★

> 预备知识：无　　　> Framework：CoreImage.framework

在 iOS SDK 中已经内置许多的滤镜特效，例如增加照片亮度，或是改变颜色、对比等。我们只要直接拿来用就可以了，当然也可以创建自己的滤镜。

步骤与说明

步骤 01 创建 Single View Application。

步骤 02 在项目中加入 CoreImage.framework 以及一张范例图片。

步骤 03 打开 ViewController.m，在 viewDidLoad 方法中将范例图片套用黑白滤镜后存盘。

```
- (void)viewDidLoad
{
    [super viewDidLoad];
    // 读取原始照片并转换为 CIImage 格式
```

```
CIImage *inputImg = [[CIImage alloc] initWithImage:
[UIImage imageNamed:@"sample.jpg"]];

// 将图片套用黑白滤镜
CIFilter *filter = [CIFilter filterWithName:@"CIColorMonochrome"];
[filter setDefaults];
[filter setValue:inputImg forKey:kCIInputImageKey];
[filter setValue:[CIColor colorWithRed:1 green:1 blue:1]
                                    forKey:@"inputColor"];

// 取得套用滤镜后的效果
CIImage *outputImg = [filter outputImage];

// 将照片转换为 UIImage 格式
CIContext *context = [CIContext contextWithOptions:nil];
UIImage *image = [UIImage imageWithCGImage:
[context createCGImage:outputImg fromRect:outputImg.extent]];

// 保存文件
UIImageWriteToSavedPhotosAlbum(image, nil, nil, nil);
}
```

步骤04 运行查看结果。运行完后打开"照片"App 就可以看到一张黑白图片。

22-16 随机数

难易度 ★★★

▶ 预备知识：无　　▶ Framework：无

产生随机数的方式很多，arc4random()函数是我们推荐使用的。熟悉 C 语言的读者也许会使用 rand()函数，但是 arc4random()与之不同的地方在于返回值类型为 u_int32_t，因此产生的随机数范围比 rand()要大。除此之外，arc4rnadom()不需要事先通过 srand()函数设置随机数种子，直接使用就可以每次产生不同的随机数，也比 rand()方便。

 步骤与说明

步骤01 创建 Single View Application 项目。

步骤02 打开 ViewController.m，在 viewDidLoad 方法中产生一个范围在 1~100 之间的随机数。限定范围的方式是使用余数（%）。

```
- (void)viewDidLoad
{
    [super viewDidLoad];

    // 利用余数来限定范围，%100后的范围为0~99，+1后则为1~100
    u_int32_t n = arc4random() % 100 + 1;
    NSLog(@"%u", n);
}
```

步骤 03　运行查看结果。

22-17　编写 delegate

难易度 ★★☆

> 预备知识：无　　> Framework：无

在本书的很多地方都可以看到 delegate 的踪影，例如取得 GPS 坐标、拍照、表格甚至 AppDelegate 中的几个重要方法，都是使用 delegate。delegate 基本上是一种 callback 机制，让别的类在某些时候可以调用另外一个类中的方法（method），例如 A 类要 B 类做一些事情，并且要求 B 类完成后通知 A 类，通知的方式就是调用 A 类中的某个方法。而 A 类中的这个方法不是用户自己随便定的，它必须符合某个已经存在的规范。

步骤与说明

步骤 01　创建 Single View Application 项目。

步骤 02　在项目中新增一个 Header 文件，命名为 SampleDelegate。

步骤 03　再在项目中新增一个 Cocoa Class，命名为 SampleClass 并且继承 NSObject。

步骤 04　确认项目中除了原本模板默认的文件外，应该还多了 SampleDelegate.h、SampleClass.h 与 SampleClass.m 这三个文件。

步骤 05　打开 SampleDelegate.h，我们声明一个方法 finish:，并且将此方法设置为 required，这表示如果某个类要符合 delegate 规范时，必须实现 finish:方法。因为 finish:方法中使用了 SampleClass 类，所以在 SampleDelegate.h 中的开始处要先告诉编译器有 SampleClass 的存在，免得编译时发生错误。

```objc
#import <Foundation/Foundation.h>

@class SampleClass;

@protocol SampleDelegate <NSObject>

@required
-(void) finish:(SampleClass *) sampleClass;

@end
```

步骤 06　打开 SampleClass.h，先导入 SampleDelegate.h 头文件。在这个文件中，最重要的事情是创建名称为 delegate 的属性，然后声明一个方法，以供其他类调用，姑且称为 doSomething。

```objc
#import <Foundation/Foundation.h>
#import "SampleDelegate.h"

@interface SampleClass : NSObject

@property (nonatomic, assign) id<SampleDelegate> delegate;
```

```
-(void)doSomething;

@end
```

步骤 07 打开 SampleClass.m,实现 doSomething 方法。在条件判断中先测试一下符合 delegate 协议规范的类是否实现了 finish:方法,如果实现了则调用该方法。

```
#import "SampleClass.h"

@implementation SampleClass

-(void)doSomething
{
    if ([self.delegate respondsToSelector:@selector(finish:)]) {
        [self.delegate finish:self];
    }
}

@end
```

步骤 08 打开 ViewController.h,先导入 SampleClass.h 头文件。然后让这个类符合 SampleDelegate 协议的规范,声明一个 SampleClass 的变量。

```
#import <UIKit/UIKit.h>
#import "SampleClass.h"

@interface ViewController : UIViewController <SampleDelegate>
{
    SampleClass *sc;
}

@end
```

步骤 09 打开 ViewController.m,在 viewDidLoad 方法中指定 SampleClass 类的 delegate 属性并且调用 doSomething 方法。同时实现 finish:方法,让 doSomething 完成后通过 finish:方法通知 ViewController 类。

```
- (void)viewDidLoad
{
    [super viewDidLoad];
    // Do any additional setup after loading the view, typically from a nib.
    
    sc = [SampleClass new];
    sc.delegate = self;
    [sc doSomething];
}

-(void)finish:(SampleClass *)sampleClass
{
```

```
    NSLog(@"done");
}
```

步骤 10 运行查看结果。

22-18 method 延迟调用

难易度 ★★★

> 预备知识：无   > Framework：无

所谓的延迟调用是让我们可以使用 performSelector:这个方法来设置延迟多长时间后才调用某个 method。这与使用 NSThread:sleepForTimeInterval:的不同之处在于程序代码不会停在 performSelector:，直到延迟调用结束后才继续运行之后的程序代码，相反，performSelector:之后的程序代码会立即运行。

步骤与说明

步骤 01 创建 Single View Application 项目。

步骤 02 打开 ViewController.m，我们实现一个自定义的 method。

```
- (void)MySelect: (id)object
{
    NSLog(@"%@", (NSString *)object);
}
```

步骤 03 回到 viewDidLoad 方法，使用 performSelector:让 iOS 在 5 秒钟后调用 MySelect:。

```
- (void)viewDidLoad {
    [super viewDidLoad];
    // Do any additional setup after loading the view, typically from a nib.
    
    NSLog(@"BEGIN");
    
    [self performSelector:@selector(MySelect:)
              withObject:@"hello"
              afterDelay:5.0];
    
    NSLog(@"END");
}
```

步骤 04 运行查看结果。注意查看 BEGIN、END 与 hello 出现的顺序与时间。

```
2014-07-07 20:25:20.467 PerformSelect[9651:2126847] BEGIN
2014-07-07 20:25:20.468 PerformSelect[9651:2126847] END
2014-07-07 20:25:25.469 PerformSelect[9651:2126847] hello
```

附录A 数据库概述

数据库这三个字是可以单独出一本书来谈的,当然在这里并不打算将数据库从理论开始谈起,只是把重要的、常用的概念与经常用到的 SQL 命令列出来,让对数据库不熟悉的读者可以快速地在 App 中使用数据库。当然,已经对数据库操作很熟悉的读者,可以跳过这些内容。

由于 Mac OS 与 iOS 已经内置 SQLite 数据库引擎,因此只要在 Xcode 项目中的 Framework 加入 libsqlite3.dylib 函数库,就可以让开发出来的 App 具备访问数据库的能力,这时可以欢呼一声,因为不需要再额外安装什么数据库的相关软件或驱动程序了。唯一可惜的是,SQLite 缺乏一个图形化的管理界面,所有的操作都需要执行命令。为了让读者很容易地创建自己的数据库,而不要去背一些繁琐的语法,强烈建议读者安装 Firefox 浏览器,并且下载 SQLite Manager 这个 AddOn,就可以拥有一个免费且好用的图形化管理界面。

1. 表(Table)

所有在数据库中存储的数据都是放在表中,所谓的表就跟 Excel 的工作表一样,由许多的格子组成。每一行(row)称为一条数据,每一条数据可由一列(field)或一栏以上的数据组成,第一行为字段名称,如下表中的 id、cname、city 与 tel 分别代表了身份识别码、中文姓名、居住城市与电话,并且这个表目前存储了 3 条数据。在数据库中每个表都需要取个唯一识别的名字(例如 personal),而每一个数据库可以拥有超过一个以上的表。

personal

id	cname	city	tel
A01	王大明	北京市	11111
A02	李大妈	天津市	22222
A03	王小毛	北京市	33333

虽然有些数据库支持中文名称命名,但是为了安全起见,表与字段这些命名尽量还是以英文为主,并且中间不要有空白,原则上是跟程序中变量的命名规则一样。

数据库中之所以会有很多的表,除了将数据"分门别类"之外,另一个主要的原因是为了数据不重复。以上述 personal 表而言，字段 city 的数据重复性是很大的，因为城市名称不会很多，但是人口却超过十多亿，因此，可以将 personal 的数据从一个表拆成如下所示的两个表。

personal

id	cname	city	tel
A01	王大明	1	11111
A02	李大妈	3	22222
A03	王小毛	1	33333

city_info

city_id	name
1	北京市
2	南京市
3	天津市
4	重庆市
5	上海市

原本只有一个 personal 表，现在我们又新增了一个 city_info 表，并且事先将所有的城市输入进去，每个城市取一个唯一识别的编号。之后当 personal 表新增一条数据时，city 字段只要根据 city_info 中的数据填上适当的城市编号即可。经过这样的处理，在原先 personal 表中的 city 字段类型就可以由原先的字符串类型转换成数字类型，大幅减少对数据存储空间的需求，除此之外，也减少人工输入数据产生的错误，例如"天"输入成"人"。

因为数据重复性的问题，而将表由一个拆成好几个，这样的操作称为"正规化"。正规化的方式有很多种，我们不打算用教科书上的东西来吓跑读者，但是"第一正规化"一定要知道也必须要遵守。所谓的第一正规化就是要求每个"格子"（意思是指某一条数据中的某个字段）只能存放一份数据。例如，假设 A01 有两个居住地，北京市与上海市，我们就不可以在 city 那个字段填入 1，5、1：5 或其他类似的方式让同一格子中同时出现 1 跟 5 这两个数字，这样就是"违反第一正规化"。违反第一正规化的数据库在未来维护、扩充，与数据查询、修改等操作上，很容易出现问题，导致数据库发展陷入瓶颈。因此，数据库的设计务必要让每个表遵守第一正规化。这个例子如果要遵守第一正规化，数据应该按照如下所示存放。

personal

id	cname	city	tel
A01	王大明	1	11111
A01	王大明	5	66666
A02	李大妈	3	22222
A03	王小毛	1	33333

但是相信很快会发现，A01 跟王大明又变得重复了，为了再继续解决新产生的重复性问题，我们又必须将 personal 拆成两个表，如下所示。

personal

id	cname
A01	王大明
A02	李大妈
A03	王小毛

residence

id	city_id	tel
A01	1	11111
A01	5	66666
A02	3	22222
A03	1	33333

city_info

city_id	name
1	北京市
2	南京市
3	天津市
4	重庆市
5	上海市

这样的"拆法"，则是为了继续遵守某个正规化。只要稍微思考一下，就可以知道如何将重复的数据变得"比较"不重复，至于它是遵守哪个正规化，在实际实用中并不是非要知道的，况且在实际应用中，通常不会遵守所有的正规化，因为那会让数据分散得太细，数据分得太细的数据库在操作上（例如查询数据时），会变得很麻烦。

2. 主键（Primary Key，或简称 PK）

现在这个数据库有三个表了：personal、residence 与 city_info。

personal

id	cname
A01	王大明
A02	李大妈
A03	王小毛

residence

id	city_id	tel
A01	1	11111
A01	5	66666
A02	3	22222
A03	1	33333

city_info

city_id	name
1	北京市
2	南京市
3	天津市
4	重庆市
5	上海市

主键（有些书称为主索引）的目的是为了给每一条数据一个唯一识别值，它可以让数据输入或查询时不会出错。例如在 personal 中，如果有两个人的身份识别码（例如身份证号）是重复的，这样在通过身份识别码查询姓名时就会出现两条以上的数据，而这样的错误是不该发生的；再看另外一个例子，如果 city_info 中有两个城市的城市编号（city_id）不小心输成重复的，例如厦门市也是 5 号，我们在查询王大明的居住地时，就会出现北京市、厦门市与上海市，而认识王大明的人就会知道厦门市这条查询结果是错误的。为了避免数据在一开始的时候就输入错误，于是在表的设计阶段，可以指定某些字段的值不可以重复，这些字段就被称为主键。如果输入的数据让主键重复，数据库会拒绝这条数据并且弹出警告信息，直到修正为止。上述的 3 个表中，凡是字段名称下方加下划线的就是主键。特别要注意的是 residence 这个表，我们为 id 与 city_id 同时加上下划线，它的意思不是这个表有两个主键，而是这个表的主键包含了两个字段，它是复合字段主键，单看任何一个字段的数据都有可能重复，但是合起来看，数据是不重复的。一个好的数据库设计，每个表都该指定一个主键。

3. 关联

先用"人工模拟"的方式查看这 3 张表是怎么查询数据的。假设现在要查李大妈的居住地，因为知道李大妈这 3 个字是中文姓名，而中文姓名对应的是 personal 表中的 cname 字段，于是找到了"出发点"。因为要查的是居住地，这个数据是放在 city_info 的 name 字段中，于是 city_info 的 name 字段就是这个查询的"目的点"。有了出发点与目的点，接下来就是路径的问题而已。首先从 personal 的 cname 字段中找到李大妈这一条数据，然后可以知道她的 id 是 A02。接下来我们"拿着"A02 去 residence 的 id 字段中寻找 A02 的那一条数据，于是知道 A02 的 city_id 是 3。接下来拿着 3 去 city_info 的 city_id 中找到 3 那条数据，于是天津市就被查询出来了。

为什么可以"拿着"personal 的 id 字段数据去 residence 的 id 中寻找呢？因为在开始设计

表的时候，就知道这两个表中的这两个字段值是有关联的，讲得更明白一点，这两个字段的值所代表的意义是一样的，指的都是身份识别码。同理，residence 与 city_info 这两个表也因为 city_id 的值意义相同，所以这两个表也是有关联的。为了遵守正规化而从某些字段把表拆开时，这些拆开的表也必定因为这些字段而彼此互相关联着，也就凭着这些关联（有点藕断丝连的味道），让分散的数据还可以串在一起，互相找到。

4. SQL 语法（SQL Command）

SQL 语法是用来操作数据库的标准命令，现今的数据库几乎都支持 SQL 语法，只是不同的数据库在某些命令上会有一些差异而已，例如跟时间日期有关的语法。SQL 语法分成两个部分：与数据库管理有关，例如创建数据库、创建表、权限设置等；另一部分是与数据操作有关，包含了数据查询、新增、修改与删除。在这里只会谈与数据操作有关的 SQL 语法，因为数据库管理的部分可以使用一些管理软件，利用图形化的操作界面来创建数据库与表，不一定需要使用 SQL 语法。以下就利用之前提到的 personal、residence 与 city_info 这 3 张表来介绍常用的几个 SQL 语法。

需要注意的是，SQL 语法无大小写之分，并且字符串前后使用的是单引号。为了让读者了解哪些是 SQL 语法的保留字，以避免在表与字段名称命名时误用到，下面介绍语法时，只要是保留字都会使用大写。某些数据库会将表或是字段名称的大小写视为不同，例如 SQLite，请读者特别注意。

（1）查询语法

① 查询所有 personal 内的数据，星号代表所有字段：

```
SELECT * FROM personal
```

② 查询 personal 内姓名为李大妈的数据：

```
SELECT * FROM personal WHERE cname = '李大妈'
```

③ 查询 personal 内姓名以"王"开头的数据，并按照身份识别码排序：

```
SELECT * FROM personal WHERE cname like '王%' ORDER BY id
```

④ 查询王大明的身份识别码、居住地与电话等数据：

```
SELECT personal.id, city_info.name, residence.tel
FROM personal, residence, city_info
WHERE personal.id = residence.id AND
    residence.city_id = city_info.city_id AND
    cname = '王大明'
```

⑤ 计算 city_info 中总共有多少条数据。由于 COUNT()是个函数，计算出来的结果本来没有字段名称的，为了让之后通过程序可以读到统计出来的数字，查询出来的结果要自己取一个字段名称，姑且叫做 n 好了，因此，语法就是 AS n，之后通过程序去读字段名称为 n 的值就可以了。

```
SELECT COUNT(*) AS n FROM city_info
```

⑥ 假设 personal 中多了一条[A04，朱小妹]的数据，这时候要查所有人的 id、cname 与 tel 这 3 个字段的数据，会发现朱小妹的数据不见了。这是因为朱小妹在 residence 表中并没有数据（意思是朱小妹还没有地方住），所以当使用如下 SQL 语法时：

```
SELECT personal.id, cname, tel
FROM personal, residence
WHERE personal.id = residence.id
```

WHERE 后面的 personal.id = residence.id 数据并不相等，因为 personal 的 id 多了一条 A04 而在 residence 中找不到，所以在查询出来的结果中朱小妹不见了。在很多地方会遇到这个问题，例如学校中要列出全校学生学期成绩单，但是如果有老师还没有打成绩，列表中就会少掉一些学生，大家都知道这样的输出结果是错的。为了解决这个问题，要使用外连接（Outer Join）来处理。两个表之间的连接总共有 3 种连接方式：内连接（Inner Join）、外连接（Outer Join）与交叉连接（Cross Join）。内连接我们已经看过 WHERE 后面的 personal.id = residence.id，那个等号就代表了内连接。外连接又分为左侧外连接（Left Outer Join）与右侧外连接（Right Outer Join），使用上就是看等号左边的数据多还是右边数据多，以现在朱小妹的例子而言，数据比较多的是在 personal 表，所以我们使用左侧外连接（因为 personal 放在等号左边，如果喜欢也可以放在等号右边）。使用外连接的语法与内连接不一样，代码如下：

```
SELECT personal.id, cname, tel
FROM personal LEFT JOIN residence
    ON personal.id = residence.id
```

外连接的语法非常重要，很多的错误都来自于忘了使用外连接造成查询结果数据不见了。至于交叉连接几乎不会用到，除非读者刻意要使用交叉连接，否则交叉连接出来的结果通常都是错的，因此在这里我们不再多谈，只列举一个如下所示的交叉连接语法：

```
SELECT personal.id, cname, tel
FROM personal, residence
```

这就是一个交叉连接，因为没有指定 personal 与 residence 之间的连接关系，它就变成了交叉连接，查询出来的数据记录数为 personal 的数据记录数乘以 residence 的数据记录数。

（2）新增语法

需要注意的是，新增数据是针对单一表新增，如果数据要"同时"新增到两个表，就必须使用两个新增的 SQL 语法。非指定字段的意思是：所有的字段数据都必须在 VALUES 后面的括号内出现，并且顺序就是设计表时的字段顺序，如果没有数据的字段，要填 NULL。

```
INSERT INTO personal VALUES ('A05', '朱小弟')
```

以指定字段的方式新增一条数据到 personal 表时，语句如下。

```
INSERT INTO personal (id, cname) VALUES ('A05', '朱小弟')
```

（3）修改语法

① 将王小毛改成王大毛，代码如下。

```
UPDATE personal SET cname = '王大毛' WHERE id = 'A03'
```

② 将朱小弟的身份证号改为A06，并且姓名改为朱小胖：

```
UPDATE personal SET id = 'A06', cname = '朱小胖' WHERE id = 'A05'
```

（4）删除语法

① 将朱小妹的数据删除。删除数据也是一次只针对一个表处理。

```
DELETE FROM personal WHERE cname = '朱小妹'
```

② 将residence表的所有数据删除。

```
DELETE FROM residence
```

5. 视图（View）

视图的目的是将查询的SQL语法保存起来，并且取一个名字，例如将SELECT * FROM personal WHERE cname LIKE '王%' 这样的语法存储在视图内，并且取个名字为vw_personal_wang，以后只要执行SELECT * FROM vw_personal_wang命令，数据库会自动将vw_personal_wang展开为原来的SQL语法，列出所有以"王"开头的数据。换句话说，视图就是让一些复杂的查询语法变得比较简单，不需要每次都输入复杂的查询命令。一些商用级的数据库系统，甚至会将视图内的查询命令先编译过，让以后通过视图来查询的命令运行速度比直接使用原先复杂的SQL语法速度更快，建议读者可以多加利用。

6. 索引（Index）

索引的目的就是为了加快数据查询速度，创建索引是一门学问，创建不好的索引既浪费存储空间，也得不到任何加快的效果。为了不让事情变得太复杂，建议读者先把握住一个原则就好：凡是用来当查询条件的字段，就要创建索引。例如要通过姓名（例如李大妈）来查数据，那么personal表的cname字段就应该创建索引。

附录B 谓词语法格式

谓词语法格式（Predicate Format String Syntax）是使用在数据筛选时使用的"筛选语法"，可以使用在 Core Data 需要 fetch 数据时，或是要从数组中过滤出特定的数据时使用。

1. 比较

- =, ==: 左边描述等于右边描述。
- >=, =>: 左边描述大于等于右边描述。
- <=, =<: 左边描述小于等于右边描述。
- >: 左边描述大于右边描述。
- <: 左边描述小于右边描述。
- !=, <>: 左边描述不等于右边描述。
- BETWEEN { $LOWER，$UPPER }: 表示左侧描述会介于 lower 与 upper 之间，包含 lower 与 upper。例如：

```
NSPredicate *betweenPredicate = [NSPredicate predicateWithFormat:
@"range BETWEEN %@", @[@1, @10]];
```

2. 布尔

- TRUEPREDICATE: 永远都返回 TRUE。
- FALSEPREDICATE: 永远都返回 FALSE。

3. 逻辑

- AND，&&: 且。
- OR, ||: 或。
- NOT，!: 非。

4. 字符串

- BEGINSWITH: 左侧语句的字符串开头必须为右侧语句。
- CONTAINS: 左侧语句的字符串必须包含右侧语句。

- ENDSWITH：左侧语句的字符串结尾必须为右侧语句。
- LIKE：左侧语句的字符串必须符合右侧语句，而右侧语句可以使用通配符"*"或"?"。"*"号表示0或以上，"?"号表示一个。
- MATCHES：左侧语句要符合右侧语句，而右侧语句为基于 ICU V3 的正则表达式（Regular Expression）。

以上每个命令后面都可以接 [cd] 描述，c 代表不分字母大小写，d 代表不分重音符号，例如 e 与 é 是相同的。cd 可单独使用，例如只使用[c]或是[d]。在使用时，描述与命令间不可以有空格键，例如 LIKE[cd]。

5. 集合运算符

- ANY，SOME：任何一个元素符合，例如 ANY children.age < 18。
- ALL：所有元素符合，例如 ALL children.age < 18。
- NONE：非符合的元素，例如 NONE children.age < 18，相当于 NOT(ANY…)。
- IN：左侧语句必须出现在右侧语句的集合之中，例如 name IN {'John', 'May', 'Tonny'}。

6. 其他

- FALSE，NO：逻辑上的 FALSE。
- TRUE，YES：逻辑上的 TRUE。
- NULL，NIL：代表"空的"。
- SEL：代表自己本身这个对象。
- "text"：字符串前后用双引号。
- 'text'：字符串前后用单引号。

双引号的优先级比单引号高，因此可以写成 "a'b'c"，代表了 a，'b' 与 c。

附录C 字符串格式表示

表示符号	说明
%@	表示字符串
%%	显示"%"符号
%d，%D	32-bit integer（int）
%u，%U	Unsigned 32-bit integer（unsigned int）
%x	十六进制显示 unsigned 32-bit integer（unsigned int），a~f 为小写
%X	十六进制显示 unsigned 32-bit integer（unsigned int），A~F 为大写
%o，%O	八进制显示 unsigned 32-bit integer（unsigned int）
%f	十进制显示 64-bit 浮点数（double），inf、infinity 或 nan 为小写
%F	十进制显示 64-bit 浮点数（double），INF、INFINITY 或 NAN 为大写
%e	64-bit 浮点数（double），但是以小写 e 的科学记数法显示
%E	64-bit 浮点数（double），但是以大写 E 的科学记数法显示
%g	64-bit 浮点数（double），若指数小于 10 的-4 次方，相当于%f
%G	64-bit 浮点数（double），若指数小于 10 的-4 次方，相当于%F
%c	8-bit unsigned character（unsigned char）
%C	16-bit Unicode character（unichar）
%s	以空字符串结尾的 8-bit unsigned character 字符数组
%S	以空字符串结尾的 16-bit Unicodecharacter 字符数组
%p	以十六进制表示法表示内存地址（void *），并且以 0x 开头
%a	以十六进制 64-bit 浮点数（double）显示科学记号，p 的部分为小写
%A	以十六进制 64-bit 浮点数（double）显示科学记号，P 的部分为大写